失敗の本質　日本海軍と昭和史

半藤一利
保阪正康

毎日文庫

失敗の本質　日本海軍と昭和史／目次

まえがき　昭和史のなかの日本海軍　保阪正康　11

序章『小柳資料』で変わった海軍史　15
『小柳資料』とは　15
海軍が戦後に残した証言集の数々　19
海軍戦争検討会議と東京裁判　22
井上成美の難詰　27
海軍善玉論と阿川弘之著『山本五十六』　33
『小柳資料』四十七人の証言者たち　35

第一章　栄光の日本海海戦から昭和の海軍へ　54
日露戦争を知る将官たち　54
秋山真之のその後　60
東郷平八郎の影響力　64
ワシントン海軍軍縮会議と八八艦隊　69

米英可分・不可分論の萌芽　71
加藤友三郎の英断　74
ロンドン海軍軍縮会議をめぐる艦隊派と条約派の対立　79
加藤寛治硬化の裏側　90
日本は二大政党制に向かないのか　101
伏見宮と統帥権干犯問題　104
五・一五事件をめぐる〝東郷ターン〟　111
海軍若手将校と〝アカ〟　120
海軍を変えた昭和八年の大角人事と条例改定　122
強くなった軍令部　128
嶋田繁太郎の長広舌　139

第二章　艦隊派 vs. 条約派　147

軍令部令改正と戦艦大和　147
大艦巨砲主義か、航空主戦か　158
二・二六事件と海軍　164
日中戦争勃発　181

トラウトマン和平工作に反対した米内 193
海南島攻略作戦と北部仏印進駐 199
海軍内の日独伊三国軍事同盟賛成派 205
開戦へのエンジンとなった第一委員会とは 222

第三章 真珠湾への航跡 227

ハンモック・ナンバー人事 227
米内軍令部総長案 232
「永野さんは駄目だ」 238
日米開戦運命論 245
日米交渉と野村吉三郎の大使就任 251
もし海軍が戦えないと言ったら？ 258
東條内閣の成立と海軍 261
対米開戦前夜 274

第四章 緒戦の快進撃から「転進」へ 280

真珠湾攻撃作戦計画 280

軍令部vs.連合艦隊 288
なにも決まっていなかった第二段作戦計画 294
珊瑚海海戦と井上成美の評価 298
二兎を追ったミッドウェー海戦 305
敗北の理由 312

第五章 終わりのはじまりから連合艦隊の最後 331

ガダルカナル島争奪戦から「転進」へ 331
山本五十六の戦死 340
〝玉砕〟と海上輸送作戦の不備 344
海軍乙事件 347
マリアナ沖海戦と小沢治三郎 351
レイテ沖海戦　栗田艦隊〝謎の反転〟の真相 355
追いつめられた東條と嶋田 366
岡田啓介の東條内閣倒閣運動 375
近しき者の東條評価 384
沖縄戦と大和特攻 395

終章　提督たちの実像　406

対米強硬派の頂点　伏見宮博恭王　406
米内光政と井上成美の関係　411
山本五十六と堀悌吉の友情　419
艦隊派の領袖　加藤寛治と末次信正　425
嶋田繁太郎と永野修身の責任　431
鈴木貫太郎と昭和天皇の絆　436

あとがき　サラバ「海軍善玉」論　半藤一利　449

対談構成　石田陽子
装幀　岡孝治
本文DTP　明昌堂
本文写真　毎日新聞社

本書は毎日新聞社より二〇一四年二月に刊行された『総点検・日本海軍と昭和史』の文庫化です。本文中の「戦後何十年」などの年数の起点は単行本刊行時のものです。

『小柳資料』など対談中で引用された文献資料には［　］内の補注、ふりがなが必要に応じて加えられています。

失敗の本質　日本海軍と昭和史

まえがき　昭和史のなかの日本海軍

保阪正康

昭和という時代には、三つの時代があったと私は考えている。第一が昭和二十年（一九四五）八月までの昭和前期、第二が昭和二十七年四月までの占領期である昭和中期、そして第三が昭和二十七年四月二十八日以後ということになる。

この三つの時期は「軍事主導体制の崩壊期」「占領体制による戦後民主主義の萌芽期」「戦後民主主義体制による自立期」ともいうことができるだろう。この三つの期に、日本海軍はどのような役割を果たしたのか。萌芽期にも自立期にも昭和海軍は存在したわけではないが、崩壊期のその姿がどのように語られたかを確認することはできるし、その姿が歴史の中でどう語られていったかを確かめることはできるはずである。

初めに私の「昭和海軍観」を語っておくが、私は太平洋戦争を直接に知らない世代としてその内実を確かめるために多くの旧軍人に話を聞いてきた。そういう体験を通しての印象は、「陸軍は共同社会・海軍は利益社会」というイメージであった。むろん陸軍はそれぞれの地方に連隊があり、それゆえに旭川連隊、仙台連隊、高崎連隊、名古屋連隊、広島連隊のように地方の名をつけて語られる。その意味では陸軍は日本の農村共同体の生活規範がそのまま反映していたりする。ところが海軍は、それぞれの各員の乗る艦艇、あるいはその軍務に応じた部隊で、兵士たちの姿は語られている。水雷、砲術、航海などの兵科でもそれぞれの役割が語られたりする。

海軍のほうが陸軍よりはるかに、近代的かつ機能的、そして開明的と思えた。加えて戦後日本社会では、「陸軍悪玉論・海軍善玉論」があり、海軍のほうに都市的なイメージが加符されていた。

ところがより陸軍内部・海軍内部の組織原理やそれぞれの軍人像・兵士像を確かめていくと、少しずつそのイメージも変わってくる。陸軍の土着型のイメージは変わらなかったが、海軍の都市型のスマートさはまったくそうではないと思うようになった。とくに末端の水兵の扱いや艦内での階級差別に気づくと、ここには陸軍よりも見えない形での古い体質があることを知った。

そして陸海軍内部を調べ終わると、陸軍には「鈍重な」という形容詞がふさわしく、海軍には「狡猾な」といった形容詞が似合うのではと思いあたった。私のこのような変化は、昭和海軍が崩壊したあとの萌芽期と自立期に培われていったといえるのだが、昭和海軍は昭和陸軍よりはるかに戦後社会でもスマートに身を飾っているように見えても、その実その実像は語られているほど整っているわけではないと思う。

昭和の戦争は、日中戦争やノモンハン事件などは確かに陸軍の戦争であった。ところが太平洋戦争は基本的には「海軍の戦争」だったのである。海軍が戦えないとなったら、この戦争は起こらなかったと解すべきである。先に述べたように、軍事主導体制がつぶれていくときの崩壊期の海軍の姿を正確に見つめることで、占領期の戦後民主主義体制、そして自立期の民主主義そのものが日本社会に定着していく折りの昭和海軍の教訓を確認しておかなければならない。

これまでこのふたつの期間に語られてきた海軍の姿は、真の姿だったといえるのか。

本書はこの真の姿を求めての私（保阪正康）と半藤一利氏の対談によって構成されている。海軍の一将官（小柳富次）が存命中の提督たちを次々に訪ねて、昭和海軍とはどのような役を果たしたのか、を丁寧に尋ね歩いた記録が、水交会に残っていて、それが上下版で刊行されたのを機に、私と半藤氏は独自にその真の姿をさぐろうと一頁ずつ検証した。それぞれが検証し終えたあとに、長時間の対談を試み、こうした書を編むことになった。

海軍ははたして「善玉だったのか」、あるいは「その責任はどの範囲までに及ぶのか」「天皇や国民にどこまで責任を負うのか」、あるいは、「歴史に対して負の責任とは何か」など多くの視点をもとに話し合った。これまで戦後民主主義の枠内でつくられてきた海軍に対する神話や根拠のない善玉論などは改めて根本から問い直すことにした。つまり、海軍はそれほどきれいごとをいえるのか、ということが将官たちの証言が明らかにしてくれている。私と半藤氏は各人の証言をそのまま引用する形で、日本海軍が昭和という時代に行った幾つかの誤りを正確に歴史のなかに刻むことにしたのである。

昭和の海軍には幾つもの誤りがあった。それは海軍のみの問題だけではない。日本社会そのものがかかえている幾つもの誤りを、改めて確認することによって、私たちは〈戦争〉と向きあった日本の軍事組織の特質を教訓化していかなければならないと思う。

ありていにいうと、私は半藤氏とこの水交会資料をもとに対談をつづけながら、ある虚(むな)しさを感じた。当事者たちの証言は歴史に残さなければならないほど貴重なのに、しかしひとたび彼らが口をつぐんだら、歴史はかなり歪(ゆが)んだものになりかねないとの虚しさである。と同時に、どれほど当事者が隠そうと思っても歴史とふれあった指導者や彼らの属した組織は、決してその真相を隠すことはできないという教訓である。

昭和という三つの時代に眠りつづけていた提督たちの証言にふれながら、私はその教訓を改めて意識しつつ、この記録を残すことに努めた人たちに深い畏敬の念を持ち続けたいと思う。本書にはその思いがこめられていることを記しておきたい。

二〇一三年十二月八日

保阪正康

序章　『小柳資料』で変わった海軍史

『小柳資料』とは

半藤　敗戦から六十五年(二〇一〇)も経って、これほどの新資料にお目にかかるとは思いませんでした。紺色の布クロスの装幀で、表紙には「帝国海軍　提督達の遺稿　小柳資料」というタイトルと「財団法人　水交会」という発行者名が、金文字で書かれています。上下巻の二巻本で上巻は七一二ページ、下巻は六二八ページにおよぶ、どっしりとした大著です。上下セットで約七百部が製作されたと聞きました。

保阪　『小柳資料』は昭和三十一年（一九五六）から昭和三十六年にかけて、海軍ＯＢの親睦団体、水交会の委嘱を受けた小柳富次(とみじ)（元中将。昭和五十三年没）が、当時存命だった旧海軍の将官クラス、四十七人に聞き取りをしたものです。整理されたその証言は原稿用紙で四千枚にものぼる膨大な量だったそうです。長らく水交会の倉庫にダンボールに入れられたままだったとか。ちなみにこの本は書店では売られておらず、水交会からしか買えません（値段はセット価格で七千五百円）。

半藤　二〇一〇年春、初めてこの『小柳資料』を手にしたときは、まことに驚きました。太平洋戦争開戦時の海軍大臣で、後に軍令部総長も兼務する嶋田繁太郎（しげたろう）や、最後の海軍大将井上成美（しげよし）など、戦後、マスコミの取材に応じなかった海軍の重鎮たちが、同じ海軍の仲間という気安さからか、ぺらぺらしゃべっていることに私はびっくりしました。

いま「小柳富次」といっても、その人物像についてピンとくる読者は、ほとんどいないでしょうね。小柳は明治二十六年（一八九三）、新潟生まれ。海軍兵学校は四十二期の卒業で、このあと大いに語られることになる石川信吾（しんご）中将と同期です。水雷（魚雷・機雷）のエキスパートで、レイテ沖海戦のときに栗田艦隊（第二艦隊）の参謀長をつとめた人物でもあります。

レイテ沖海戦は昭和十九年（一九四四）十月、日本が占領していたフィリピンの、レイテ湾に上陸しようとする米軍を撃破するため、連合艦隊が総力をあげて臨んだ一大決戦でした。結果はごぞんじのように、主力の栗田艦隊がレイテ湾にあとわずかまで迫りながら、反転北上したことで、上陸部隊やら米軍の輸送船団を艦砲射撃で撃破する機会がありながら見逃してしまいます。これは「謎の反転」と言われ、現在に至るまで議論が続いています。

戦艦「大和」

小柳富次元海軍中将らが聞き取り、冊子にした『小柳資料』の原稿。表紙にはマル秘と印が押されている

保阪　小柳はレイテ沖海戦のいきさつを『栗田艦隊』という本で書いています。昭和三十一年の刊行ですから、ちょうどこれを書き終わって手離れしたタイミングで、『小柳資料』の聞き取りを始めていることになります。小柳さんは筆が立つということで水交会から委嘱されたのかもしれませんね。

半藤　実は、私はこのころ、小柳さんと会っているんです。元海軍記者、伊藤正徳（まさのり）さんの『連合艦隊の最後』『大海軍を想う』などの取材を手伝っていたころで、旧海軍関係者を訪ね回っていましたから。小柳さんに会った際、「いま、何かされているのですか」と聞いたのですが、言葉を濁して具体的なことはなにも教えてくれませんでした。ですからこの聞き取りのことはまったく知らなかった。当時、見せてくれていたら、そのあと私はあれほど苦労しなくて済んだのに（笑）。

保阪　「君もちょっと手伝わないか」などと誘われていたりしたら、面白いことになりましたね（笑）。

半藤　そう言われたら私も喜んで手伝ったと思いますが、小柳さん、おくびにも出しませんでした。私が手伝ったら、表記もきちんとしたし、もっと読みやすくなったと思うんですがね。

保阪　じつは、『小柳資料』を読んで気になった点があるんです。米内光政（よないみつまさ）の副官で、戦後は海軍関係の著作を多く発表した実松譲（さねまつゆずる）さんの著作のなかに、『小柳資料』中の井上成美の証言と同一の記述がありました。実松さんはことによると小柳を手伝っていたのかもしれないと思いました。

口頭の証言を文章に起こして読めるレベルにまで整理するのは大変な作業です。小柳さんが一人でまとめるのはさすがに無理だと思います。証言は録音されていたのでしょうか。昭和三十年代前半にオープンリールはあったかなあ……。あったとしても高価ですし、重くて一人では運べないでしょう。半藤さんのご指摘どおり表記の仕方もまちまちですから、少なくとも筆記した人間は複数いたはずです。小柳資料とはあるものの、小柳さん一人ですべてやったわけではなく、いわば「小柳グループ」が作業に当たったと考えたほうがよさそうです。

半藤　いずれにしても、もう少し早い時期に刊行されていれば、昭和の海軍史は早い段階でもう少々ふくらみが出ていたのではないかと思います。

海軍が戦後に残した証言集の数々

保阪　では『小柳資料』について語る前に、これ以前に世に出た、海軍軍人たち自身による証言集について、ざっと押さえておきましょう。まわり道になるかもしれませんが、そのほうが『小柳資料』の位置づけがわかりやすくなると思います。時間を遡（さかのぼ）るかたちで紹介します。

まだ記憶に新しいのが『証言録　海軍反省会』（PHP研究所）です。平成二十一年（二〇〇九）八月にNHKスペシャルで放送されて話題となり、書籍も同時に刊行されました。『小柳資料』の証言者たちがほとんどが将官クラスで、帝国海軍の大幹部たちだったのに比して、ここに登場する証言者たちはおもに佐官クラス、中堅幹部たちでした。終戦時、大佐だった砲術の権威の黛治夫（まゆずみはるお）、海上護衛総隊参謀で終戦工作にも関わった大井篤（あつし）などなどです。意外ですが、中将で、終戦の御前会議にも出席した保科善四郎（ほしなぜんしろう）も「海軍反省会」の座談に加わっています。

半藤　「海軍反省会」は昭和五十四年から平成二年まで、八十四回開かれ、カセットテープで二百三十一本にもなったそうです。NHKがテープを起こして、戸高一成氏（大和ミュージアム館長）がまとめの労をとられた。現在は第四巻まで刊行されています。全巻が揃うまであと五、六年はかかるということです。彼は証言者たちと会ったことがあるので、テープを聞けばかなりの確率で誰の声かがわかるのです。というのも「海軍反省会」発足当時、戸高氏は財団法人史料調査会の主任司書をやっておられた関係で、反省会配布史料の準備など、会の運営を長らく手伝っていたからです。幹事で元海軍中佐の土肥一夫氏から、あるとき戸高氏はテープの保管を頼まれた。「いずれ公表される事を考えているが、主な発言者が生きているうちは公表しない方針で話しているから、そのつもりで」と言われたそうです。昭和六十三年に土肥氏が亡くなったあと、二十年を経て、さまざまな経緯があってついに発表に至ったというわけです。戸高氏をはじめ関係者のひとかたならぬ熱意があって残された貴重な史料です。戸高氏は同書の巻頭言のなかでこう書いています。

……発言者の誰もが言うように、日米戦争は在るべきでなく、事実上日本海軍に、対米戦争能力は無い事を認識していたのである。問題は、では、なぜ誰もが在ってはならないと考えていた戦争になってしまったのか、という事である。

海軍というシステムが、人事制度、官制の不備、海軍省と軍令部の権限の不明瞭、陸軍との対立などの個々の問題から、崩れてゆく様子が、言葉の中から窺うことが出来るのである。

編者としては、海軍の正しい姿を残したいとの気持ちに発した、海軍反省会の存在は、立派なものであったと思っているが、海軍反省会の最後の幹事であった平塚精一氏は、筆者の、海軍反省会に対して、好意的な発言に対して、

「反省は、まだ全然足りないですよ」

と、厳しい口調で言われた。深く印象に残った一言であった。

門外不出を前提に仲間内で語られたために、同書には、まことに生々しく率直な証言が

数多くありました。

海軍戦争検討会議と東京裁判

保阪　しかし海軍の歴史を残そうとする作業は、「海軍反省会」で突然はじまったわけではありません。じつは終戦直後から行われていました。その端緒は「海軍戦争検討会議」です。発案者は終戦時の海軍大臣、米内光政。会議は昭和二十年十二月二十二日から翌年の一月二十三日にかけて三回開かれました。各回の会議の参加者は、多少入れ替わっていますが、いずれも日本海軍の最高首脳。計二十九人の将官幕僚が参加しています。

おもな参加者は永野修身元軍令部総長、及川古志郎元海相、沢本頼雄元海軍次官、岡敬純元軍務局長ら開戦時の海軍トップに、豊田貞次郎元外相、吉田善吾、井上成美などですね。発案者の米内は参加していません。開戦時の海相、嶋田繁太郎も昭和二十年の九月十一日にA級戦犯容疑で逮捕されているから出席していません。当初は参加した永野修身も昭和二十一年の三月に、岡敬純もその年の四月に戦犯としてGHQに逮捕されたため、それ以降の欠席を余儀なくされています。

半藤　この特別座談会の記録は、「日本政府」の用箋百一枚にペンで書かれたもので、毎日新聞の海軍記者だった新名丈夫に託されました。新名丈夫は、明治三十九年香川県高松市の生まれ。海軍省の記者クラブ「黒潮会」の主任記者でしたから、海軍首脳たちとは昵懇（じっこん）の仲にあった。

新名丈夫で思い出されるのが「竹槍事件」です。これは戦局劣勢が極まりつつあった昭和十九年二月二十三日の毎日新聞に掲載された記事が、ときの首相東條を激怒させたことに発した事件です。記事にいわく「勝利か滅亡か、戦局はここまで来た」「竹槍では間に合わぬ　飛行機だ、海洋航空機だ」「今こそわれらは戦勢の実相を直視しなければならない。戦争は果たして勝っているか……」。東條はとりわけ「海洋航空機」の文字にカチンときたらしい。軍需物資を陸軍が優先的にとっていることへの痛烈な批難と読み取ったからです。

この報復がまた凄まじかった。毎日新聞は掲載紙の発禁、編集幹部の辞職が求められ、そして記事を書いた新名丈夫記者には陸軍から召集令状が送られました。この懲罰召集に海軍首脳が怒って陸軍に抗議した。「三十七歳の老後備兵を、一人召集して戦場に送り込むとはなにごとだ！」というわけです。その抗議を受けて陸軍は、「これなら文句あるまい」と、新名と同様、市井（しせい）にあった新名と同世代の兵役免除者ばかり二百五十人を召集してしまう。新名は所属の丸亀連隊で特別待遇を受け、三カ月ほどで召集解除になって命拾いをしている。その後も陸軍に再召集されそうになる新名を海軍は庇（かば）いました。こういった経緯もあって、新名自身、海軍には少なからぬ恩義があったわけですな。

保阪　この陸海軍の痴話喧嘩のトバッチリを受けた二百五十人が、まことに気の毒でした。硫黄島にもって行かれてけっきょく全員が玉砕しています。

「海軍戦争検討会議」の記録が、新名丈夫編として『海軍戦争検討会議記録——太平洋戦争開戦の経緯』と題され、刊行されたのは昭和五十一年です。新名はそのあたりの経緯をこの本の解説でこう書いています。

> 私の手元に、この特別座談会の記録がある。それについては事情がある。終戦直後、最後の海相だった米内大将が、「ほんとうの歴史をのこしたい」と部内で発議した。
>
> 「だが役所の手で、それはできない。民間の人にやってもらうほかない」ということになって、若輩の海軍記者だった私にお鉢がまわってきた。
>
> 「東京裁判でも、自分は事実をいっていない。いまのうちに、海軍出身の重臣に話を聞いておく必要がある。自分もほんとうのことをいいたい」
>
> それが米内海相の意向であった。……
>
> 爾来三十年、私はこの記録を大切にしまいこみ、世に出さなかった。なぜならば、この会議は部内の腹蔵のない話し合いであり、公表を目的としたものではない。関係者に迷惑の及ぶおそれもある。また、それを読んで理解するためには、太平洋戦争史につい

て一応の知識が必要である。そう思ったのである。

しかし、こんど毎日新聞社の求めに応じ、これを公刊してもらうことにした。

発案者の米内が「海軍戦争検討会議」に一度も出席しなかったのは、もしかしたら、持病の高血圧と肺炎でだいぶ健康を害していたせいかもしれません。しかし、東京裁判には昭和二十一年の三月と五月に二度、証人として出廷しています。そこで語ったのは、自分は当初からこの戦争は成算がないので反対であったということ。そして昭和天皇も開戦に反対だったが、開戦が内閣の一致した結論だったのでやむなく承認された、という昭和天皇擁護論でした。そして土肥原賢二(どいはらけんじ)、板垣征四郎(せいしろう)、武藤章(あきら)ら陸軍首脳の名をあげて、満州事変から日米開戦までの陸軍の戦争責任に言及しました。半藤さん、米内が口にした「東京裁判でも、自分は事実をいっていない」という言葉の意味をどう捉えるべきでしょうか。

半藤　うーん、そこは難しいところですね。昭和天皇のことも、陸軍主犯論も、ほんとうのことではないということなのか……。あるいは海軍の名誉を護(まも)るために言わなかったことがある、ということかもしれませんがね。いずれにしても、「自分もほんとうのことがいいたい」という望み空(むな)しく、米内自身、その機会を逸してしまったことは残念でした。しかし「海軍戦争検討会議」の目的が「ほんとうの歴史をのこしたい」ということだったとしたら、それは少々きれいごとに過ぎます。額面どおりには受け取るわけにいきません。

というのも、この会議のいちばんの目的は、たぶん東京裁判対策のための意識合わせ、海軍の公式見解の確認であったのではないかと思われるからです。ポツダム宣言を受諾し戦争終結となれば、海軍首脳にとってもっとも心配なのは、お上に戦争責任が及ぶこと、そして帝国海軍の威光に傷がつくことでした。

保阪　いわゆるA級戦犯として被告人になったのは、陸軍、海軍、官僚、外交官、民間人合わせて全部で二十八人です。

陸軍からは、陸軍出身で駐独大使だった大島浩を含めて十五人が被告となり、東條英機、板垣征四郎、土肥原賢二、武藤章、木村兵太郎、松井石根が死刑に、荒木貞夫、橋本欣五郎、梅津美治郎、畑俊六、大島浩、小磯国昭、佐藤賢了、南次郎、鈴木貞一が終身刑になっています。終身刑組は服役中に病没した人以外、のちに全員が釈放されています。海軍のA級戦犯は永野修身、嶋田繁太郎、岡敬純の三人です。永野は判決前に病死し、嶋田と岡は終身刑を宣告されますが、嶋田は昭和三十年に、岡は二十九年に釈放されています。

要するに海軍で死刑になった人物は一人もいない。東京裁判前に開かれた「海軍戦争検討会議」のほんとうの目的は、僕も半藤さんの見立てに賛成です。「海軍は日独伊三国軍事同盟に反対していたし、陸軍に引きずられてやむなく日米開戦にも同意した」という海軍内部でのコンセンサスづくり、悪く言えば、東京裁判対策のための口裏合わせだったと思います。

井上成美の難詰

半藤　『海軍戦争検討会議記録』でいちばん興味深いのは、井上成美が第三次近衛内閣（つまり開戦直前の内閣）の海相だった及川古志郎に、「なぜ日米開戦に同意したのか」と難詰するところです。元は文語体の文章なのですが、若い読者のために口語に直しつつわかりやすく紹介します。

まず、開戦時に海軍次官だった沢本頼雄元海軍大将が「当時の空気は現在とまったく異なり、『海軍は戦えない』などいい得るような情勢にはなかった」と発言します。その理由として、海軍の存在意義を失う、士気に影響がでる、陸海の激しい物質争奪戦の渦中にあって、陸軍から「戦えない海軍には物資をやる必要なし」といわれるだろう、軍令部内には陸海軍があからさまに対立してしまうのはよくないという空気があった、などと弁明をつらねました。「ただし『海軍は戦えないといってくれないか』と、陸軍からいわれたことがありました」と付け加えたら、三期後輩の井上成美が怒った。「陸海軍が争ったとしても、全陸海軍を失うことよりよほどよかったではないですか。なぜ男らしく処置しなかったのですか」と、激昂するんですな。

すると及川が引き取って、「私の全責任です」と、頭を下げたかどうかはわかりませんが、とりあえず謝罪した。言葉を続けて及川がつぎのような釈明を始める。海軍がアメリカとは戦えないといえなかった理由は二つあった、と。まずひとつ目にあげたのは、昭和六年に満州事変が勃発した当初、当時の谷口尚真軍令部長が武力侵攻に反対したときのエピソードでした。

谷口の反対理由は、戦局が拡大すると対英米戦にまで発展する可能性があるということ。そして軍備に膨大な予算がかかるということだった。すると谷口は、軍神に祭り上げられていた日露戦争の英雄、東郷平八郎元帥から大目玉を喰ってしまうんです。「軍令部は毎年作戦計画を陛下に奉っておるではないか。いまさら対米戦ができぬということは、陛下に嘘を申し上げたことになる。また東郷も毎年この計画に対し、よろしいと奏上しているが、自分も嘘を申し上げたことになる。今さらそんなことがいえるかッ」と。そのことが念頭にあったと及川はいうのです。

保阪　及川がもう一つの弁明として挙げたのは、昭和十六年十月、第三次近衛内閣末期の近衛首相とのいきさつですね。九月六日の御前会議では「対米戦争ヲ辞セザル決意ノ下ニ概ネ十月下旬ヲ目途トシ戦争準備ヲ完整ス……外交交渉ニヨリ　十月上旬頃ニ至ルモ尚我要求ヲ貫徹シ得ル目途ナキ場合ニ於テハ直チニ対米（英蘭）開戦ヲ決意ス」と決定されています。

同年七月に日本軍が南部仏印に電撃的に進駐したことに対して、アメリカは石油の全面禁輪という峻烈な制裁措置をとりました。日本が石油のほとんどをアメリカに依存していたのはごぞんじのとおりです。日に日に油が目減りしていく状況のなか「開戦決意」のデッドラインが近づいてくる。交渉のなかでアメリカは、日独伊三国同盟の破棄と、中国、仏印からの撤兵を強く要求してきました。近衛はアメリカの要求を呑んで、石油供給の復活と日米通商航海条約を再締結したい。そしてなにより対米戦争を回避したい。

そんな近衛に対して、陸相東條は絶対に受け入れられないと抵抗をつづけました。とりわけ中国からの撤兵は、日中戦争をはじめた陸軍にとって、もっとも受け入れ難いものでした。となると、開戦を避けるためには、海軍が「アメリカとは戦えない」と言わなくてはならなくなってしまった。

半藤　切羽詰まった状況でのエピソードですよね。長らく海軍は、アメリカを仮想敵国として、東郷さんではないが毎年作戦計画を天皇に奉ってきたのはごぞんじのとおり。及川が示した二つの理由はまことに密接な関係にあった。

ではこのあとの、及川と井上のやりとりをつづけます。及川いわく、「近衛さんに下駄をはかせられるな［責任を負わされるな、の意］と軍令部や軍務局から注意されていたので海相及川は、近衛に「陸軍を押さえることを海軍頼みにせず、総理自身が陣頭に立たなければダメです」と言ったと。つまり及川は、逆に近衛に下駄をはかせて責任をおしつけたということですね。すると、井上は腹に据えかねたか、「近衛さんにやる気があったと思うのですか、また近衛さんにそれができるとでも思ったのですか」と呆(あき)れ気味になじる。すると、及川は、「首相が［陸軍を］押さえられないものを、海軍が押さえられるわけないだろう」と開き直ります。このあとも及川の弁明とそれを容赦しない井上の応酬がつづきます。井上さんの真骨頂というべきか、相手がいくら大先輩であっても遠慮なし。満座の注目のなか、大先輩の開戦責任を追及しています。まあ、海軍内の一部で井上さんを悪くいう人がいるのもわかるような気もいたしますがね。

保阪　井上の評伝を書いた阿川弘之さんが「井上さんと酒席をともにするという約束があったとしてもね、楽しみだなあというわけにはいかない人だね」と半藤さんとの対談本『日本海軍、錨揚ゲ！』でおっしゃってますね（笑）。

まあ、それはともかく。「海軍戦争検討会議」の記録を三十年も手元に留め置いたその理由を新名が、「この会議は部内の腹蔵のない話し合いであり、公表を目的としたものではない。関係者に迷惑の及ぶおそれもある」と書いたのは、おそらく井上のこうした発言などを考慮してのことだと思います。昭和五十年十二月の井上の死を受けて、関係者の賛同を得て公表に踏み切ったと、つぎのように記しています。

三十年の間に、海軍の首脳者はほとんど亡き人となった。「サイレント・ネイビー」ということばがあるが、これらの人々はみな一言の言い訳もしなかった。

山本五十六

米内光政

及川古志郎

井上成美

さらに直接の［『海軍戦争検討会議記録』刊行の］動機は、最後の海軍大将、井上成美氏の死去（昭和五十年十二月十五日）である。この特別座談会で最もはげしい議論をし、中心人物の観があるのは井上大将である。大将こそは部内切っての反陸軍の闘将で、三国同盟に対しては、米内海相、山本五十六次官、井上軍務局長のコンビで徹頭徹尾反対し、暗殺のおどしをうけても屈しなかった。太平洋戦争にも反対、軍備の時代おくれをいい、大艦巨砲主義を排し、海軍の空軍化を主張した先駆者である。日米戦争で艦隊決戦はおこらず、基地争奪戦になることを予言した人、無頼の硬骨漢であった。

ここに先ほど触れた戦後の「海軍善玉論」のエッセンスを要領よくまとめているように思います。井上自身はここに書かれたとおりの人物ですが、問題は、果たして海軍首脳陣が新名の書くように、多くがそういう立場だったのかということですね。

半藤　実際は、井上のような考えは少数派でしたよ。ところが一般には、しだいに三国軍事同盟に反対していた米内光政海相、山本五十六次官、井上成美軍務局長のトリオがクローズアップされていくわけです。

保阪　それによって醸成された論調、いわゆる「海軍善玉論」が現在に至るまで続いています。あの戦争は陸軍が始めたのであって、海軍は戦争に反対していたという論です。この「海軍善玉論」のおおもとにあるのは、新名丈夫が編んだ『海軍戦争検討会議記録』だったと言って間違いなさそうですね。

半藤　直近の「海軍反省会」には、年齢的な点からも、海軍首脳たちが沈黙のままに次々と亡くなるなかで、自分たちに残された時間もわずかであるとの焦燥感から、自分の体験や記憶を記録に残しておきたいという個々人の思いが強くあったように思います。そこにはおそらく政治的な意図などはなかったでしょう。けれど、「海軍戦争検討会議」と「海軍反省会」のちょうど間の時期に横たわる『小柳資料』はどうか。保阪さん、いかがですか。

保阪　『小柳資料』も「海軍戦争検討会議」と同様、公式見解発表に近いように思います。「海軍は日米開戦に反対していた」という海軍内部のコンセンサスづくりの延長線上にあったのではないか、と。後世、海軍を批判する動きが出たら「いや、海軍は日米開戦に反対していた。こういう証言がありますよ」と、反論するためのものだったのではないでしょうか。

海軍善玉論と阿川弘之著『山本五十六』

保阪　ところで海軍良識派、米内光政、山本五十六、井上成美の三羽烏がクローズアップされるようになったのは、いつ頃からでしょうか。

半藤　旧制長岡中学校から海軍兵学校という、山本五十六とおなじ経歴をたどった後輩の反町栄一（昭和四十八年没）が、評伝『人間　山本五十六』を昭和三十一年に刊行しました。とはいえ、一般に知られるようになったのはやはり阿川弘之さんの『山本五十六』からでしょう。こちらは昭和四十年の刊行で、当時大ベストセラーになりました。じつは、刊行当初は文学者が軍人を英雄的に描くなんて、というような時代の気分がありました。当時はまだ、空気として戦争そのものに対する拒否感が断然強かった。海軍だろうが軍人を語ろうものなら、おまえは軍国主義か、みたいな時代でした。そうではあったのですが、実は昭和三十年代後半くらいから少しずつ変わってきていましてね。阿川さんの『山本五十六』がベストセラーになると、海軍のイメージも変わっていったように思います。阿川さんは続いて昭和五十三年に『米内光政』、昭和六十一年に『井上成美』を発表し、「海軍善玉論」が定着していきました。あくまでも陸軍との比較での「善玉」ですがね。やはり東京裁判で海軍は死刑になった人間がいなかったということが大きかった。

保阪　陸軍と比較すると、海軍はリベラルであった、英語教育に力を入れていた、知米英派が多くいた、などと世間に広く喧伝されていきました。ある意味、戦後民主主義と合致した考え方をもっていた集団というイメージです。このあたりは慶応義塾塾長で昭和二十四年に皇太子の教育掛（東宮御教育常時参与）だった小泉信三のような海軍シンパの文化人の影響も大きかったでしょう。

半藤　小泉信三の、戦死した一人息子を描いた『海軍主計大尉小泉信吉』は私家版でしたが、昭和四十一年に公刊されて読み継がれています。これも海軍人気に拍車をかけた。

保阪　小泉は昭和二十四年に雑誌『心』で米内のことを「米内さんは会って温かい。実にいい感じを与える人である。今の日本人で内外人に最も徳望のある人であったと思う」と書いています。これは米内の人柄に仮託して海軍全体を誉めているようにも読めます。いっぽう陸軍をサポートする知識人は皆無ですからね。

半藤　それと終戦を成し遂げた首相、鈴木貫太郎（かんたろう）の存在も大きい。海軍出身の首相でいえば、鈴木、米内以外に岡田啓介（けいすけ）。三人とも国際協調を重んじる人たちでした。さらに鈴木と岡田は二・二六事件で、陸軍の青年将校の凶弾を受けて、奇跡的に一命をとりとめた。そんなところも同情や共感を呼んだのでしょう。

保阪　『海軍戦争検討会議記録』もこの『小柳資料』も、あえて刊行を急がなかったのは、「海軍善玉論」が戦後の日本社会に定着したことと無関係ではないかもしれませんね。

『小柳資料』四十七人の証言者たち

半藤　参考資料として、上巻から目次順に、証言者の略歴およびその証言のページ数を示してもらいました。嶋田繁太郎が八四ページ、石川信吾が七三ページ、福留繁（しげる）が八〇ページです。都合の悪いことのある人のほうが長々としゃべっている印象がありますね（笑）。

保阪　それにしても錚々たるメンバーです。『小柳資料』と『海軍反省会』の証言者で共通しているのは新見政一中将くらいです。

半藤　中将で終戦の御前会議にも出席した保科善四郎は、中堅幹部がメインの『海軍反省会』に参加しながら、なぜ将官クラスが並ぶ『小柳資料』には登場しなかったのでしょうか。他にも『小柳資料』の証言者の選定には不可解なところがあるのですよ。

保阪　証言者になっていてしかるべき人物が抜けていますね。

半藤　大将で開戦前夜に大使として日米交渉にあたった野村吉三郎（昭和三十九年没）が抜けている。連合艦隊司令長官を経験した豊田副武は昭和三十二年に、海相経験者の及川古志郎は昭和三十三年に亡くなっているから、健康状態からいって難しかったのかもしれませんが、小沢治三郎（昭和四十一年没）がいないのは不可解です。

　私は昭和三十四年に会っていますがピンピンしていたのですからね。小沢さんは最後の連合艦隊司令長官。適材適所で言えば、小沢さんこそ真珠湾攻撃の指揮官になるべき人でした。空母中心の機動部隊を発案したのがこの人です。冒頭ちょっと話にでた、レイテ沖海戦の主役の一人ですから是非とも話を聞くべきでした。

保阪　小沢治三郎は、小柳富次が参謀長をしていた栗田艦隊のレイテ湾突入を支援するために、レイテ沖海戦では囮艦隊としてハルゼーの機動部隊を引きつける役目を果たした。

それなのに栗田艦隊は、例の謎の反転。小柳富次はもしかしたら、小沢には合わす顔がなかったのかもしれませんね。

三国同盟締結について海軍次官だった豊田貞次郎が得意げに話しているのに、上司たる海相の及川古志郎の証言がないのは残念です。もっとも井上成美から難詰されて以来、話をするのは懲りてしまったのかもしれませんけれど。

半藤　昭和十六年四月から十九年七月まで海軍次官を務めた沢本頼雄（昭和四十年没）。この人はだれより開戦経緯には詳しく、水交会の会長も務めていた人物なのに入っていないのはおかしいですね。

保阪　それに山本五十六が重用した作戦参謀、黒島亀人少将（昭和四十年没）をなんで出さなかったのですかね。

半藤　しゃべってもらったらきっと面白かったでしょうにねえ。

保阪　断ったのでしょうか。

半藤　黒島は断るような、そんな慎ましやかな人ではありません。喜んで大いに語ったはずです。

保阪　そういえば、くせのある人は外していますね。高木惣吉が外されている。私もこの軍人には会ったことがありますが、高木は昭和十四年から十五年にかけては海軍省官房調査課長という要職にありました。戦況が悪化した昭和十九年には首相の東條英機暗殺を企図したり、終戦にむけての地ならしに奔走した重要な人物です。高木も少将ですから登場資格はあるのですが、戦後あまりに辛辣な海軍中央批判を書いていましたから、もしかしたら高木を入れるなというプレッシャーがどこからかあったのかもしれません。

半藤　となると選び方は、かなり恣意的だったと見るべきか。しかし大批判派の井上成美が出ていますから、それほど偏りがあるわけじゃないような気もしますがね。いっぽう陸軍からは唯一、今村均大将が選ばれています。これはやはりラバウルでのことがあるからでしょうか。

保阪　そうでしょうね。ラバウルでは陸軍七万、海軍三万の将兵が自給自足で終戦まで持ちこたえました。陸海軍が協調してうまくいった、極めて稀な例でした。

半藤　今村は人格者として知られています。外地で行われた戦犯裁判で、オーストラリア軍による裁判では、今村を擁護する現地住民の証言もあって死刑を免れ禁錮十年の刑ですんでいます。オランダ政府による裁判では参考人として出頭したすべての人が、戦闘においても占領中においても、なんら不法な行為なしと証言してこちらの裁判では無罪となっている。オーストラリアが下した刑に関しては、わざわざ希望して東部ニューギニアのマヌス島刑務所で刑期を全うし、日本に帰国してからは自宅の一角に建てた小屋に自らを幽閉して戦後を送った人物です。しかし、そうは言っても陸軍から今村がただ一人ポツンと入っているのは違和感がありますね。

保阪　証言者の選定は小柳さんの人間関係を反映していたのではないでしょうか。

半藤　小柳さんは軍歴のほとんどを艦隊勤務に終始しています。ですから政治的には中立と言いますか、国際協調派にも対英米強硬派にも属していないはずです。

保阪　だれが証言者を選定したのか、あるいはだれが拒否したのか。今となってはそのいきさつは水交会に問い合わせてもわからないそうです。ただ、バランスはそれなりに意識しているようですね。つまり航空、水雷、砲術、教育、軍医、経理、技術畑と、なべて海軍の全体図は押さえている。考え方や立場も、対米強硬派ばかりではなくて、井上成美を代表とする国際協調派も入っていますからね。

半藤　『小柳資料』の証言者たちの何人かが、自著として回想録を出版しています。福留繁は昭和二十六年に『海軍の反省』、昭和三十年に『史観・真珠湾攻撃』を、草鹿龍之介（くさかりゅうのすけ）が昭和二十七年に『聯合艦隊』を、石川信吾が昭和三十五年に『真珠湾までの経緯』を、草鹿任一（じんいち）は昭和三十三年に『ラバウル戦線異状なし』を、眞崎勝次（かつじ）が昭和三十七年に『隠された真相』を、富岡定俊（さだとし）が昭和四十三年に『開戦と終戦』を出した。刊行年を見ると『小柳資料』の取材時点と前後しています。『小柳資料』に触発されてみなさん、書き始めたのかもしれませんね。ですから『小柳資料』のインタビューをもとに本にしたケースもあったのではないでしょうか。草鹿龍之介の真珠湾、ミッドウェー、戦艦大和の出撃に関する内容は当然のことながら自著と『小柳資料』の事実関係は合致しています。

保阪　半藤さんご自身、文藝春秋在職時に小柳富次に会ったときのことは、さきほどちょっとお聞きしましたが、ほかにはだれと会っておられますか。

半藤　ほかにこの本の証言者で会った人といえば、嶋田繁太郎、井上成美、今村均、豊田貞次郎、福田啓二(けいじ)、草鹿龍之介、草鹿任一、寺岡謹平(きんぺい)、富岡定俊、中村俊久(としひさ)などです。もちろん栗田健男(たけお)さんにも。伊藤正徳さんの紹介もあって会いました。

伊藤さんと栗田さんは旧制水戸中学の同級生という誼(よし)みもありまして、気安く会ってくれました。昭和三十年代初めの頃は、海軍内部に政治的対立があったことなどほとんど知られておらず、もっぱら興味の向き先は海戦でのドンパチのほうでした。栗田さんにも小柳さんにも、残念ながらレイテの謎の反転以外のことを尋ねようなどとは、私も思いませんでしたねえ。戦後の復興もようやく軌道に乗り始め、その頃になってようやく世間も太平洋戦争時の海戦の真相などに興味を持ち始めたように思います。

保阪　僕は半藤さんより二十年ほど遅れて昭和四十年代後半から昭和史の取材を始めましたし、陸軍中心の取材でしたから『小柳資料』の証言者で会ったことのある人はいません。海軍で取材した人となると大井篤、豊田隈雄(くまお)、実松譲など佐官クラスの方ですね。将官クラスの人はすでに亡くなっている方が多かった。岡敬純に会ったらどうだと、勧める人もいたのですが、けっきょく会わずじまいで惜しいことをしました。

『小柳資料』の序文に「しかるべき時間が経った後は、できるだけ公開し議論すべきである。その議論は現代の価値観で過去を裁くのではなく、また感情を入れるものでもなく、事実を事実として受け止め、冷静に考え、そして今後の参考とし活用すべきであろう」とあります。充分に「しかるべき時間」が経ちました。これからじっくりと、私たちで『小柳資料』の将官たちの証言を議論しながら、改めて海軍史を点検して参りましょう。

『小柳資料』の上巻から目次順に、証言者の略歴およびその証言のページ数。

〈上巻〉

吉田善吾（ぜんご）　元海軍大将（佐賀／明治十八年～昭和四十一年／海兵32・海大甲種13）
※21ページ

軍務局長（昭和八年）、連合艦隊司令長官（昭和十二年）、海軍大臣（昭和十四年）を歴任。日独伊三国軍事同盟締結に反対していたが、心労から締結直前に大臣を病気辞任。その後、軍事参議官（昭和十五年）、海軍大学校校長（昭和十八年）などを務める。

高橋三吉（さんきち）　元海軍大将（東京／明治十五年～昭和四十一年／海兵28・海大甲種10）
※26ページ

連合艦隊司令長官（昭和九年）。軍令部次長時代に軍令部条例及び省部互渉規定の改正案を提出。軍令部長の伏見宮博恭王（ひろやすおう）の支持を得、承認される。愛称は「三吉姐（ねえ）さん」。

嶋田繁太郎（しげたろう）　元海軍大将（東京／明治十六年〜昭和五十一年／海兵32・海大甲種13）
※84ページ

海軍大臣（昭和十六年〜十九年）、昭和十九年二月より軍令部総長を兼任。東條内閣崩壊で同年七月に海相を、八月に軍令部総長を辞任。東京裁判で終身禁固判決（昭和三十年赦免）。

山本英輔（えいすけ）　元海軍大将（鹿児島／明治九年〜昭和三十七年／海兵24・海大甲種5）
※12ページ

初代航空本部長（昭和二年）、連合艦隊司令長官（昭和四年）などを歴任。二・二六事件の際、暫定内閣の首相候補に推す声があがり、その後、予備役に。山本権兵衛の甥。

長谷川清　元海軍大将（福井／明治十六年〜昭和四十五年／海兵31・海大甲種12）
※8ページ

海軍次官（昭和九年）、台湾総督（昭和十五年〜十九年）などを務める。初代支那方面艦隊長官（昭和十二年）として上海事変に参加。

堀悌吉（ていきち）　元海軍中将（大分／明治十六年〜昭和三十四年／海兵32・海大甲種16）
※8ページ

ワシントンとジュネーブの軍縮会議全権随員。ロンドン軍縮会議締結に尽力するも昭和九年に「大角（おおすみ）人事」で予備役に。その後、日本飛行機、浦賀ドック社長を歴任。

寺島健（けん）　元海軍中将（和歌山／明治十五年〜昭和四十七年／海兵31・海大甲種12）※8ページ

連合艦隊参謀長（昭和三年）、教育局長兼軍務局長（昭和七年）などを歴任。軍務局長時代に軍令部条例及び省部互渉規定の改正案に反対し、予備役編入（昭和九年）。その後、東條内閣の逓信大臣兼鉄道大臣（昭和十六年）。

野村直邦（なおくに）　元海軍大将（鹿児島／明治十八年〜昭和四十八年／海兵35・海大甲種18）※28ページ

連合艦隊参謀長（昭和十年）、軍令部第三部長（昭和十一年）などを歴任。三国同盟締結時にドイツ駐在。開戦後Uボートで帰国。東條内閣の末期に海軍大臣に就任（昭和十九年）するも直後に内閣総辞職となり大臣在任期間五日という最短記録をつくる。

山梨勝之進（かつのしん）　元海軍大将（宮城／明治十年〜昭和四十二年／海兵25・海大甲種5）※47ページ

海軍次官（昭和三年）などを歴任。ワシントン軍縮会議全権随員を務め、ロンドン軍縮会議では次官として国内で締結に向けて奔走した。昭和八年に「大角人事」で予備役に編入される。以後、学習院院長、東宮御教育参与として明仁皇太子の教育に当たる。

今村均（ひとし）　元陸軍大将（宮城／歩兵／明治十九年〜昭和四十三年／陸士19・陸大27）※14ページ

開戦時は第十六軍司令官としてジャワ島攻略戦を指揮。その後の軍政も円滑に進めた。昭和十七年より第八方面軍司令官としてラバウルに着任。自給自足の防衛体制を築く。降伏後も部下と同じマヌス収容所への禁錮を自ら志願した。

岡敬純（たかずみ）　元海軍中将（大阪／明治二十三年～昭和四十八年／海兵39・海大甲種21）

※15ページ

ジュネーブ会議全権随員（昭和七年）、軍務局長（昭和十五年）、海軍次官（昭和十九年）などを歴任。軍務局長時代に部下の石川信吾とともに三国同盟締結を推進、日米開戦にも積極的であった。

豊田貞次郎（ていじろう）　元海軍大将（和歌山／明治十八年～昭和三十六年／海兵33・海大甲種17）

※25ページ

ジュネーブ、ロンドン軍縮会議全権随員、軍務局長（昭和六年）。海軍次官（昭和十五年）時代に三国同盟締結に向け、及川古志郎海相を差し置いて動く。予備役編入後（昭和十六年）商工相、外相などを歴任。

原忠一（ちゅういち）　元海軍中将（島根／明治二十二年～昭和三十九年／海兵39・海大甲種24）

※11ページ

開戦時は第五航空戦隊司令官として真珠湾、セイロン沖海戦に参加。史上初の空母同士の海戦となった珊瑚海（さんごかい）海戦を指揮。その後第八戦隊司令官として南太平洋海戦に参加。

左近司政三（さこんじせいぞう）　元海軍中将（山形／明治十二年～昭和四十四年／海兵28・海大甲種10）
※16ページ

長門艦長（大正十二年）、軍務局長（昭和二年）、ロンドン軍縮会議全権随員、海軍次官（昭和六年）などを歴任。条約派とみられ「大角人事」で予備役に（昭和七年）。その後、第三次近衛内閣の商工大臣を務める。終戦時の鈴木内閣の国務大臣として昭和天皇のご聖断を仰ぐことを鈴木に進言した。

八角三郎（やすみさぶろう）　元海軍中将（岩手／明治十三年～昭和四十年／海兵29・海大甲種10）
※17ページ

第一水雷戦隊司令官（大正十四年）などを務め、昭和六年に予備役編入。以後衆議院議員を四期務める。米内光政とは盛岡中学時代からの親友で終戦時は鈴木内閣顧問として鈴木、米内に協力。

福田啓二（けいじ）　元海軍技術中将（愛知／明治二十三年～昭和三十九年／東京帝大造船科）
※17ページ

昭和十一年、艦政本部第四部基本計画主任として大和型戦艦の設計に携わる。艦政本部第四部長（昭和十六年）、東京帝大工学部教授兼任（昭和十七年）、艦政本部技術監（昭和十八年）を歴任。

草鹿任一（じんいち）　元海軍中将（石川／明治二十一年～昭和四十七年／海兵37・海大甲種19）

教育局長（昭和十四年）、海軍兵学校校長（昭和十六年）など教育関係を歴任。戦争中は第十一航空艦隊司令長官としてラバウルで指揮を執り続けた。草鹿龍之介とはいとこ同士。　※34ページ

谷井末吉　元海軍大佐（宮城／明治十七年〜昭和四十三年／海兵33）　※25ページ
三笠砲術長（大正九年）、昭和二年、知床特務艦長を経て大佐で予備役。昭和十六年、充員召集。横鎮付、第二号新興丸砲艦長などを務める。

有馬成甫（せいほ）　元海軍少将（熊本／明治十七年〜昭和四十八年／海兵33）　※5ページ
昭和四年、大佐で予備役。昭和十六年、充員召集。福山丸砲艦長、第一海上護衛運行指揮官などを務める。昭和二十年、少将。日本銃砲史の権威としても著名。

山本丑之助（うしのすけ）　元海軍主計中将（三重／明治二十二年〜昭和五十一年／海経1）　※7ページ
ジュネーブ軍縮会議全権随員（昭和六年）、経理局長（昭和十八年）、企画院参与（昭和十八年）、軍需省参与（昭和十九年）、第二復員省経理局長（昭和二十年）などを務める。

清水光美（みつみ）　元海軍中将（長野／明治二十一年〜昭和四十六年／海兵36・海大甲種18）　※30ページ
人事局長（昭和十一年より）時代に主計士官採用に短期現役士官制度を導入。開戦時は第六艦隊司令長官として潜水艦部隊を指揮。第一艦隊司令長官（昭和十七年）時に陸奥爆

沈（昭和十八年）の責任をとり、翌年予備役に編入。

新見政一（まさいち）　元海軍中将（広島／明治二十年〜平成五年／海兵36・海大甲種17）※26ページ
　教育局長（昭和十二年）、海軍兵学校校長（昭和十四年）などを歴任。知英派として知られ三国同盟に批判的であった。また次期大戦が総力戦体制になることと艦隊決戦が起きないことを予言。妻は小林躋造（せいぞう）海軍大将の妹。

武井大助（だいすけ）　元海軍主計中将（茨城／明治二十年〜昭和四十七年／主計）※8ページ
　経理局長（昭和十三年）などを務める。昭和十九年に予備役編入。東京高商予科時代に同校専攻部の廃止に反対した学生の「申酉（しんゆう）事件」の中心人物。歌人としても知られ宮中歌会始の召人（めしうど）も務めたことがある。

細萱戊子郎（ほそがやぼしろう）　元海軍中将（長野／明治二十一年〜昭和三十九年／海兵36・海大甲種18）※13ページ
　開戦時は第五艦隊司令長官。ミッドウェー作戦時にアッツ、キスカを攻略。その後のアッツ島沖海戦で優位な戦力を有しながら追撃を行わず戦意不足を問われ、昭和十八年、予備役編入、南洋庁長官となる。

三川軍一（ぐんいち）　元海軍中将（広島／明治二十一年〜昭和五十六年／海兵38・海大甲種22）※15ページ
　開戦時から第三戦隊司令官として真珠湾攻撃、ミッドウェー海戦などに参加。新設された第八艦隊司令長官として第一次ソロモン沖海戦に勝利するも米輸送船団を見逃したことで評価が分かれる。

栗田健男（たけお）　元海軍中将（茨城／明治二十二年～昭和五十二年／海兵38）　※15ページ

開戦時から第七戦隊司令官としてバタビア沖海戦、セイロン沖海戦、ミッドウェー海戦に参加。ついで第三戦隊司令官として南太平洋海戦に、第二艦隊司令長官としてレイテ沖海戦に参加。その後海軍兵学校校長（昭和二十年）。

福田良三（りょうぞう）　元海軍中将（熊本／明治二十二年～昭和五十五年／海兵38・海大甲種20）　※8ページ

海南島根拠地隊司令官（昭和十四年）、興亜院厦門（アモイ）連絡部長官（昭和十六年）などを務める。終戦時は支那方面艦隊司令長官。

大森仙太郎（せんたろう）　元海軍中将（熊本／明治二十五年～昭和四十九年／海兵41）　※18ページ

第一水雷戦隊司令官（昭和十五年）、第五戦隊司令官（昭和十七年）、水雷学校長（昭和十八年）、海軍特攻部長（昭和十九年）、第七艦隊司令長官（昭和二十年）などを歴任。

田結穣（たゆいみのる）　元海軍中将（岐阜／明治二十三年～昭和五十二年／海兵39・海大甲種23）　※11ページ

第六戦隊司令官（昭和十四年）、第一南遣艦隊司令長官（昭和十八年）などを歴任。終戦時は舞鶴鎮守府司令長官兼第一護衛艦隊司令長官。

中村俊久（としひさ）　元海軍中将（神奈川／明治二十三年～昭和四十七年／海兵39・海大甲種22）

※25ページ

東郷平八郎副官（大正十年）、伏見宮博義（ひろよし）王付武官（昭和三年）を務める。開戦時は第三艦隊参謀長。昭和十七年から二十年まで侍従武官。

寺岡謹平（きんぺい）　元海軍中将（山形／明治二十四年～昭和五十九年／海兵40・海大甲種24）

※90ページ

昭和十六年より十九年まで南京政府軍事顧問。その後第一航空艦隊司令長官としてフィリピン防衛にあたる。終戦を本土防衛の第三航空艦隊司令長官として迎える。

〈下巻〉

三戸寿（ひさし）　元海軍中将（広島／明治二十四年～昭和四十二年／海兵42・海大甲種25）

※36ページ

第一潜水戦隊司令官（昭和十七年）、人事局長（昭和十八年）などを歴任。昭和二十年十一月に最後の海軍次官となり以後、第二復員省が廃止されるまで次官を務める。

石川信吾（しんご）　元海軍少将（山口／明治二十七年～昭和三十九年／海兵42・海大甲種25）

※73ページ

軍務局第二課長時代に海事国防政策第一委員会のメンバーとして、三国同盟調印、南部仏印進駐を推進。その後、第二十三航空戦隊司令官（昭和十八年）、運輸本部長兼大本営戦力補給部長（昭和十九年）などを務める。その言動から「不規弾」と呼ばれた。

中沢佑（たすく）　元海軍中将（長野／明治二十七年～昭和五十二年／海兵43・海大甲種26）　※22ページ

人事局長（昭和十七年）、軍令部第一部長（昭和十八年～）など。マリアナ沖海戦の責任をとり前線勤務を希望。以後、第二十一航空戦隊司令官、台湾航空隊司令官などを務める。

澁谷隆太郎（りゅうたろう）　元海軍中将（福井／明治二十年～昭和四十八年／海機18）　※16ページ

呉工廠（こうしょう）長として開戦を迎える。艦政本部長（昭和十九年～）として原子力、電波兵器の研究などを指示する。

富岡定俊（さだとし）　元海軍少将（広島／明治三十年～昭和四十五年／海兵45・海大甲種27）　※27ページ

開戦時は軍令部作戦課長として真珠湾攻撃に反対した。ガダルカナル島撤退後、大淀艦長（昭和十八年）、南東方面艦隊参謀長としてラバウルに赴任。終戦時は軍令部作戦部長。

保利信明（のぶあき）　元海軍軍医中将（長崎／明治二十二年～昭和四十二年／軍医）　※8ページ

長崎医学専門学校卒業（大正二年）。軍医学校長（昭和十六年）、医務局長（昭和十八年）を歴任。戦後は厚生省援護審査会委員長などを務める。

井上成美（しげよし）　元海軍大将（宮城／明治二十二年〜昭和五十年／海兵37・海大甲種22）

※37ページ

軍務局第一課長（昭和七年）時代に軍令部条例及び省部事務互渉規程の改定に反対する。軍務局長時（昭和十二年〜）は米内光政、山本五十六とともに三国同盟に反対した。開戦時は第四艦隊司令長官。海軍兵学校長（昭和十七年）を経て海軍次官（昭和十九年）を務める。

草鹿龍之介（りゅうのすけ）　元海軍中将（東京／明治二十五年〜昭和四十六年／海兵41・海大甲種24）

※76ページ

開戦時は第一航空艦隊参謀長として、真珠湾攻撃、インド洋作戦で活躍。ミッドウェー海戦の敗北後、再編された第三艦隊参謀長として第二次ソロモン海戦、南太平洋海戦を戦う。連合艦隊参謀長（昭和十九年）としてマリアナ沖海戦などを指導。終戦時は第五航空艦隊司令長官。

福留繁（しげる）　元海軍中将（鳥取／明治二十四年〜昭和四十六年／海兵40・海大甲種24）

※80ページ

開戦時は軍令部第一部部長。古賀峯一（みねいち）の連合艦隊司令長官就任とともに連合艦隊参謀長に。昭和十九年三月、司令部のパラオからの移動中、悪天候のため古賀の搭乗機が行方不明になり、福留の搭乗機はセブ島沖に不時着、ゲリラの捕虜となる（海軍乙事件）。その際機密書類を奪われるが不問に付される。

戸塚道太郎 元海軍中将（東京／明治二十三年～昭和四十一年／海兵38・海大甲種20）
※40ページ

昭和十二年、第一海軍連合航空隊司令官として渡洋爆撃を立案、指揮する。航空本部長（昭和十九年）を経て、終戦時は横須賀鎮守府長官として厚木航空隊の反乱事件を収拾した。

榎本重治 元海軍書記官（東京／明治二十三年生まれ／書記官） ※15ページ

東京帝大法科卒（大正三年）。在学中に高等文官試験に合格。ワシントン、ロンドン軍縮会議に法律専門家として全権委員随員被仰付となる。高等官一等（昭和十三年）。

岸本鹿子治 元海軍少将（岡山／明治二十一年～昭和五十六年／海兵37） ※22ページ

艦政本部第二課長時代の昭和八年、酸素魚雷の開発に成功。また特殊潜航艇（甲標的）を考案した。予備役編入（昭和十五年）後、三菱長崎兵器製作所所長。開戦後再召集となり、艦政本部嘱託などを務めた。

志摩清英 元海軍中将（東京／明治二十三年～昭和四十八年／海兵39・海大甲種21）
※34ページ

開戦時は第十九戦隊司令官としてラバウル方面攻略などに参加。昭和十九年、第五艦隊司令長官としてレイテを目指すがスリガオ海峡海戦で、敵機の猛攻を受けて撤退する。

眞崎勝次（かつじ）　元海軍少将（佐賀／明治十七年〜昭和四十一年／海兵34）　※28ページ

大正十四年よりソ連大使館付武官。隠戸特務艦長、山城艦長などを経て昭和十一年、予備役編入。その後、衆議院議員。眞崎甚三郎陸軍大将は兄。

古市龍雄（ふるいちたつお）　元海軍中将（東京／明治十八年〜昭和四十一年／海機15）　※11ページ

艦政本部第二部長（昭和六年）、第三部長（昭和八年）、横須賀工廠長（昭和十年）などを歴任。電気関係が専門。昭和十二年、予備役。機関学校では中島知久平（ちくへい）と同期。

小柳富次（とみじ）　元海軍中将（新潟／明治二十六年〜昭和五十三年／海兵42・海大甲種24）　※87ページ

開戦時より金剛艦長として、マレー半島上陸戦、アッツ、キスカ攻略戦、南太平洋海戦などに参加。次いで第二水雷戦隊、第十戦隊司令官としてガ島攻防戦に参加、レイテ沖海戦では第二艦隊参謀長として栗田健男を補佐した。

第一章　栄光の日本海海戦から昭和の海軍へ

日露戦争を知る将官たち

保阪　ここに登場した将官たち四十七人の年齢を見てみると、いちばん年嵩なのが明治九年（一八七六）生まれの山本英輔。そして明治十年代生まれが山梨勝之進を筆頭に十六人。あとの二十九人が二十年代生まれで、いちばん若い富岡定俊が明治三十年生まれでした。三十年代生まれはこの人だけです。日露戦争を実際に体験したのはどの世代まででしょうか。

半藤　明治十六年（一八八三）とか十七年（一八八四）生まれの、海軍兵学校の三十二期がギリギリ末端の少尉候補生として参加しています。三十二期の代表格は山本五十六ですが、ここに登場した吉田善吾、堀悌吉、嶋田繁太郎が同期生です。長谷川清、寺島健は彼らより一期上で、こちらも当時はまだ新品少尉と言っていい。ちなみに明治十三年生まれの永野修身は海兵二十八期で日露戦争のときは中尉でした。旅順要塞攻撃のときには海軍陸戦重砲隊の中隊長としてロシア太平洋艦隊に大砲を撃っていたんです。山梨勝之進は永野より三期上の二十五期ですからもう少し偉くなっていて大尉。砲艦「済遠」の分隊長として戦闘現場の指揮をしています。要するに、ここに登場した人のうち日露戦争を体験したのは、せいぜい十人くらいかと思いますね。

保阪　吉田善吾、堀悌吉、嶋田繁太郎でさえ、日露戦争というのは末端尉官としての体験をもっているにすぎないということなのですね。

半藤　ということだと思います。三十三期の豊田貞次郎などはまだ兵学校にいましたから、この期よりあとは日露戦争を知らない世代です。

保阪　そういう事情もあって、日露戦争について語れる人は限られていました。さて、半藤さんはだれの話がいちばん面白かったでしょうか。

半藤　私は、明治十五年生まれで日露戦争当時少尉候補生として戦艦「敷島」に乗っていた、寺島健の証言に驚きました。明治三十七年二月にはじまった日露戦争が翌年九月に終結するまで海軍大臣をつとめた、山本権兵衛大将から直接聞いた話を紹介しています。明治三十七年の出来事です。

　大山［巌］大将が満州軍総司令官に任命された日に山本海相を訪ねられた。山本大臣は無遠慮に「黒木〔為楨(ためもと)〕の方があなたより戦さが上手でしょう。あなたは内地におられた方がよいのではないですか」と云うと、「奥〔保鞏(やすかた)〕や野津〔道貫(みちつら)〕が意見が違ったときに、オイドンが収めなければならない。黒木ではそれが出来ない。進むときは児玉（総参謀長）に任せる。一旦退却となれば私が指揮をする。然(しか)し戦さの締めくくりは内外諸般の情勢を見てやらねばならない。それにはあなたをおいて外(ほか)に人がない。よろしく頼む」と。

大山巌の満州軍総司令官就任にあたって、こんな挿話があったとは初めて知りました。大山も黒木も薩摩ですが、たしかに黒木のほうがはるかに日露戦争では勇将なのです。

保阪　黒木為楨はロシア軍から「クロキンスキー」とあだ名され、恐れられたほどですからね。

半藤　まあ、黒木はたしかに勇将ですが、猪突猛進(ちょとつもうしん)型でもある。大山が言ったとおり、じっさい小倉出身の奥大将と薩摩出身の野津大将がぶつかったときの調停役にはあまり向いていないのです。「満州軍総司令官にはおまえより戦上手な黒木のほうがいい」と言った山本権兵衛の率直さもさることながら、大山さんの返答がそれ以上に正直でした。

保阪　今後起こりうるそんな場面を想定するなら、むしろ自分が立ったほうがいいと。しかも「戦さの締めくくりは内外諸般の情勢を見てやらねばならない。それにはあなたをお

戦艦「霧島」艦橋での昭和天皇

東城鉦太郎画「三笠艦橋の図」（右から四人目が東郷平八郎、三人目が秋山真之。中央で測距儀の陰に隠れて見えない人物は『小柳資料』の証言者の一人である長谷川清）

いて外に人がない」と、メンツなどには拘らずストレートに海軍大臣に協力要請していますね。

半藤　そうです。「ははあ、日露戦争時の人事というのはかくのごときものだったのだな」、と思いました。寺島健がこの挿話を紹介したあと、「物は全体を見る必要がある。すべて改革は当面の仕事の便否からだけで決めるべきものではない」と、自分の感想を述べています。これ、じつはなかなかいい教訓なんです。そういう意味で日露戦争のときの陸海軍はかなり大局に立ってものを見ていた、そういう側面があった、ということが改めてわかりました。

保阪　日露戦争について話しているなかで僕が興味を覚えたのは、秋山真之への敬意の厚さでした。昭和の海軍では、元帥東郷平八郎が「陸の大山巌」とならぶ軍神でしたが、あにはからんや、東郷さんよりよほど秋山真之に対する想いのほうが強いという印象を受けました。

半藤　たしかに。それは私も感じました。ごぞんじのとおり日露戦争の勝利を決定づけたのは明治三十八年五月の日本海海戦です。東郷の参謀として秋山がこの戦の作戦を立案した。

保阪　ロシアのバルチック艦隊が、目的地であるウラジオストックへ向かうには、対馬海峡を通るか、太平洋を大まわりして津軽海峡を目指すか、それとも北海道と樺太のあいだの宗谷海峡を選ぶか。三つのルートがあって帝国海軍は悩んでしまった。どれを選ぶかによって連合艦隊の待機する場所が違ってくるからです。どうしても敵がウラジオストックに入る前に戦いをしかけて撃滅したかった。勝負の分かれ目で海軍首脳部に難題がふりかかりました。

半藤　夏目漱石の『吾輩は猫である』のなかで、猫が、俺も日本の猫だ。東郷さん以下がロシアを相手に死に物狂いで戦っているのに、ぼんやりしているわけにはいかない。ねずみのひとつもとってやろうか、と決意して、ねずみははたして台所の隅から来るであろうか、戸棚の横から来るであろうかと、やはり三つのルートを想定して、これは思案に余るなどと猫のくせに悩んでいる（笑）。それくらい国民的大問題だったわけですな。

保阪　けれど東郷平八郎連合艦隊司令長官は泰然自若。「対馬海峡に来るでごわす」と言下に決定をくだす。東郷の優れた決断力が対馬海峡での待機となって、結果的にそこにバルチック艦隊が現れて完膚なきまでにやっつけることができた、と。そのストーリーが広く流布して東郷さんは「神様」になった。ところが、『小柳資料』に出てくる証言によれば、東郷さんよりむしろ秋山を英雄視していたことがわかるのです。

半藤　実際は、東郷、秋山ともに敵艦隊は太平洋を大きく迂回して津軽海峡まわりに来ることを想定した。そのために密封命令書を作成して全艦隊に配っている。その連合艦隊司令部の判断は大間違いだと、断々乎として反対をとなえる提督がいて、大激論になる。この人の名は藤井較一。この人がいたお蔭で、東郷さんが命令書の発令を一日延ばした。これがよかった。信濃丸が対馬海峡を目指すバルチック艦隊を発見するのですが。東郷さんや秋山参謀を英雄視するのは、いわば歴史的事実とはかなり遠い「神話」にすぎないのですがね（笑）。

秋山真之のその後

保阪　私が興味を持っている長谷川清は「日露戦争中の連合艦隊の作戦は秋山参謀が一人でやったようなものだ。まことに不世出の天才であった。秋山参謀は日露戦争で心身をすり潰したようなものだ。晩年振るわず、短命に終わったのも之れがためだ」と、こう言って秋山を褒め、晩年の不遇や早世に同情しています。

半藤　明治十年生まれの山梨勝之進も、秋山真之を直に見ていました。山梨が大学校に入ったのは明治三十九年のことですが、そのとき秋山は海軍大学の教官だった。秋山についてこう語っています。

　大尉の頃には観戦武官として米艦隊旗艦ニューヨークに乗り込み米西戦争に従軍した。その従軍報告が海軍に送られてきた。その着眼と云い、文章と云い、卓抜なる識見に省内を驚かせた。秋山さんは、アメリカから兵棋演習、図上演習を持ち帰ってこれを大学校で始めた。

秋山さんは基本戦術、応用戦術、戦務を担当された。秋山さんの戦術は、兵理の上から理論的に戦術を説かれたもので、理路整然胸がすくように筋が通っておる上に、興味津々、まことにブリリアント、チャーミングで学生の血を沸かせたるものだ。戦務（ロジステック）は秋山さん独創のもので戦略戦術実施に必要な要務を具体的に教えられたもので、秋山さん自身「私は戦務で日露戦争に奉仕した」と云っておられた。

保阪　秋山真之の優秀さをありありと伝えていますね。それからちょうど十年後の大正五年のエピソードも面白い。大正三年（一九一四）にはじまった第一次世界大戦の視察のために、大学校の教官になっていた山梨は秋山に随行して欧州各地をめぐっていたのですね。大正五年三月二十日に東京を発って十一月まで八カ月も行動をともにしています。最初に訪れたのはロシアのエストニアで、かつて戦った敵の大将クロパトキンに、秋山は会談を申し込んで会っています。ロシアはドイツ・オーストリアを敵にまわして苦戦を強いられていました。

当時のクロパトキンは頬が落ち、肉は痩せて皮膚はたるんで気勢があがらず昔の面影はなかった。彼は挨拶して「いろいろ連合軍に御世話になっている。よく見ていってくれ。日露戦争ではあなたがたサムライと戦った。いまはドイツの盗賊と戦っている。実に不愉快だ。然しどうあってもこの戦は負けられぬ。」

秋山将軍はこれに対して「自分は戦争運のよい男だ。自分の行ったところは必ず勝った。あなたも成功されるに違いない」と励まされた。しかし、その後の戦さではクロパトキンは余り名声を発揮しなかったようである。

クロパトキンのみならず、ロマノフ王朝最後の王女にも会っているんです。

此処には赤十字の特志看護婦病院があった。二四、五才の奇麗な王女殿下が特志看護婦で来ておられ、拝謁を賜り先方のエチケットに倣って秋山将軍と共に跪いて御手にキッスをした。奇麗な英語で、いろいろ御話になった。この方は革命後共産党に殺害された。

この女性は、年格好からすると二年後にエカテリンブルクで家族とともに銃殺される、ニコライ二世の長女のオリガでしょうね。

半藤　ロシアの大本営に行ったときの挿話は秋山真之のただならぬ才気を伝えています。

海軍大臣が秘中の秘と念を押して、計画中の新型戦艦（排水量約二万屯(トン)）の設計図を僅(わず)か二分間ばかり瞥見(べっけん)させて呉れた。ところが秋山さんは帰りがけに便所に入り鼻紙をとり出して先の図面の要点を書き止め旅舎に帰ってから我々に見せられたが一同これにはビックリした。チャント要点を捕らえて立派な図面が出来ている。秋山さんの頭は終始扇風機のように高速度で廻り、ワン・グランスで写真の如く鮮明に頭脳に焼き付くのであろう。また平素から深くその方面の研究をして素養があるから一瞬にして要点を捉え即座にこれを組み立てることが出来るのであろう。非凡と云う外はない。

秋山真之という人には恐れ入るね、まったく。秋山さんはドーバー海峡の防備施設を視察したときも、ロンドンに帰ってからすぐ防潜網の張り具合を作図して山梨に「その着眼記憶の正確なのに驚かされた」と言わせていました。

保阪　ただ、海軍の人たちはみんな、秋山真之が最晩年の大正五年に大本教に入信して教団幹部になったことには口をつぐんでいますね。

半藤　海軍では意図的にこれを伏せたのでしょう。内務省は大本教を「国体変革の意図あり」と見て、不敬罪や治安維持法違反で潰そうとした。大本教はいわば国賊の宗教でしたから。

保阪　その弾圧は、大正十年と昭和十年（一九三五）の二回に及びました。とりわけ昭和の弾圧は武装警官が大挙して教団本部や全国各地の支部に踏み込んだ。日本の近代史上最大といわれる宗教弾圧でしたね。

半藤　ですから秋山真之が、入信から半年後に出口王仁三郎と喧嘩して袂を分かったにせよ、いっときでも入っていたという事実は、海軍としては隠したかったのでしょうね。皆さんおくびにも出さない。

保阪　秋山の晩年についての言及は、「最後はパッとしなかった」みたいなニュアンスでみながぼかしていました。

半藤　これひとつとってみても、昭和の海軍としては日本海海戦の栄光を傷つけたくないという思いが強くあったのだと思います。

保阪　そういう配慮というのは、たぶんほかのケースについてもあると見るべきでしょうね。

東郷平八郎の影響力

保阪　東郷さんについては寺島健の談話があります。彼がまだ少尉候補生だった明治三十八年八月のこと。日露戦争の最中に、旗艦「三笠」に乗船して幕僚事務を補佐することになり、東郷と秋山に近しく接する機会を得た。こんなふうに語っています。

某夜旅順港監視中の第一六艦隊若林（欽）司令より「敵艦隊脱出の兆あり、黒煙上る」の緊急電あり、秋山参謀に届けると「艦隊には全艦隊出動、港務部には港門開け港口の篝火焚けの信号を出して、それから長官に届けよ」と云われ、やがて艦隊は敵を要撃するため出動した。

秋山参謀は敵の出撃時刻、出撃針路、速力に応じて、いろいろ会敵を予想して一生懸命に計画をしている。東郷長官は一向気乗りしないような面持ちで「もう円島に引き返そう」とうそぶかれた。かくする内にまた若林艦隊司令官から「敵なお湾内に在り」との報告があったので、敵に出撃の意志なきものと認め艦隊は引き返した。あとで東郷長官はしみじみと語られた。

「私は今まで敵情報告を聴いたとき、今日は戦になるかならないか直感的に反応があった。しかし、今朝おまいから報告を受けたときには、何としても今日戦になりそうな感応がなかった。それで出撃してからもう円島に帰ろうと言い出したのはそれがためだ」と。東郷長官のような信念の人になると霊感と云うものがあるようだ。

東郷さんという人は、理の人かと僕は思っていたのですが。

半藤　いや、昭和の海軍では、東郷さんは霊感の強い人と評されてもいたのです。その評判のもとが、もしかしたら寺島のこの体験談だったのかもしれませんね。

保阪　つづけてこうあります。

その後二、三日して、また早朝急ぎの届け事があって長官室に行きノックしたが何の応答もない。従僕に聞いてみると何処にも行かれない、確かに在室だと云う。そこでドアーを押し開いて室の中に入ってみると驚いた。長官は御真影の前に直立不動の姿勢で黙禱を捧げておられるではないか。私は出るには出られず、御届けする訳にも行かず、全く去就に迷った。

東郷さんは至誠の人である。御親任篤き明治天皇に対し奉り、何事かを祈念しておられたのであろう。真に至誠神に通じて明鏡止水の心境を開拓されたのであろう。

半藤　まさに「皇国の興廃此の一戦にあり」。世界に冠たる強国ロシアを相手の戦争ですから東郷さん、神にも仏にも明治天皇にも、祈らずにいられない心境だったと思います。寺島は、東郷さんに関する一般的なイメージを裏切るような証言もしていました。昭和二年ジュネーブ海軍軍縮会議の前の出来事です。

昭和二年寿府［ジュネーブ］軍縮会議の前に全権に与える訓令案を元帥［東郷のこと］にお目に掛けたところ「政府は如何なる心構えで会議に臨むのか」と問われ「白紙で望む」旨御答えすると、元帥は改まって「白紙で臨むとは何事だ、政府は充実した、確り した案を持っておらねばならない。ワシントン条約会議のとき、私は加藤（友三郎大臣）全権の妥協には不賛成であった。然し天皇輔弼の責に任ずる海軍大臣が国防上不安なしと云うから賛成したのだ。」

昭和七年一月上海事件が起こったとき、谷口［尚真］軍令部長が東郷元帥邸に赴いて状況を報告した。元帥は聴き終わって「アメリカと戦う準備があるのか」と尋ねられ「左様の準備はしていない」旨答えると大いに叱られたと云うことである。

ワシントン会議後の軍事参議官会議であった。席上名和［又八郎］大将が軍備制限の実施によって海軍の士気に影響するでしょうと所見を述べると、元帥はテーブルを敲いて「士気に影響するとは何事か」と叱られたと聞く。どこまでも信念の堅い人であった。

保阪　あの人は、どんなときも悠然と落ち着き払って、冷静沈着な人かと思っていましたが。

半藤　意外に感情的、と言うか激しやすいところがあったのですね。

テーブルを叩いて怒鳴ったというような場面は、あまりいままでの東郷をめぐる挿話のなかには出てきません。

保阪　このあたりは将官たちが直接接触し、あるいは近くで見ていたという強さです。ところで日露戦争の戦法については、皆さんほとんど語っていませんね。日露戦争の戦法そのものが、昭和の時代にも応用し得るような普遍性をもてなくなっていたということかもしれませんが。

半藤　いわゆる漸減邀撃作戦、敵艦をひとつずつ潰して最後は日本近海で日本海海戦をもういっぺんやるつもりだった、という話が出てくるかと思ったら、あにはからんや出てこない。

保阪　この将官クラスがそのへんのところを語らないということは奇妙な感じですよね。このクラスの将官たちは、日本海軍の基本的な戦略立案にほとんど携わっていなかったということでしょうか。

半藤　そんなことはないと思いますがね。ですから日露戦争の戦術を語らなかったことは奇妙な感じがしました。

保阪　仲間内で話しているわけですから、いわば自明の理で、語るまでもないということだったのでしょうか。

半藤　航空の話になってくると、俄然違ってくると思いきや、こちらの話もあまりない。

保阪　航空について詳しく語れる人がいなかったという事情もありました。山口多聞にしろ、山本五十六にしろ、大西瀧治郎にしろ、航空のほうのリーダーシップを取った人間はみんな死んでしまいましたからね。現場のリーダーだった佐官クラスはこの小柳リストから漏れましたが、もし彼らが登場していたならば、航空畑の話が多くなったことでしょう。

半藤　この将官クラスの人たちは、砲術が主流で、航空はまだ傍流とされていた時代に育った人たちが多かった。五十六さんや大西瀧治郎は航空の魁（さきがけ）でした。いずれにしても日露戦争の戦術や、その後の戦術の変化については存外語られなかった。ちょっとそのへんが不満なところです。

ワシントン海軍軍縮会議と八八艦隊

保阪　先の証言のなかで寺島が触れたワシントン海軍軍縮会議は、大正七年に第一次世界大戦が終わって、大正十年十一月から翌年二月にかけてアメリカのワシントンD.C.で開催された国際会議です。この会議のそもそもの成り立ちや経緯、交渉内容や裏話などを、長老格の山梨勝之進が、まことに詳しく、具体的に語っております。まずはその成り立ちについての裏話を引きます。

一体軍縮会議の火元は何処か、表面の立役者はアメリカのハーデング大統領であったが、本当のもとはイギリスではなかったか。当時軍備競争で一番困るのはイギリスであったろう。イギリス海軍は大戦前まで二国標準とか云って膨大な軍備をなし、世界一の海軍を誇っていたが、第一次大戦以来はやりきれなくなった。しかし、従来からの顔と貫禄との手前アメリカの下手に出る訳にはゆかない。イギリスは老獪だから表面はアメリカに言い出させるようにしたのではあるまいか。「馬車はアメリカ御者はイギリス」とよく云われるが、そこがイギリス外交のうまいところ、且つずるいところである。

半藤　いまでもワシントン会議は、アメリカ大統領だったウォーレン・G・ハーディングの提唱によって始まったということになっていますが、山梨勝之進は、実際はちがうと主張しているわけですね。実のところイギリスはまいっていたのですよ。第一次世界大戦でものすごい軍費を使ってしまいましたから、建艦競争なんかとてもできないと。

苦しい台所事情は資源に乏しい日本とておなじです。大正九年に「国防所用兵力」の予算が国会を通過したとき日本の国家予算は十五億九千万円（大正十年度予算）。戦艦八隻と巡洋戦艦八隻の「八八艦隊」が完成したら、その維持費は六億円かかるとされていましたから、維持費だけでもヒーヒー音をあげることになる。ですから、その建艦計画はどだい無理なものでした。「八八艦隊」とはごぞんじのとおり米海軍を仮想敵国として日本海軍が立てた大艦隊整備計画のことです。

山梨によれば、加藤友三郎海軍大臣はそのことをよくよく承知していたという。だからアメリカからの軍縮の提案に対して加藤は「旱天に雲霓〔虹〕を望むが如く待っていましたとばかりに喜んだことであろう。原〔敬〕首相も同感であったろうと思う」と、率直な感想を述べていました。ま、大正四年八月から大隈重信・寺内正毅・原・高橋是清の四代の内閣に海相として、八八艦隊建設のために努力してきた加藤としては、少しは無念の想いもあったのでしょうがね。

米英可分・不可分論の萌芽

保阪　太平洋戦争がはじまる昭和十六年は、米英可分論・不可分論をめぐって陸海、いずれも両論相争う事態となりました。南方資源を求めてイギリスの植民地シンガポールやオランダ領インドネシアを日本が占領した場合、アメリカは自動的に参戦してくる、というのが米英不可分論です。アメリカは参戦しないという可分論をとった日本は、アメリカの対応を読み違えて、やがて英米をまとめて敵にまわすことになってしまいましたが。

半藤　可分論は対英米強硬派の人たちが主張しました。不可分論を説いたのは国際協調派の人たちです。

保阪　山梨勝之進は大正十一年の時点で、ワシントン会議を通じて「英米の間柄は近い、裂け難い」と見抜いていた。恋人同士にたとえて説明しています。

恋人同志の関係はよく「近くて遠い」とか「遠くて近い」とか云われるが、会議を通じてみたイギリスとアメリカの間柄は「遠くて近い」と云う感を受けた。御互いに随分激しい論争をした。イギリス人は影では口を極めてアメリカ人の悪口を云う。ビーチー提督の如きは「こんな馬鹿な会議はない」と憤慨して途中から本国へ引き揚げたような始末だ。然し、血は水よりも濃く長い間歴史的関係もあって、よそよそしい処はあるが芯は親しいのであろうと思われた。

半藤　そのことが、交渉のなかでだんだんわかってくるわけですね。やがてワシントン会議が終わってみると、海軍の下僚、佐官級以下の人たちにはイギリスに対する憤懣が残りました。要するにこういうことです。「イギリスはアメリカを使って軍縮をさせて、テメエたちの力はアメリカと同等とはいえ世界一のレベルを保持することに成功した。しかも第一次世界大戦でこき使ったオレたちの要求は容れようともしない」と。

保阪　山梨も、そこがイギリス外交のうまいところ、かつずるいやり方だといっていますね。

半藤　ワシントン会議でアメリカの主導で米英仏日の四カ国条約が調印されると、二十年続いた日英同盟が「発展的解消」という美名のもとで消滅させられました。日本海軍の仮

加藤友三郎

記念艦「三笠」保存記念式での摂政宮時代の昭和天皇（左）と東郷平八郎

想敵国はアメリカですが、その実、海軍が嫌うようになったのはイギリスでした。イギリスは日本と日英同盟を切ったと同時に、留学の受け入れも全部取りやめているのです。ほぼ完全に日本海軍をシャットアウトしました。で、海軍はどこで勉強するのかというと、アメリカかドイツになった。それが、親独派が誕生してくる土壌ともなるのですがね。

加藤友三郎の英断

保阪　鋭く先を読んでいた山梨勝之進は、大正十一年に総理大臣になった加藤友三郎を褒めていますね。いわく、「加藤と云う人は偉かった。胆力あり、用意周到沈勇の智者であった」あるいは「議論は大嫌い、直ちに核心を捉えて結論だけを簡単に言う。何でも知っているが不必要なことは一切言わぬ。しかし、一旦言い出すと村正（むらまさ）の名刀のような切れ味を出した。それで総理始め閣僚一同から無言の信用を博した。原首相とは肝胆相照（かんたんあいて）らし、互いに全幅の信用と尊敬を払っていた」などと。

半藤　加藤友三郎は、さっきも申しましたように、総理になる前にじつに十年ちかく四代の内閣で海軍大臣をつとめています。そして自身の内閣でも。とりわけ原敬とは親しく、よき相談相手だったようですね。山梨はこう証言しています。

口数は少ないが急所急所には適切なアドバイスをしていたようだ。加藤さんの言うことには無駄がない。また誤りがない。原さんは全面的に信頼していたようだし、加藤さんは原さんに信服していたようだ。だから原首相は加藤大臣を軍縮会議の首席全権に推薦したし、加藤大臣自らも乃公（だいこう）を措いて他にその人なしと思っていたに相違ない。

ところが海軍の強硬派から見れば「敵の策略に乗せられて、オレたち日本海軍は軍艦を何隻も戦争しないで机の上で沈められちゃった」と、その無念の思いがものすごく強かった。米英日仏伊の主力艦保有トン数が五、五、三、一・七五、一・七五の比率と決まって、これ以外の主力艦は、既存のものも建造中のものも廃棄させられることになってしまうわけですからねえ。

保阪　この項の冒頭の話題にのぼった東郷平八郎が「ワシントン条約会議のとき、私は加藤（友三郎大臣）全権の妥協には不賛成であった。然し天皇輔弼の責に任ずる海軍大臣が国防上不安なしと云うから賛成したのだ」と言ったのですが、その真意も、やはりそこですかね。

半藤　そこでしょうね。たいへんな額のそれこそ血税を注ぎ込んでいるわけですから、ある意味当然の心情ではあるのです。だからこそ、海相加藤友三郎の判断はまことの英断であったと思います。

保阪　日本の財政だってイギリスに負けず劣らず息も絶え絶えぐらいに追いつめられていて、建艦競争なんかできませんでしたよね。

半藤　加藤友三郎が英米一〇、日本六の比率を呑むことを決意した十二月二十七日夜、加藤は海軍省に宛てて、「国防は軍人の専有物にあらず。戦争もまた軍人のみにてなし得べきものにあらず、国家総動員してこれにあたらざれば目的を達しがたし。平たくいえば、金がなければ戦争はできぬということなり」という伝言を、随員の堀悌吉に口述しているんです。いま日本にそんな国力はないんだという認識は正しかった。しかし、対英米強硬派はそれを認めたくはなかった。

保阪　だけど、このときも感情論に流されてリアリスティックな見方をしようとしない連中が少なからずいた。首席随員だった加藤寛治中将は、強硬派で軍縮条約反対論者でしたから加藤友三郎海相とは激しくぶつかったといわれています。

半藤　私が海軍の取材をはじめた頃、生き残った将官たちからよく聞かされた話がありましてね。「ワシントン会議で可決調印された軍備制限は、五、五、三といってはいけない。一〇、一〇、六が正しい」と。ほんとうは一〇、一〇、六だったのに、新聞記者がわかりやすくこれを略して報じたものだから、五、五、三と伝わって定着してしまったというのです。なぜそこにこだわるのかというと、帝国海軍は「六割か七割か」で揉めたのであって五、五、三ではないと。対米七割なら妥結できたが六割まで落とされたのが問題だったのだとね。これに関して山梨勝之進がこう言っています。

日本の全権の貰っていた訓令は対米七割案であったが、これは兵術的の結論で、半分は信念である。数字的に七割でなければならないと云う説明は出来なくなる。以逸侫労［主導権を握る］、アメリカ艦隊の渡洋来航を本土附近に邀撃し、内戦の利を発揮する戦法をとるなら、概ね七割あれば先ず安心と云う見当だと云うだけのことだ。

対米七割を机上の観念論と断って捨てた。これはそのまま加藤友三郎海相の考えでした。ところがどうもその言い方が強硬派からは総スカンを食ったのですがね。

保阪　では強硬派が拘った「対英米七割」の根拠というのはなんですか。

半藤　じつはこれ、クラウゼヴィッツの『戦争論』なんです。これによれば、敵を攻撃する場合、攻撃軍の兵力は防御軍の兵力の二倍が理想としては望ましいとされる。そして防御軍は、やむを得ざる場合にも、攻撃軍兵力の五割を下らない兵力をもつことが必須条件であると規定しているわけですな。この伝による優勢率の算出数式にあてはめると、六割だと米海軍が優勢なのに対して七割だと逆転する。微妙な計算で、且つ、くだらない算数なのですが、稀代の戦略家の示した定理だけにその正当性が信じられた。結果、「米英に好都合な数字をまんまと押しつけられた。これは許しがたい」という鬱屈がワシントン会議からズーッと続くことになるのです。

保阪　鬱屈を抱えたのはおもに若手の、佐官クラスでしょうね。随員の一人だった堀悌吉がもう少し喋ってくれればいいのですが、残念ながら堀さん、ワシントン海軍軍縮会議のことは喋っていません。

加藤友三郎の苦衷もわかっているし、決断の経緯なども喋ってくれればよかったのにと惜しまれます。

半藤　加藤友三郎はワシントン軍縮条約締結の翌年、大正十二年に六十二歳で死んでしまった。もっと長いこと生きていればまた違ったのでしょうが、強硬派は、加藤亡きあと頭上の重石がとれて、さあ、七割艦隊を目指してもういっぺんやり直しだと、こうなったわけです。

保阪　それが昭和五年のロンドン海軍軍縮会議へとつながっていくのですね。

半藤　そのとおり。ロンドンでそれが爆発する。

保阪　大正期の出来事をここまで明快に語ってくれた山梨勝之進の、昭和に入ってからの出来事に関する論評をいろいろ聞きたかった。ところが発言がないんですよね。

半藤　残念ながら、大事なところを喋っていないんです。

ロンドン海軍軍縮会議をめぐる艦隊派と条約派の対立

半藤　さて、いよいよ昭和海軍の話となります。ロンドン軍縮会議は大事なところですから、ちょっと長くなりますが一連の経緯を丁寧に喋っていくことにいたします。

昭和四年十月二十四日、ウォール街の株式市場大暴落に端を発し、世界的な大恐慌がやってきます。もちろん日本もたいへんな不況に陥る。昭和二年の渡辺銀行破綻をきっかけにはじまった昭和恐慌は深刻さを増し、企業の倒産、操業短縮が相次いで、大学生の就職難は深刻度を増していました。まさに小津安二郎の映画『大学は出たけれど』（昭和四年公開）そのもののひどさでした。そうした経済情勢を背景に、昭和五年一月二十一日にロンドンで海軍軍縮会議が開かれることになりました。

この頃第一次大戦後の自由主義や社会主義の反動として、国家主義運動が徐々に芽生えてきます。その思潮が昭和のはじめ頃から軍部とつながりはじめていたんです。不況と軍縮によって、国威は衰退し、それにたいする政治の無策や貧困は目に余る、というわけです。民間右翼や軍内部にも、国家を立て直さねばならないという「革新」熱が高まっていました。

保阪　大正十一年のワシントン軍縮条約では巡洋艦以下の補助艦艇についての制限は協定

されなかったために、補助艦艇建造競争が激化する事態になっていたのですが、世界恐慌下、ここに至って米英仏などの列強も、いよいよ軍備拡張競争にウツツを抜かしてなどいられないということになった。ロンドン会議もその開催はアメリカの主導によるものでしたね。

半藤　ええ、そこで大正十一年に決定した向こう十カ年間の、主力艦建造制限のワシントン軍縮条約をさらに延長するかどうか、さらには主力艦につづいて補助艦艇をも制限しようではないか、というのです。補助艦艇とは巡洋艦、駆逐艦、潜水艦などのことです。日本からは軍縮に乗り気な幣原喜重郎外務大臣が音頭をとって、嫌がる元首相の若槻礼次郎を口説き落として首席全権に据えて、ほかにも財部彪海軍大臣、松平恒雄イギリス大使ら大物が全権となって、はるばるロンドンに赴きました。ほかにも山本五十六少将や豊田貞次郎大佐が随行しています。

保阪　このとき日本の政治状況は大揺れに揺れているときでした。積極財政、対中国進出路線をとった田中義一内閣のあとをうけた浜口雄幸内閣は、財政の緊縮と金解禁による経済の立て直しを掲げて、同時に対英米協調外交を目指しました。ところが与党の民政党と野党の政友会は軍縮問題、財政政策、金解禁などをめぐってことごとく対立する。

昭和五年一月二十一日、日本では第五十七回帝国議会が開かれています。このときの浜口雄幸首相の演説にこんな言葉があります。「内は国防の安固を期すると共に、国民負担の軽減を図り、外は列国の間に平和親交の関係を増進するに在ることは、論を俟(ま)たぬ所であります」。この言葉がいみじくも語るように、首相はロンドン会議をなんとしてもまとめたかった。そして「少数党を以(もっ)てしては、政務の遂行期し難し」と、民政党の安定議席確保のために衆議院の解散を宣言しました。犬養毅(つよし)政友会総裁の反対を押し切って二月二十日の総選挙に持ち込むのです。

　選挙は、民政党が一〇〇議席を増やして二七三で過半数を占める。政友会は六三を減らして一七四議席。敗れた最大野党の政友会はこれを屈辱として、いっそう倒閣の執念を燃やすことになりました。

半藤　この総選挙のあいだにもロンドン軍縮会議は進んでいます。しかし、会議は日本とアメリカとが真っ向から対立して暗礁に乗り上げてしまう。日本海軍はあらかじめ三大原則を決定して、なにがあってもこれを譲ってはならないと、出発前に全権団に念押しししていたからなんです。すなわち、補助艦全体ではアメリカに対する比率を七割、そのうちの重巡洋艦対米比率も七割、潜水艦は現有勢力である七万八千トンを維持する、この三つでした。

保阪　「七割、七割、七万八千トン」が、会議開始前からしきりに新聞紙上などで大きく叫ばれていましたから、これが全権団をガッチリと縛(しば)りつけていたわけですね。

半藤　でも日本もアメリカも、会議をどうしてもまとめあげたいんです。その努力が実って三月中旬になって両国代表はギリギリのところで一致点を見いだすことができた。重巡洋艦は対米六割、潜水艦は日米英との同量の五万二千七百トンとそれぞれ削られましたが、補助艦の総括トン数は対米比率六九・七五パーセント。七割に足らざることわずか〇・二五パーセントですよ。ロンドンの全権団は、ほぼ満足いく数値を得たとして、これで協定を結んでよろしいかと東京へ打電する。これが三月十五日。

保阪　この電報が東京に着いたときから二分して激論が戦わされることになるのですね。

半藤　とくに当事者の海軍、それまで表向きには団結を誇っていた海軍が、真っ二つに割れた。軍令部長加藤寛治大将、次長末次信正（のぶまさ）中将、作戦班長加藤隆義（たかよし）少将らをいただく軍令部側は、七割海軍に固執して猛反対するんです。彼らはワシントン会議以来の鬱憤をロンドン会議で晴らそうとしたのでしょう。会議の決裂も辞さず、と主張した。そしてこの提督たちをとりまいて若手士官と退役・予備役の老軍人と、これらに加えて右翼が同調した。この対英米強硬派は「艦隊派」と称されることになります。対する対英米不戦の国防論に立つ海軍省側は、不満は多かろうが、国際協調という観点からひとまず協定すべきであるという意見に統一されていました。海軍次官山梨勝之進、軍務局長堀悌吉、高級副官古賀峯一らが中心の陣容です。こちらは条約派と呼ばれることになります。いま私たちは当たり前のように艦隊派と条約派という名前で言いますが、この命名は海軍の部内で言われたわけではなく、ロンドン海軍軍縮会議当時の新聞記者がわかりやすくそういうふうに区分けした言葉なんです。

保阪　強硬派と穏健派などと言ったら評価があからさまですが、艦隊派と条約派ならば区分けができていいも悪いもない。だからこそ定着したのでしょうね。

半藤　当時の新聞記者の、どなたか知りませんが、うまい命名でした。強硬派の人たちも「艦隊派」という名は気に入ったことでしょう（笑）。

保阪　海軍から艦隊を取ったら何もなくなってしまう。条約なんていうのは法的な問題にすぎませんからね。

半藤　論争は二週間もつづきましたが、三月二十六日、海軍参議官岡田啓介大将を中心とする海軍首脳らは「今後の方針」を決定。それは重巡洋艦の比率の対米六割は「絶対に同意せざる所なり」、ではあるが、政府が受け入れるのであれば海軍は「政府方針の範囲内に於(お)いて最善を尽す」と。つまり兵力量の決定権は政府にあり、海軍省はその一員であるから政府の決定に従うと、言外に認めたのです。

この決定を受けて浜口首相は政府の返事をまとめて三月二十七日、参内(さんだい)して天皇に単独拝謁します。天皇もまたロンドン会議の決裂を欲していないことを確認した上で、この比率で軍縮条約に調印することを決定しました。こうして海軍省が承認した政府の返事、回訓案は閣議にまわされ、全閣僚一致で可決されました。あとは、浜口首相が再び参内して天皇の裁可を得て、外相がロンドンにむけて回訓を打電するだけです。

保阪　ところが、統帥権干犯問題をめぐって昭和史を転回させる大騒動がここからはじまったわけですよね。

半藤　じつは、その少し前から予兆はあったんです。末次次長にあおられて、加藤寛治軍令部長が、奈良武次侍従武官長をとおして、浜口首相の上奏前に大元帥陛下に拝謁したいと願い出てきた。

保阪　軍統帥部には、軍事問題に関しては直接天皇に進言できる「帷幄上奏権」というものがありますから、加藤はそれを使ったわけですね。

半藤　この動きを知った鈴木貫太郎侍従長は、官邸に加藤寛治を招いて「政府がいかなる上奏をするのか、はっきりしていない現在、軍令部長が上奏することは宸襟を悩ますことになる」と言って差し止めてしまうのです。

保阪　侍従長に軍令部長の上奏を止める権利はもとよりありませんが、海軍の重鎮、鈴木貫太郎侍従長がこれはマズイと判断したゆえの行動だったのでしょう。そのおかげで混乱は、いったんは未然に収拾されました。

半藤　これがのちに「侍従長による帷幄上奏阻止問題」として、軍の強硬派や野党政友会の攻撃の的になってしまうのですがね。それはともかく、いったんは収まった。ところがいよいよロンドン条約が四月二十二日に調印となるその前日、歴史は大きく逆転してしまうのです。軍令部が堀悌吉軍務局長に一通の通牒を手渡します。そこには「海軍軍令部はロンドン条約に同意することを得ず」とはっきり猛反対であることが書いてありました。ここへきての明確な断乎(だんこ)反対論とは何事か。結果としてロンドンでは滞(とどこお)りなくその翌日に調印されたものの、東京では海軍が海軍省系と軍令部系に二分し、政界も与党と野党が正面から激突するんです。

四月二十三日、第五十八特別議会がはじまり、二十五日の議会で政友会犬養毅総裁と鳩山一郎が政府に対して「統帥権干犯」を言い募(つの)って責めた。

つまり加藤軍令部長は政府案に同意しなかったにもかかわらず、政府は軍部の意思を無視して勝手に条約に調印したのだと。一方は「無視した」といい、他方は「無視などしていない」といい、双方の激突はもうとめどがなくなった。艦隊派は海軍の長老、伏見宮博(ひろ)恭(やす)王元帥や東郷平八郎元帥までかつぎだす始末でした。もちろん政治的には、政友会の倒閣の策謀がある。海軍内部には協調対強硬という考え方の相違があり、軍令部と海軍省の主導権争いがあったのです。そこへ右翼の論客もからんできて、もう蜂の巣を突いたような騒ぎとなった。財部海相の帰国は五月二十日ですが、六月十日に加藤寛治軍令部長が政府を弾劾する上奏文を奏上して直接天皇に辞表を提出してしまいます。

保阪　いまの半藤さんの説明を踏まえた上で、山梨勝之進の、つぎの証言を読むと舞台裏でなにが起きていたのかがよくわかってまことに面白い。

半藤　おっしゃるとおりです。まずもって驚いたのは、ロンドン軍縮会議のもって行き方次第では、あとで倒閣の具に使われることを山梨があらかじめ予想していたことです。

私はこの事の起こるのを心配してアメリカに倣い、反対党からも代表を出してはどうかと政府に提案した。政友会の内田信哉（のぶや）［也］の如きは田中内閣時代に海軍政務次官をやっており、海運界の代表としてももって来いの人物だと推挙してみたが、それは狼を奥の院に入れるようなもので、会議の本場から秘密をぶちまけ、政府を困らせ却（かえ）って倒閣の具に逆用される心配があるから止めた方がよいと云うことであった。こう云う重大な外交問題は党派を超越して協力すべきに、まるで不倶戴天（ふぐたいてん）の仇（かたき）のように思っている。まだまだ日本国民は訓練が足らぬと思った。

山梨の提案は容れられなかった。重大な外交問題に国内一枚岩になってかからねばならないときに、愚かな内部抗争に血道を上げる愚を、山梨は同時代にあって嘆息していたのです。山梨の提案をすげなく蹴った者がだれなのかをさすがに山梨は語りませんでしたがね。

保阪　犬猿の仲だったのかと思いきや、条約派のトップ山梨が対英米強硬派筆頭の加藤寛治と親しくしていたという証言にもびっくりしました。「私は個人的にも加藤大将と親しくしていたので、軍令部長室に行って腹を割って省部一本になってゆかなければならぬ旨を懇ろに力説し部長も諾いておられた」と。これは少々意外でした。

半藤　意外といえばつぎの山梨の話を読むと、強硬一辺倒だったとされる末次信正が四月一日の時点では「軍令部も妥協の線で納まるよ」とほかでもない山梨に語っていたことがわかります。これにも驚かされた。

　四月一日に政府から全権宛回訓が発せられた。回訓発令に先立ち、私は総理室に浜口首相を訪ねて「愈々総理が妥協案を呑むことに決まれば仕方がないから、兵力量の欠陥に対する補いだけはつけて下さい。それだけは承知して呉れなければ、海軍は納まらないし、私の立場もなくなる」と懇請すると総理は「いいですよ」と渋々言われ、回訓と共に覚書を作った。随分ズルイ奴だと思われたことであろう。その後某日午食のとき食堂で末次が「よいものを出して呉れてよかった。その辺で納まるよ」と言っていた。統帥権干犯などと云う声は回訓の当座には全然聞かなかった言葉だ。然るに、後日になって反対党（政友会）がこれを倒閣運動に利用して焚きつけた。

　海軍のメンツを保つための〝補い〟付きであったとはいうものの、妥協案で収まることを、あの末次信次がむしろ歓迎していたとはねえ。

保阪　この事件をめぐる大物たちの、山梨の評価も興味深いです。伏見宮と東郷の両元帥がともに「当初は妥協するつもりが、次第に硬化した」と山梨は見ています。

東郷元帥も次第に硬化された、これには小笠原［長生］中将などの運動もあったようだ。加藤軍令部長も頻繁に意見を具申したようだ。私は海軍次官として必要な連絡は欠かさないように努めたが、加藤さんと競争するように東郷詣りはしなかった。

加藤はよほど東郷詣りをしたのでしょうね。東郷硬化の陰にはやっぱり加藤寛治軍令部長の存在があった。山梨はつづけて浜口雄幸首相について言及しています。

軍縮会議は四月二三日に調印の運びとなったが、この先には未だ批准と云う難関が控えている。そこで、私は一度浜口総理が東郷邸に行って御話して下さった方がよいと思ってこの事をすすめてみたが、総理は「いや東郷さんが首相の説明を聴きたいといって御出下されば喜んで御説明するが、総理から膝を枉げて出向くことは総理の地位上出来兼ねる」と断られた。

浜口雄幸はライオン宰相らしい謹厳実直さで根回しを拒否した。山梨次官としては融通が利かない、と不満だったのかもしれませんがね。当然ながら山梨は犬養毅にはかなり手厳しい。

その内に議会が開かれてロンドン条約が俎上に上がった。犬養政友会総裁は自ら陣頭に立って、兵力量統帥権問題に対して総理大臣、外務大臣を弾劾した。憲政の神と称せられた犬養総裁が丸で［ママ］軍閥の代弁者でもあるかのような格好なので痛く失望した。

と、いうわけで山梨さん、じつに丁寧に語ってくれました。

半藤　山梨さんの当事者としての誠意でしょうか、そこはすごいですよ。けっきょく加藤寛治も伏見宮も東郷も、いったんは納得しながら途中から態度を変えた。加藤軍令部長の辞職、財部海相の更迭などの問題が起こるようになると、がぜん強硬派になってしまった。その裏になにがあったかまでは、さすがに山梨は語りませんでしたが。

保阪　次官ですからそういった事情もほんとうは知っているのでしょうけどね。末次信正は終戦を待たず昭和十九年十二月に死んでしまうのですが、もし生きていたら、ロンドン海軍軍縮会議についてなにを語ったか。

半藤　末次に聞いたら面白かったでしょうね。末次信正と山梨勝之進をぶつけたかったですな。

半藤　山梨勝之進とならんで堀悌吉の話も、ディテールにまで言及したまことに興味深いものでした。もっとも、昭和三十一年五月十一日の取材に加え、有竹修二著『岡田啓介』と加藤寛治の遺稿『倫敦海軍条約秘録』の記述からこれを補っているとのただし書きがありますので、情報は小柳富次によってあとから補われています。そこにちょっと注意しながら、これも丁寧に見ていきましょう。

左近司首席随員からは「米国提示の試案以上に有利な解決を得ることは頗る困難と認められ憂慮に堪えない。政府の回訓は抽象的なものではいけない。政府最後の決意を明示して貰いたい」と云って来た。愈々回訓案を決定すべき日が来た。四月一日午前八時半に総理官邸で、浜口総理、岡田大将、加藤軍令部長、山梨次官が会見した。浜口首相は政府の回訓案を内示し「海軍の事情も十分説明を聞きこれを参酌した上このように致しました。これを閣議に諮った上で決定しようと思いますが諒とされたい」と云った。これに対して岡田大将は「総理の御決心はよく解りました。この案を持って閣議に御諮りになることは已むを得ぬと思います。しかし海軍は三大原則の主張は捨てていない。

海軍の事情は閣議の席上次官をして十分述べさせられたい。閣議決定の上は海軍はこれに善処するよう努力します」と述べた。

四月一日の時点で、いわば公式に近いかたちで軍令部も承認を岡田啓介に与えていたことがわかる。そしてこのあとの記述が面白い。舞台裏が示されるのです。

この岡田大将の発言は、前日山梨次官が頼まれて堀軍務局長に起案させたものである。この発言案については前夜岡田、加藤両大将の間に十分話合いがあった筈だ。岡田大将が「この通り明日総理に言うよ」と言うと加藤軍令部長は「乃公(おれ)はだまっているから貴様が言え」と云うことであったと聞く。

岡田発言の原稿を書いた人物は、ほかでもない堀悌吉だったのですね。山梨が堀に書かせていた。そして、四者会談のあと、閣議となって滞りなく米国妥協案承認が決定されました。

保阪　四月一日の四者会談の裏話をもうひとつ堀悌吉は明かしています。

ところが、当日になって約束の時間になっても加藤大将が海軍省を出て来ない。古賀

［峯一］副官が迎えに行ったが中々御輿を上げない。そこで、古賀副官が「あなたが出ないと卑怯と云われますぞ」と云うと「卑怯と云われては一存が立たない」と立ち上がって短剣を帯び同車したそうだ。

半藤　こういう話、初めて聞いたよ（笑）。

保阪　加藤寛治が渋々腰を上げたのは、「卑怯者と言われたくなかったから」、でしたか。いやはや。そして臨んだ先の四者会見の場でのこと。

会見の席上加藤軍令部長は「米国案のようでは作戦用兵上、軍令部長として責任はとれません」と言明し、山梨次官は「右回訓案について、これから海軍首脳部に諮りたいから、閣議上程はその後にされたい」と諮り、浜口首相はこれに同意して回訓案を手交した。これにて会見は終わり海相官邸に引き揚げた。海相官邸には小林［躋造］艦政本部長、野村［吉三郎］練習艦隊司令官、大角［岑生］横鎮長官、末次［信正］軍令部次長、堀［悌吉］軍務局長などが待っていた。回訓案に就き山梨次官から説明し、小林末次両氏より意見出て三点ほど修正した。これで閣議に上さるべき回訓案は本極りとなった。なお山梨次官から、当日の閣議の席上説明すべき案文及び閣議覚書を三度繰り返して読んだが、岡田加藤大将はじめ、参会者で異議を申し立てるものはなかった。

半藤　海相官邸にもどったこのときに、末次ら強硬派から「いったいなにやっているんだッ」と、ガンガンやられてそれで加藤の単独上奏になったと、これまで思っていたのですが、どうやら実際はそうではなかったみたいですね。

保阪　「閣議終了後、山梨次官が東郷元帥を訪問し今までの経緯を報告したら、元帥は『一旦決まった以上はそれでやらなければならない。今更彼れ此れ申す筋合いではない』と云われた」とあって、東郷さんも穏当かつ常識的な受け止めなんです。そして問題の末次信正の表情は、というと……。

閣議の席上、山梨次官の読み上げた陳述書は予め浜口首相（臨時海軍大臣事務管理）の諒解を得て、専門的見地から、前半においては、アメリカ提案を受諾することにより起こり得べき国防上の支障を説明し、後半には若しこの回訓案がこのまま閣議において決定せらるる場合には以上の支障を緩和するため採るべき施策の希望を述べたものである。そして、その後半は略式閣議覚書として文書となし、列席各大臣の花押を得た。海軍省食堂で、末次次長は山梨次官と同席して食事中、あれだけ閣議で次官が説明し、その上覚書までとって置いて貰ったのだから、あれでよいと満足気に話していたそうだ。

四月一日時点では、末次信正でさえ「満足気」であったとは驚きです。

半藤 となると、加藤寛治の行動と発言はどうも一貫性に欠けますね。小柳富次は堀悌吉の項のなか、加藤の遺稿集からわざわざこんな一文を引用しています。

> 加藤（寛治）遺稿には「責任者に非ず職権もなき一軍事参議官をして之を言わしめる海軍次官の作為は奇怪と云わざるべからず（余の推定なるも他に斯る作為すべき人なし）従って岡田軍事参議官の初答は何等権威なきものである」と書いてある。

要するに、権限もない岡田啓介に答えさせ、利用したのは山梨勝之進だと。加藤が山梨を中心とする条約派を厳しく批判した文章をわざわざ取り上げているのです。この遺稿集の原稿を加藤は、昭和十三年春から翌年昭和十四年の二月に脱稿しています。「遺稿集の加藤」は、我われが知る強硬派筆頭としての加藤そのものです。昭和十三年といえば、日中戦争のさなかにあって、前年末の南京攻略を受けて、青島占領（一月）、徐州占領（五月）、武漢三鎮攻略（八月）、と攻め進んでいたときですから、そんな時代の空気もあって鼻息荒く勇ましい言を吐いたのかもしれませんがね。これにつづけて記述は、事実関係に戻っています。

三月二九日朝、岡田大将は伏見宮を訪問している。その時の殿下の御話では「海軍の主張は正当であるから、回訓が出るまでは強硬に押すべきである。しかし政府が米案に決すればこれに従うの外はない」と申され、その夜殿下は兵学校の卒業式に臨席のため出発遊ばされ、当分御不在であった。岡田大将は海軍の長老ではあり、かつて海軍大臣をやった体験を持っておられ、殊に殿下が御不在中なので、このような錬達の士から、政府及び殿下元帥との機微な連絡に一役を買って貰ったことはよかったと思う。殿下が、江田島よりの御帰りを途中で御迎えして沢本〔頼雄〕軍務第一課長から、委細財部の回訓発想に至る経緯を御報告申し上げたところ、殿下は「よく解った、それでよかった」といかにも御満足気であったそうだ。

保阪　要するに、加藤ら強硬派に担がれ神輿に乗ったとされる伏見宮にしても、三月二十九日には「それでよかった」と満足していたのだと。「東郷元帥も伏見宮殿下も、最初は中々強硬であったが一旦政府が回訓したとなるとそれで納得されたのであった。それが加藤軍令部長の辞職、条約批准、財部海相の更迭等の諸問題が起るようになると、著しく硬化されたのは如何なる心境の御変化によるものか」とあります。東郷と伏見宮の変節は謎であると言う。では加藤寛治の単独上奏の経緯はというと、加藤軍令部長は上奏を決意して宮中の御都合を伺うため、三月三一日鈴木侍従長と九段の官邸で会った。侍従長は「上奏と云うことは簡単なことではない。昔八代［六郎］海軍大臣（私は当時次官）が上奏するときにはいつも短刀を用意して命がけであった。社会的に影響するところが頗る大きい」と考慮を促したが、加藤軍令部長の請いによって翌一日政府の上奏と同時に行うことを約束した。政府は四月一日午後二時一五分閣議にて訓令案を決定し、午後三時四五分浜口首相参内上奏御裁下を仰ぎ、午後五時幣原外相は在ロンドン全権宛回訓を発電した。

半藤　鈴木貫太郎は加藤の上奏を完全に阻止したわけではなく、翌一日の政府の上奏と同時に行うことを認めていたのです。ところが、

四月一日には宮中の御都合つかず、加藤軍令部長は二日午前十時半参内して上奏を遂げた。上奏の結論は「米国の提案は、我が国国防方針に基づく作戦計画に重大なる変更を来すから、慎重に審議を要するものと信じます」と云うのである。加藤軍令部長は退出後軍令部長室において新聞記者に次のように発表している。

「この度の回訓に対しては国防用兵の責任を有する軍令部の所信としては、米案なるものを骨子とする兵力量には同意出来ないことは毫も変わりはない。故に今日の場合及び

今後の推移に対しては、軍令部はその職責と以上の所信を以って国防を危地に導かざるよう全幅の努力を払う覚悟である。」

更に、軍令部長は財部全権に対して、大要次のような電報を打っておる。

「軍令部長は、米国案による政府の回訓案に同意しないことを本日帷幄上奏した。なお今後の善後策に対しては、海相として毅然たる態度を以って進まれんことを切望し、敬意を表す。海軍のことは心配に及ばず」

以上により加藤軍令部長も全面的に回訓案に反対であったとは思われない。

要するに四月一日の時点では、加藤寛治の上奏も軍令部のメンツを保つためのパフォーマンスのようなものだったのだと堀悌吉は言っているわけです。

保阪　アメリカ案を呑むことは、軍令部長の立場としていかに厳しいものだったかは、つぎの山梨の証言を読むとよくわかります。

海軍が反対しても、総理が海軍大臣事務管理の資格で反対を押し切ったら海軍はどうなる。ロンドンでは随員から若槻全権に意見を具申しても押さえられ気味でこれ以上は出来ないようだ、若し私が辞職したら財部全権の立場はどうなる。国内はどうなる。しかし、妥協案を見て飛び付くようにハイハイではいけない。国内に対しては血みどろになって研究した結果、これで仕方あるまいと云うことに持って行かなければならない。部内が折角ここまで結束を固めてやって来てこれから割れるようではいけない。

と、まあ、条約派の海軍省次官、山梨でさえここまで追いつめられていたわけですから、軍令部のトップ加藤の苦衷はいかばかりか。四月二日の「単独上奏」は、山梨言うところの「血みどろになって」の、ひとつの表れのようにも思えてきますね。

状況はこのあと急展開していきます。衆議院で犬養毅と鳩山一郎がロンドン条約締結は統帥権干犯だとして政府を攻撃したのが、この加藤の単独上奏から三週間あまりの時間を隔てた四月二十五日。ロンドン会議が閉会した三日後のことでした。さらにひと月以上を経て、加藤寛治が「政府の軍令部長の上奏裁下を待たずして回訓を発布せることは統帥権の干犯」だとして、天皇に辞表を提出したのが六月十日のこと。末次信正軍令部次長、山梨勝之進海軍次官が更迭されたのもこの日です。

半藤　四月終わりから六月上旬にかけて、いったいなにがあったのか。『岡田啓介回顧録』をひもといてみると、五月三日、岡田が伏見宮に呼ばれて邸に行っていました。「幣原の議会演説には伏見宮さまも御立腹のようだった」とあります。外相の幣原喜重郎が議会で「この条約で満足である。国防には不安がないと海軍も喜んでいる」と口を滑らせたことが、いったんは妥協案を呑まざるを得ないと収まりかけていた海軍省ならびに軍令部内に大きな波紋を呼んでしまったことがわかる。

［伏見宮は］もってのほかだとおっしゃっていたが、鈴木侍従長のことにお話がおよんで、「鈴木も出過ぎている」とのお話なんだ。殿下が拝謁をもとめられるため侍従長にお会いになった折、鈴木が「潜水艦は主力艦減少の今日さほど入用ではありません。駆逐艦のほうがよろしいかと思います。兵力量はこんどのロンドン条約でさしつかえありません」といったのが殿下のお気にふれたらしい。

とまあ、伏見宮硬化の理由の一端を岡田は伝えています。伏見宮様は鈴木貫太郎を見下していますからね。要するに差し出がましい、と。つまらぬ自尊心なんです。

岡田の五月七日の日記には加藤が登場しています。岡田が軍令部長室を訪れると加藤は「統帥大権の問題は重大事なり」として、こう語っていたことを記しています。

部長いわく「今の内閣は左傾なり、海軍部内においてもこの問題ははっきりせざれば重大事起こるべし」と。……予は「海軍部内にも二、三変なことをする者はなしとは言い得ざるも、長年先輩の努力により軍紀を保ち来りたる海軍に、この問題のため重大事件起こるとは考えず」と申したるも、部長は「君は何も知らんのだ、それは大変なことになっておる」と言えり。予は「君や我々がいてそんなことをさしてはいかんではないか」と言いたるに、「我々では抑えられぬ」と言う。

海軍の若手急進派が、直接かどうかはともかく加藤軍令部長に強いプレッシャーをかけていたことがわかります。「重大事」がクーデターを指しているのは明らかです。

保阪　海軍の急進派、それと右翼。かれらが脅した、あるいは焚きつけた。残念ながら脅した側のグループがどういうふうにつながっているのか『小柳資料』からもわかりません。伏見宮、東郷はそれらとは直接つながっていないとは思いますが、二人がその態度を硬化させるにしたがって、「両元帥がオレたちの味方についたから強く押せるぞ」といった具合に権威づけに利用していったことは間違いないでしょう。五・一五事件を起こす連中がこのグループに存在した可能性もあります。

半藤　山梨勝之進の回想には、山梨ら条約派が命の危険にさらされていたことをはっきりうかがわせる、つぎのような挿話が紹介されていました。想像以上に危ない状況だったということを今回はじめてハッキリとしました。

あとで、井上準之助（大蔵大臣）は、私に「あなたは一生食べ切れぬほどの御馳走を食べましたね。」と慰めて呉れた。高橋雄財（警視総監）は後日「あのときは危なくて見ておれなかった。よくあなたは無事でしたね」と言った。その頃は八方塞りで「もう斯うなっては覚悟を決めよう」と堀軍務局長、古賀副官と語り合ったことであった。今から思うと私の海軍の御奉公中最も苦難な時代で、感慨無量である。

表現こそ曖昧ではありますが、意味するところはよくわかる。まるで、昭和十四年に三国同盟締結に命を賭けて反対した米内光政と山本五十六、そして井上成美を彷彿させるエピソードです。

保阪　こうして丁寧に読んでみると、山梨勝之進と堀悌吉のロンドン軍縮会議に関する回想は抜群に面白いですね。

日本は二大政党制に向かないのか

半藤　その後の成り行きを押さえておきます。

昭和五年七月二十一日から二十三日まで三日間、海軍軍事参事官会議がひらかれ、ロンドン条約に対する海軍の統一意見を、全員一致をもって可決しました。条約は批准するが、兵力の充実に全力をあげる、というものでした。軍備拡張とそれにともなう軍事費を抑制するための軍縮会議であり、国民負担を軽減するはずだったのに、「兵力の充実に全力をあげる」と決したことで、海軍はある程度、予算を担保することに成功したわけです。そしてそれを「奉答書」として、二十三日に、東郷平八郎議長が天皇に奉呈した。百十四日におよぶ海軍部内の激論、いや喧嘩沙汰(ざた)はここでやっと幕を閉じたかに見えた。

保阪　しかしその影響はあまりにも大きかったですね。軍縮問題をめぐって高められた国防の危機感が、いよいよ軍部と民間の強硬派に緊迫感を抱かせることになりました。

半藤　つまり、政党政治頼むに足らず、軟弱外交許し難し、そして言論界また信ずるべからず、と。国際的軍縮傾向にもかかわらず、軍備拡張、強硬論が国内では強くなっていくのです。こうした状況下で、陸軍のみならず海軍の急進的な将校たちはある方向へとその意思を統一していくことになるわけです。それが具体的に現れたのが昭和五年十一月十四日です。首相の浜口雄幸が東京駅で「愛国社」の佐郷屋留雄(さごうやとめお)のピストルで撃たれた。捕縛された佐郷屋は「浜口の統帥権干犯を許さず、不敬罪にあたる」などと口にしています。この事件は、政治史的にみれば、日本の政党政治の否定、軍閥政治の台頭へつながる里程標のひとつとなりました。

保阪　昭和をやがて動乱と破滅へとみちびくテロ行為は、ここにはじまったわけですね。この、日本に暗雲をもたらした「統帥権干犯」という言葉は、北一輝(いっき)の造語といわれています。のちの二・二六事件の「蹶起(けっき)趣意書」に「元老、重臣、官僚、政党は此国体破壊の元凶なり、倫敦(ロンドン)条約並に教育総監更迭に於ける統帥権干犯、至尊兵馬の大権の僭窃(せんせつ)を図りたる三月事件……」とあるように、この統帥権干犯という言葉の乱用が、軍部を政治の外側に独立させて勝手な行動をとらせ、この先、日本をあらぬほうへと動かしていくことになる。

半藤　司馬遼太郎さんのいう「魔法の杖(つえ)」です。

保阪　野党政友会は、与党叩きの道具としてこの問題を利用しました。政友会は与党のさまざまな汚職疑惑を暴いて攻め立てていたわけですが、当初はよく考えもせず、「統帥権干犯問題」もそれらと同等のように考えていたのではないでしょうか。これが魔物となって政党政治そのものの息の根を止め、ついには政友会総裁犬養毅の命までをも奪うことになるとは思ってもみなかったのではないかと思います。

半藤　当時は民政党と政友会と二大政党でしたが、私はかねて、日本人には二大政党制は合っていないのではないかと思っているのです。過去の歴史で見ると、相手の政権を倒すために、もう一方の野党は必ず何かしらの勢力と結びつくんですよ。その勢力は、しばしばときの大衆人気に迎合するような危ない存在でして、このとき政友会が結びついたのは軍部と右翼でした。

伏見宮と統帥権干犯問題

保阪　年が明けて昭和六年。九月十八日に満州事変が起きると、海軍は陸軍との折り合いが悪くなっていきます。念のために満州事変についてひと言つけ加えておきますが、奉天郊外の柳条湖付近の鉄道破壊は日本軍の謀略によるものという事実がいまは明らかになっています。首謀者は関東軍の本庄繁、板垣征四郎、石原莞爾らでした。

さて、これまでにも証言中、たびたび登場している伏見宮博恭。宮にまつわる挿話や論評を紹介します。まずは高橋三吉大将の証言です。昭和七年二月二日に伏見宮博恭が軍令部総長になり、二月七日に高橋三吉が軍令部次長に就任したときの挿話です。ときの陸軍参謀次長は眞崎甚三郎で、おなじ皇族元帥の閑院宮載仁は伏見宮に先んじて参謀総長になっていました。

> 寺島の後には、豊田貞次郎が軍務局長になった。［豊田貞次郎が軍務局長になったのは、じっさいは寺島健の後ではなく堀悌吉の後の昭和七年十一月のこと］ところが着任早々軍令部令の改正問題に関連して「殿下はロボットに過ぎない。これを操っているのは高橋と加藤（寛治）だ」と豊田がいったのを山口（実）課長が知らせた。

加藤寛治大将は、すでに見てきたとおり岡田啓介ら条約派に対して艦隊派のリーダーです。要するに、新任の軍務局長豊田貞次郎が、「高橋三吉と加藤寛治が伏見宮を操っている」と言ったのを山口課長が高橋三吉に告げ口したわけです。証言はこう続きます。

私は別にこれを咎める積もりはなかったが、念のために殿下の御耳に入れた。殿下は御気に止められた様子もなく「そうか」と聞き流しておられた。ところが部員の石川(信吾)が聞きつけて「これは怪しからん、聞き捨てならん」と人事局長や加藤大将に告げたから問題は大袈裟になった。豊田は軍務局におれなくなった。ジュネーブ軍縮会議の随員にでもと云う話もあったが、駐英大使館で難色があり、とうとう廣工廠長に左遷された。

「咎めるつもりはなかったが」などと高橋三吉は言い訳をしておりますが、わざわざ自ら伏見宮に告げ口しているのですから、これはいささか白々しいと言わざるを得ません。火種を大きくしたのは石川信吾だったにせよ、ほかでもない高橋が火付け役でした。あらぬ方向へと向かう、その無鉄砲さで「昭和海軍が生んだ不軌弾」と言われた石川信吾を利用した可能性さえある。けっきょく伏見宮をロボット呼ばわりした豊田は、それがために就任から半年で左遷させられてしまいました。

半藤　これひとつとっても、明治の、山本権兵衛の時代の海軍とはがらりと様相が違います。ところで関連して余談をひとつ。豊田のジュネーブ派遣に英国が難色を示したという証言はまことに興味深い話なのです。じつは当時、豊田は英国からマークされていました。日英同盟解消後も日本に軍事情報を提供しつづけていたことから、日本のスパイと認定されたセンピル卿の、日本側の窓口が豊田貞次郎だったのです。イギリスの情報機関MI5の内部資料が近年公開されて、明らかになった事実なのですがね。とにかくこの豊田という軍人は不思議といってもいい人で、実業家といってもいいし、政治家といってもいい。予備役になってからは商工大臣、外務大臣、軍需大臣、日本製鉄社長と何でもやっている。とにかくわけがわからない人で、伏見宮はロボットだなんて平気でいうわけです。

保阪　伏見宮ロボット説は、海軍条約派のなかでは公然と囁(ささや)かれていたことなのでしょうか。

半藤　派閥抗争のなかでそういう噂が流れたことはあっただろうと思います。読者の理解を促すために、閑院宮と伏見宮、この二人の総長について改めて説明しておきましょう。閑院宮が陸軍統帥部門のトップ、参謀総長になったのは昭和六年十二月二十三日。この年の三月と十月に、陸軍の中堅将校らによるクーデター計画が発覚して派閥抗争が激化します。陸軍内の混乱を抑えて統制を確立するためには宮様の登場をまつしかないと、そんな期待に応えての就任でした。ところが融和どころか各派閥は、権勢を得るために閑院宮の抱き込みにしのぎを削る。本人は参謀次長に昇進した眞崎甚三郎を嫌い、統制派に肩入れするようになります。九年目に当たる昭和十五年十月、参謀総長を更迭されてその地位を杉山元（はじめ）に譲ることになりました。

いっぽう十歳年下の伏見宮も閑院宮とほぼ同時期の、昭和七年二月から十六年四月まで、これまたおなじく九年間も軍令部長、総長であり続けた。その登場は、昭和五年のロンドン軍縮会議に端を発する内部抗争のさなか、条約に反対するいわゆる艦隊派に担がれてのものでした。伏見宮は終始艦隊派寄りの強硬路線を貫きました。

保阪　そして二人とも、日中戦争開戦前夜から対米戦争へといたるプロセスのなかでは、まことに責任ある立場で折々の重要な決定に関わっていきました。

半藤　たしかに宮様を権威に担いで次長以下が利用したのは事実ですが、二人ともそうそう単純に「ロボット」とまでは言い切れない。伏見宮は日露戦争の勇将でしたしね。連合艦隊旗艦三笠に乗船して黄海海戦を戦っています。元帥というのは死ぬまで現役。大将は退役すると海軍から去ることになりますが元帥はちがう。伏見宮と東郷平八郎は両方元帥ですからずっと現役。ですから彼らの言葉はたいへんな威力をもったのです。

保阪　事あるごとに下僚が報告に行って、意見を求めていくことになります。

半藤　彼らの言葉はときどきにおいて大きな影響力をもちました。

保阪　それに関連しますが、僕は長谷川清の話が面白かった。海軍大将から台湾総督となった彼が最後にこんなこと言っています。

明治憲法は、維新中興の際にはあれでよかったのであろうが、世界の情勢の変化に伴い、いつまでもあのままではいけなかったのであろう。さればと云って憲法改正を企てるような卓見達識な大政治家も出なかった。そして今次の世界大戦となって日本は負けた。

つまり、世界観をもった政治家がいたら大日本帝国憲法をかえていただろうと。なかんずく長谷川清は統帥権のことを言っているのだと思います。大日本帝国憲法では統帥権を独立させて、陸海軍は議会や政府に対していっさいの責任を負わないものとされ、シビリアンコントロールが及ばなかった。当時憲法改正は、議論されたことなど一度もありませんよね。

半藤　聞いたことがありません。大日本帝国憲法は欽定（きんてい）憲法。天皇から国民がいただいた憲法ですから、国民の側から改定を言い出せない。そんなことをしたら、それこそ不敬罪ですよ。

保阪　戦後になってはじめて海軍軍人は、大日本帝国の矛盾は統帥権にあったと気づいたのか、どうか。

半藤　それに関して眞崎勝次が、つぎのように大もとの経緯を説明していました。

参謀本部と海軍の軍令部が統帥の元締めとして政府の管理外にあり、政府の指揮監督を受けずに独立して存在したことが、日本の特異性で外国には例を見ない制度である。帷幄上奏権を持ち政治の圏外に立ったことが、軍部が特権をほしいままにした原因となった。

明治六年に徴兵制度が布かれて兵部省が出来たときは、統帥部も軍政部も一緒で兵部省の中に統一されていた。明治一九年に内閣制度が出来て、兵部省は陸海軍省に分かれ、統帥部だけは陸海軍を統括して参謀本部と称し、初代総長には有栖川宮熾仁親王が任命されて、その後明治二二年憲法発布と共に軍の制度も確定し、海軍も段々大きくなって統帥部も参謀本部から分離して海軍軍令部となった。

これはあきらかに戦後の取材時の認識だと思いますがね。

保阪　海軍の統帥部を参謀本部から切り離すことについては、当初、陸軍が強く抵抗しました。

半藤　日露戦争は明らかに参謀総長が主導していましたからね。独立した軍令部のある海軍とすれば不愉快でしょうがない。海軍を陸軍と対等にしたいという思いは強かったと思います。ここに登場した海軍の将官クラスの人たちは若い頃、陸軍に顎で使われるような屈辱感にズーッと苛まれていたのです。

保阪　日露戦争における海軍の栄光の裏側には、佐官たちの恨みが隠されていたわけですね。

半藤　さてロンドン軍縮条約のことについて話せる人、中枢にいて戦後存命していた人の証言はここに尽きていると思います。『小柳資料』から離れて政友会のほうの記録や証言は見た記憶がないが、どうでしょうか。

保阪　鳩山一郎は『鳩山一郎・薫日記』(上・下巻)を残していますが、残念ながら昭和十三年以降の日記です。犬養毅の伝記はおもなもので、犬養毅伝刊行会編の『犬養毅伝』(昭和七年刊行)、鵜崎熊吉の『犬養毅伝』(昭和七年刊行)、そして岩淵辰雄の『犬養毅』(昭和三十三年刊行)がありますが、いずれも「ロンドン海軍軍縮会議」のときの「統帥権干犯問題」は出てきません。

これは平成四年(一九九二)のことですが、五・一五事件から六十周年だというので犬養家が主催して追悼会と講演会が開かれました。東京永田町の憲政記念館での集いでした。その時、僕に講演をしてほしいという要請がありまして引き受けました。ご遺族による故人を偲ぶ会でもありましたから、犬養毅の功績についてお話ししたのですが、すると講演後、孫娘の道子さんが「祖父は、あなたのおっしゃるようなところもあるけども、それだけじゃないの。いろんなマイナス面があるから、そこもきちんとお話しになってほしかった」とおっしゃいましてね。

半藤　統帥権干犯問題のことですね。道子さんは、保阪さんが書いた『五・一五——橘孝三郎と愛郷塾の軌跡』という本を読んでおられて、講演を依頼されたのかもしれませんね。

保阪　道子さんは、祖父の負の遺産までもしっかり捉えているのだなと思いました。偉いと思いましたよ。

半藤　偉いねえ。そういうご遺族はちょっと珍しいです。

五・一五事件をめぐる〝東郷ターン〟

半藤　その五・一五事件が起きたのが昭和七年です。五・一五事件について語るには時代状況を押さえておく必要がありますね。

保阪　では、ザッと紹介しましょう。昭和七年三月一日、傀儡(かいらい)国家、満州国が建国されます。満州国の存立と権益を巡っては、この先当事国の中国と小ぜり合いがつづき諸外国とも調整がつかぬまま、日本は孤立化への道を進んでいくことになります。そして日本はいぜん不況にあえいでいました。とりわけ農村の疲弊(ひへい)は深刻でした。そんな状況下、テロの嵐が吹きまくることになりました。二月九日、前蔵相の井上準之助が血盟団員小沼正に射殺される。三月五日には、三井合名理事長団琢磨が血盟団員菱沼五郎によって射殺される。実行犯らがテロの理由として主張したのは、井上前蔵相は金解禁政策を採用したため、また団理事長は三井財閥の大番頭として金解禁と再禁止の政策転換時にドルを売り買いして莫大な利益をあげたから、というものでした。

半藤　要するに、こやつらが日本経済を不況のどん底に落とし、農民救済どころか塗炭の苦しみを国民に与えた、と。そのいっぽうで私腹を肥やしている。この悪党どもの罪状許し難し、という理屈ですね。

保阪　そういうことです。実行犯はいずれも茨城県出身の青年で、血盟団盟主の井上日召の説く「一人一殺」の教えに共鳴していました。井上日召の考えの根本にあるのは、軍部主体の政権確立と満蒙政策の断乎遂行です。

半藤　そのためにも天皇を利用して好き勝手している政治家、財界人たち、いわゆる「君側の奸」を除かねばならない、と青年たちは信じた。

保阪　血盟団は宮中、政界、財界の要人を「一人一殺」主義で暗殺する計画を練ったのです。そして五月十五日、首相官邸で夕食中の犬養首相が、海軍の青年士官や陸軍の士官学校の生徒たちによって襲撃された。「話せばわかる」「問答無用」といわれるやりとりの末に犬養は射殺され、牧野伸顕内大臣官邸、警視庁、政友会本部などに手榴弾が投げ込まれるという事件が起きました。

半藤　いよいよ暴力が支配する恐怖政治の幕開けとなったわけですね。

保阪　決行の中心となったのは海軍の士官で、国家改造運動に関心をもつ若手たちでした。中心にいたのは三上卓海軍中尉と古賀清志海軍中尉で、三上は陸軍の青年将校たちとも親しかった。彼らが思想的に強く影響を受けたのは権藤成卿という思想家です。権藤は「日本社会は社稷（朝廷）を中心とする農村共同体であるべき」という考えをもっていた。

彼らは湯河原にある、内大臣牧野伸顕邸や日本銀行に手榴弾を投げ込みましたが、こちらの被害は軽く、また海軍士官たちに共鳴した農本主義団体「愛郷塾」の橘孝三郎塾長が塾生七人を引き連れて、東京市内を停電させようとして変電所を襲いますがこれも失敗しています。

五・一五事件の直後、橘孝三郎の水戸の愛郷塾に、東久邇宮の侍従武官安田銕之助が訪ねてくるんです。その目的はいったい何であったのか。僕はこのことに興味を覚え、それを橘の門下生に尋ねてみました。すると「天皇が愛郷塾に関心をもったからだ」と言うのですが……。

半藤　ほんとうかね？

保阪　それは違うと思います。しかしほんとうの理由はともあれ、宮中で何らかの関心をもったのは事実なんです。五・一五事件の真相について『小柳資料』に登場する将官たちはほとんど語っていません。あえて口を噤んだのか、あるいはほんとうに「若い跳ねっ返りがとんでもないことをしでかした」という程度の認識だったのか。そのへんのところも謎です。

半藤　ほとんど語らなかったなかでは珍しく、日米開戦時の軍令部第一部長だった福留繁がこんなことを言っています。海軍兵学校教官時代の生徒、藤井斉は右翼思想に凝り固まっていた。「思想偏向者を改宗させることは望なきものと思われる。……藤井を思い切っておけば、五・一五事件は起こらなかったかもしれない」とね。

保阪　藤井斉も権藤成卿の教えを受けていて、彼は昭和六年の満州事変以後、海軍のなかに起こってくる国家改造運動のリーダー的存在でした。海軍のなかでは軍令部長の加藤寛治や次長の末次信正らの艦隊派に共鳴し、条約締結を主導した重臣や海軍首脳部を売国奴として激しく憎んだ。藤井は頭のいい、なかなか魅力的な男だったらしく、彼のもとに三上や古賀をはじめ同志が糾合していました。橘孝三郎にものすごくかわいがられたのですが、藤井は飛行機乗りになって昭和七年三月の上海事変で戦死しています。墜落死でした。

橘は、藤井の死は自殺だったと主張しています。海軍の指導者に絶望し国家改造運動にも絶望したあげくの憤死だと。藤井の遺志を継げと、彼の死を悼む同志たちを鼓舞したわけです。ですから藤井はたしかに五・一五事件の首謀者たちの精神的な支えになっていたとは言えるでしょう。

半藤　だからと言って「藤井を思い切っておけば……事件は起こらなかった」とは、ずいぶん飛躍した言い方だ。藤井は事件に直接的には関与していないのですからねえ。

保阪　おっしゃるとおり、僕も福留の、死んだ人に責任を押しつけるような物言いは気になります。あなたこそなにをしてきたのだと言いたくなる。僕が福留の話で面白かったのは、藤井斉に金鵄勲章をやるかやらないかでもめたときの話です。

藤井が戦死したとき、論功行賞で彼の金鵄勲章が問題になった。軍務局では、あんな男に金鵄勲章はやれぬと頑張ったが、私（当時人事局員）は「藤井はどう云う思想を抱えていたか知らないが、戦場において海軍軍人の本分を尽くし、誰よりも優れた手柄を立てたのであるから、思想の如何に関係なく当然やるべきだ」と主張して遂に実現した。

授勲に反対した「軍務局」の局長は寺島健、軍務局第一課長は井上成美です。同時代にあって福留は、条約派のエース二人を向こうに回して過激派士官を〝英雄〟に祭り上げることに尽力していたことがわかる。語るに落ちた恰好です。金鵄勲章を授けるということは国家的にその功績を讃えるということですからねえ。「藤井を思い切っておけば……」は戦後のあと知恵にしても、あまりにも白々しい。

半藤　寺島健が、五・一五事件発生直後に東郷さんに報告に行っていました。

一六日には東郷元帥を訪問して状況を報告した。元帥は厳然として「この事件は憂国の至情から出たものかも知れんが、軍人が軍紀を乱すことは断じて許されない。維新時代なら兎も角憲法の下に秩序ある今日、動機はどうあっても厳重に処断せねばならぬ。部外関係者も少しも顧慮するに及ばぬ、どこまでもやらねばならぬ。そして禍を転じて福となさねばならない」

東郷さん、正論を口にしていた。おっしゃるとおりだ。

保阪　ところが事態は東郷さんのおっしゃるとおりにはなりません。国民が決行者に拍手喝采を浴びせたからです。メディアは犯人たちを英雄扱いし始めるのです。生家を訪ねて「あなたはどのように教育してこんな愛国者の海軍軍人を育てたのですか」などと聞いて犯人たちを称揚する記事を載せた雑誌もありました。いっぽう殺された犬養毅は「政党政治の腐敗の象徴」のように見られて、いわば「殺られて当然だった」というような具合になって、遺族は逼塞を強いられる。テロ事件は加害者が断罪されるべきものであるのに、そのくらい正邪が逆転してしまったのです。当の東郷さんも、途中から日和ってしまう。テロを起こした将校たちにたいして、「功労賞をもって諒としなければいけない」というようなことを言い出すような始末でした。ですから事件の翌日に、こんなまっとうなことを言っていたとは驚きです。

半藤　東郷さんも世間の風向きに迎合したのですね。私はいままで、東郷さんが犯人たちを「憂国の至情から出た行為なのだから助命せよ」と主張したことは知っていましたが、なんと当初は「厳重に処断せねばならない」と言っていましたか。これも〝東郷ターン〟かもしれませんな（笑）。

保阪　〝東郷ターン〟とは、日本海海戦時に連合艦隊がとった戦法ですね、たしかにここでもクルッと立場を変えました。

事件後裁判が開かれると、海軍の公判における検察の論告求刑では首謀者三人に「死刑」を求刑しました。するとたいへんな減刑嘆願運動が巻き起こったのです。「日本主義の徹底」を標榜（ひょうぼう）する日本国民社が二万四千人の署名を荒木貞夫陸相に出す。新潟からは人間の小指を切りとって小箱に入れて荒木陸相に送りつけた者までいました。国家社会党は六万二千人の署名を集めて陸海軍それぞれの軍法会議に出し、犬養毅の岡山の選挙区でも減刑運動が起きています。そして出された判決は、首相官邸を襲撃した三上卓海軍中尉が禁錮十五年、山岸宏（ひろし）海軍中尉が禁錮十年、おなじく黒岩勇（いさむ）予備役海軍少尉が禁錮十三年、村上格之海軍少尉が禁錮十年、内大臣官邸を襲撃した古賀清志海軍中尉が禁錮十五年、政友会本部を襲撃した海軍中尉中村義雄が禁錮十年、という按配でした。「愛郷塾」の橘孝三郎は無期懲役です。

半藤　いずれも昭和十五年の、紀元二六〇〇年の祝賀の時に、恩赦が与えられて出てきたのですよね。

保阪　海軍は裏でずいぶん彼らをサポートしていました。たとえば死刑の求刑が出た直後、軍令部の中佐以下の全将校が判士長に「論告反対」の決議文を送っています。五・一五事件では、海軍は陸軍よりもよほど責任が重いです。五・一五事件は、「動機が正しければなにを行っても許される」という論を生むきっかけになってしまったんです。

半藤　それが五・一五事件のもつ、恐るべき、と言っていいほどの影響力だったのです。

保阪　ロンドン軍縮条約と五・一五事件。そのふたつに挟まれて満州事変があり、血盟団事件が起きますが、やっぱりロンドン軍縮条約と五・一五事件というのは、発端と帰結を示す、ある意味セットの出来事でした。

半藤　寺島健の証言は、さらに興味深いものが続きます。

　裁判終了後斎藤［実(まこと)］内閣となり、岡田［啓介］大将が海軍大臣になってから、五・一五事件の影響を視察して来いと云うので、私は軍令部参謀石川（信吾）中佐を連れて各軍港を廻った。帰って大臣に「海軍は大丈夫と思います、しかし陸軍はやるかも知れません。陸軍にやられたら海軍は困ります」と報告すると、大臣は「それはそうだ、しかし陸軍は大丈夫だよ」と云っておられたが四年後（昭和一一年）に二・二六事件が起こった。

保阪　岡田啓介はよほど心配をしたのでしょうね。病巣が全国各地に根を伸ばしているのかどうかについて、現地調査を寺島に命じていたとは。

半藤　しかも寺島を補佐して、実際に歩いてそれを調査したのがよりによって石川信吾だったとは驚きです。石川は山口県出身で、海兵四十二期、海軍大学校を昭和二年に卒業しています。海軍は出身地や出身学校の先輩後輩のつながりが強かったのですが、海軍強硬派の親分、末次信正も山口県出身でしたから、末次は石川信吾をずいぶん可愛がったらしい。石川はこのとき三十八歳。その役を仰せつかったのは、政治軍人として、すでにさまざまな情報ネットワークをもっていたからかも知れませんな。

保阪　調査結果の「海軍は大丈夫」というのは、たしかにそのとおりだったと思います。五・一五事件に連座した尉官たちは、いうなれば「跳ね返り」でしたから、その影響力が地方まで及ぶということはありませんでした。だから大丈夫だ、と。いっぽう、「陸軍はやるかもしれない」と、寺島はこちらもまた見抜いていた。陸軍の将校たちは海軍にも誘いをかけていたのです。石川は、艦長クラスにビラなどを持って来た者はいないか、というような聞き込みもやったのでしょう。その過程で、陸軍におかしな動きがあることを、具体的に摑んだのではないでしょうか。

陸軍若手将校たちの思想的支柱は北一輝でした。思想運動的な拡がりがたしかにあった。ところが海軍の、五・一五事件を起こした連中にとっての支柱は、橘孝三郎と権藤成卿、そしてさきほど名前の出た藤井斉なんです。北一輝に対してはむしろ反発しています。というのも、橘から「国家社会主義というのは、共産党の衣を代えた姿である。だから君らは、絶対に取り憑かれてはいけない」と教えられていたからです。橘は、陸軍の将校たちは、北一輝の国家改造法案（『日本改造法案大綱』）を読み違えているとも言っていました。海軍の跳ね返り分子は、二・二六事件の陸軍将校たちとは思想的バックボーンが違っていました。

海軍若手将校と〝アカ〟

半藤　思想的バックボーン、といえば、戸塚道太郎（海兵三十八期）はつぎのように、ちょっと面白いことをいっているんですよね。

検事の論告に対して、海軍省側に対し、若いものから避難（ママ）の声が高まり、大角大臣や寺島軍務局長、井上第一課長などが被告を赤呼ばわりしたとか、せぬとかの風評沸き立った。

これは保阪さん、どういうことですか。

保阪　アカ呼ばわりというのは、たしかにあったんです。「愛郷塾」の橘孝三郎は、明治二十六年生まれですから五・一五事件のときは三十九歳でした。もともと人道主義、農本主義の人で、大正時代は「東は橘孝三郎の文化村、西は武者小路の新しき村」と評されるほどで、いろんな雑誌に肯定的に取り上げられたりしていました。ところが昭和に入ると昭和四年の農業恐慌以後、これは井上日召のコネクションだと思いますが、急に急進派軍人たちが橘に接触してくるようになる。そのうち「どうもあいつらは思想的にアカじゃないか」と陰で囁かれるようになっていく。橘孝三郎の考え方もしだいに過激になっていくんです。橘孝三郎は都市と農村という対立の構図をつくる。都市が農村を収奪している、というわけです。

半藤　なるほど、五・一五事件の変電所への襲撃は、電気を使えなくして都会の人間たちに反省を促そうとしたわけですね。ある意味、今日にも通じる問題提起だ。いずれにしても、寺島健軍務局長や井上成美軍務第一課長が、海軍革新派たちが信奉する人物をアカ呼ばわりしているなどと伝わったら、これ、憎まれますよね。それでなくても条約派はトコトン評判が悪いのですから。

保阪　では天皇はどうかというと、徹底してテロを嫌いました。殺された犬養毅の遺族は、さきほど申し上げたとおり本当に肩をすくめて生きているんです。するとある日天皇から誄辞が贈られた。

半藤 誄辞とは、天皇から贈られるいわゆる弔辞ですね。「貴殿は国のために尽してくれた」という感謝の意味で贈られる。

保阪 天皇は心底から犬養の死を悼んでいたのだと思います。

半藤 鈴木貫太郎が侍従長として天皇の側におりましたから、そのあたりは貫太郎さんも適切な助言をしていたことと思います。五・一五事件のあと海軍の、叛乱の気運はいちおうシュンとなった。それで陸軍のほうが運動を起こす。昭和史の表舞台の流れはここから陸軍のほうにドーッと傾くのですが、その裏で海軍内部では、軍令部の拡張・強化という、内部権力の大変動が起きるのです。この軍令部強化のための条令改定問題は、あまりいままで表面に出て論じられていませんが、大事なことなのです。くわしく調べてみたいと思います。

海軍を変えた昭和八年の大角人事と条令改定

半藤 海軍内部で起きる権力の大変動は、ぜんぶで三幕ありました。第一幕は、ロンドン海軍軍縮条約締結の翌々年、昭和七年二月になって軍令部の人事を入れ替えたことでした。

軍令部長に伏見宮博恭をもってきた。軍令部次長に高橋三吉、第一部長は及川古志郎が留任で座りつづけていますが、その下の第一部第二課長には南雲忠一を据えた。いわゆる艦隊派の連中が軍令部に結集をはじめたのです。

そこで俄然、軍令部を拡張する必要があるというので第二幕の幕開けとなります。昭和七年十二月一日に、「戦時大本営改正令」と「戦時大本営勤務令」というものがこの連中の手によって決められます。これはどういうことかといいますと、大本営というのは、日露戦争のときがそうだったのですが、陸軍の参謀総長がトップに立って、軍令部長はその下についた。彼らはそれを改正して、軍令部長と参謀総長を同格に並べようとしたわけです。参謀総長が閑院宮様なら、こっちは伏見宮様だ、と。

保阪　年が明けて昭和八年になると、日本をとりまく国際環境が一気に厳しさを増してきます。二月二十四日、日本は国際連盟を脱退します。というのは連盟総会で日本の満州支配に釘をさすリットン調査団の報告書の採択が四十二対一、棄権一（シャム）で可決されたからです。反対の一票は日本のもの。つまり日本のとってきた政策が、世界中の国からノーを突きつけられた。全権の松岡洋右が帰国すると、国民は「バンザイ」の歓呼でこれを迎えています。

半藤　日本国民は新聞報道を信じて、「満州の事件では被害者なのに、国際社会は加害者として非難している」と思い込んだのです。孤立にともなう危機感と、それにもまして排外的な感情を募らせていくことになるのですが、そこで第三幕が始まります。繰り返しになりますが、海軍ではそもそも海軍省が断然強かった。軍令部の実権を握った艦隊派は、海軍省優位を規程していた二つの条令の改定に手をつけました。それが昭和八年九月の「海軍軍令部条令」と「海軍省軍令部業務互渉規程」です。これ以降、「軍令部長」は「軍令部総長」という偉そうな名になりまして、それまで海軍省が握っていた兵力量計画、つまり予算ですね、この主導権を握り、権限をブワーッと拡大させたのです。ここは昭和の海軍を理解するためにいちばん大事なところです。

組織というのは予算と人事を掌握した者が断然強いんですよ。ありていに言うなら、それらを軍令部は海軍省からもぎとることに成功したのです。艦隊派の軍令部はまず陸軍から自立して対等になり、つづいて海軍省と肩を並べるに至った。

保阪　半藤説によればこれは仕上げの第三幕にあたるかと思いますが、海軍省畑の条約派の人たちが、つぎつぎと首を切られていきました。昭和八年三月の山梨勝之進に始まって、谷口尚真、左近司政三、寺島健、海軍省主務課長として二条令改定に反対して粘っていた井上成美までもいったん中央から遠ざけられた。いちばん最後は昭和九年十二月の堀悌吉。追放されたのは次代の海軍を担うはずの軍政家ばかりでした。これがいわゆる「大角人事」です。大角岑生は昭和六年十二月十三日、犬養毅内閣で海軍大臣になるのですが、五・一五事件で首相犬養が海軍将校に暗殺された責任をとって辞任。ほとぼりのさめた昭和八年一月にふたたび海相に復帰するや、粛清というか、条約派の一斉追放を断行したのですね。

これは条約締結で負けた艦隊派の巻き返しと見ることができます。追い出されたのは良識派ばかりでした。国際的な視野をもつ人たちでもあった。もったいないなあ。

半藤　ほんとうにもったいなかった。開明的な人がいなくなって、海軍がダメになった。ごぞんじのとおり堀悌吉は同期生の山本五十六とは無二の親友で後輩の井上成美からも尊敬された人物でした。加藤友三郎の系譜を継いで海軍の軍政を担うべき男でした。

保阪　ほかでもない東條英機内閣の海相となった嶋田繁太郎が、「開戦前に堀が海相だったなら、適切に時局に対処できたかもしれない」と言ったくらいですからね。

半藤　戸塚道太郎が、堀悌吉のことをかなりちゃんと論じていますね。戸塚は明治二十三年生まれで、井上成美の一年後輩、海兵では堀悌吉の六期下でした。昭和七年七月に軍令部参謀（第二班第三課長）になって古賀峯一の部下となりました。戸塚の証言は、堀が古賀峯一、山本五十六と無二の親友だったというところから始まっています。「この三人は互いに信頼し互いに気脈を通じて、本当に我が海軍を堅実に行きすぎのないように導こうと努めた」と言うのです。じつは私、『小柳資料』のつぎの一文を読んで驚いた。

昭和四年、ロンドン会議で、やかましい統帥権問題が起きたが、堀さんは軍務局員中佐時代に「統帥これまた国務なり」と云う論文を書いた。そのあとを継いだ井上成美氏が見て「実に立派な意見だが、これを見たら、堀さんの首をねらうものが出て来るだろう」と言った。

堀悌吉の軍務局員時代は大正七年十二月から大正十年九月までですから、統帥権をめぐる抗争が勃発する、少なくとも十年も前に堀悌吉は持論を発表していた。論文の表題が示すとおり、旗幟鮮明に「統帥は軍令部にだけあるものではない」と言っていたのです。じっさい井上成美の予言どおり、堀は昭和九年に五十一歳でそのクビを切られて予備役になって海軍を去ることになる。私はこれまで堀悌吉がそんな論文を発表していたとはまったく知りませんでした。まだどこかにあるのなら、ぜひ読んでみたい。戸塚の証言はこう続きます。

古賀さんは、私に「堀君は十年にいっぺんか二十年にいっぺんしか出ない秀才である。それを首切ることは君はどう思うか」と聞かれたので、私は「誠に惜しいことです」と即答した。このことが、小林（宗之助）人事局長の耳に入って、「戸塚君、堀さんといっぺん夕飯を喰ってくれ」と言われたので、私はこれを承諾した。すると、数日後稲垣「生起」（第一課長）がやって来て、「貴様は堀と飯を喰うそうじゃないか。これは、軍令部の統制を乱すものだ。堀を首切ることは、加藤さんから既に話がついている。貴様は堀を首切ることは惜しいと言うのだろうが、一騒動起きるし最早利目はない。どうか止めて呉れ」と言うので「では致し方ない、止めよう」と云うことになった。

保阪　あろうことか、堀悌吉と飯を食うことにさえ艦隊派から邪魔が入ったのですねえ。しかも飯を食うことが「軍令部内の統制を乱す」などと、常識では考えられないような言い草です。こんなことを言われて唯々諾々（いいだくだく）と従ってしまうなんて、戸塚もどうかしていますよ。

半藤　ですから、戸塚は「加藤一派の考えは『堀は親米派だ。彼を生かしておけばアメリカに屈伏する、首切れ』と云うにあったようだ。加藤大将は、戦闘力の狭い範囲でアメリカに勝てると思っていたかも知れないが今日から見れば、眼界が狭かったと言わねばならない。私は軍令部におっても、中庸（ちゅうよう）で不偏不党の積もりでいた」などと言っているのですが、ほんとうに戸塚が「中庸で不偏不党」であったかどうかについては私も首を傾（かし）げざるを得ません。いずれにしても、堀悌吉がいかに艦隊派から憎まれていたか。その憎まれようはちょっと想像以上でした。

保阪　海軍を辞めさせられてから堀悌吉は、昭和十一年に日本飛行機の社長、昭和十六年には浦賀ドックの社長、そして昭和十七年に大日本兵器取締役になっています。

半藤　じつは私、大日本兵器という会社とは浅からぬ縁がありましてね。昭和二十年、数えで十五歳の私が勤労動員で働いていた工場が大日本兵器の向島工場なんです。母親と弟、妹たちは茨城県に疎開していて、向島のわが家にいたのはおやじと私だけ。なぜ私だけ疎開しなかったかというと、当時は国家総動員法が施行されていて、数えで十五歳以上は戦闘員だったからです。逃げるわけにはいかなかった。ま、それはともかく。

戦後の堀悌吉さんは数社の役員や顧問をやっていたようですが、表にはまったく出てきませんでした。東京世田谷の三宿（みしゅく）あたりに住んでおられたのだから会おうと思えばすぐ会える距離だったのに、ついに会えなかった。

保阪　堀悌吉が亡くなったのは昭和三十四年。享年七十六でした。

半藤　だから会おうと思えば会えたんです。残念なことでした。

強くなった軍令部

保阪　もし、太平洋戦争開戦前夜まで軍令部条令の改定がなかったら、と、僕は歴史のｉｆを考えたくなってしまいます。

半藤　前のシステムであれば、海軍大臣が軍備十分ならざるをもって反対と言えば、軍令部がいくらやろうとしてもダメですからね。意見が対立したら海軍大臣は軍令部長を代えてしまえばいい。ところが条令改定によって海軍大臣と軍令部総長の力が対等になって、軍令部総長に伏見宮が納まるとそのとたん軍令部はものすごく偉くなってしまった。

保阪　なにしろ宮様がこうだと言ったら誰も逆らえませんから。

半藤　手が出せませんよね。このあとの海軍はニッチもサッチもいかなくなる。

保阪　高橋三吉の証言のなかで、つぎのような面白いエピソードが語られていました。

海軍軍令部を軍令部に改称することについて、眞崎参謀次長に掛け合ったときは、陸軍は中々承知しなかった。軍令部が昔参謀本部の一部であったときの頭が抜け切らなかったようだ。

眞崎参謀次長とは、陸軍の眞崎甚三郎のことです。眞崎は昭和十二年一月、犬養内閣の陸相荒木貞夫の引きで参謀次長に就任しています。荒木とともに国家革新を図る皇道派を形成して勢力を伸ばしていました。眞崎の肩書きは参謀次長ですが、参謀総長の閑院宮載仁の下ですから、まあ、事実上参謀本部を牛耳(ぎゅうじ)っていたと言っていい。高橋が眞崎に言う。

「今は陸軍も海軍も対等だ。軍令部は日本に一つしかないのだから、海軍と云う冠りはいらないのだ」と説明すると、「それならそんなものが外にあるか」と云うから「水路部を見よ、これは海軍のものだが、日本に一つしかないので、海軍水路部などとは云わぬ、どうしても海軍軍令部でなければ承知出来ないと云うならおまえの方も陸軍参謀本部と変えなさい」と詰めかければ、これはいやなので、とうとう軍令部と云うことに納得した。

半藤 まあ、言ってみればくだらないやりとりなんですが、それにしても高橋三吉は、軍令部条令改定をもっとも推進した一人でした。この一件に関してすごく喋っているんですね。

保阪 高橋三吉が軍令部次長になったのは昭和七年でしたね。

半藤 ええ。本人が言っています、「二月二日に博恭王が軍令部長となり、二月七日に私が次長になった」と。

保阪 彼は次長になるとすぐ積極的に動いた。五・一五事件が起きていったん沙汰止みになるのですが、事件が収束すると、逆に今度はそれを利用するわけですね、「二度とこんな不祥事を起こさないために軍令部条令改定が必要である」と。高橋三吉という軍人を僕はあまり知らないのですが人間的にはどういうタイプですか。

半藤 チョビ髭(ひげ)を生やした好々爺(こうこうや)なんですよ。陽気でおっちょこちょいというか、こう言ってはなんですが、無責任で浮わついたところがある。ついたあだ名が「三吉姐(ねえ)さん」。

保阪　ずいぶん本も書いていますね。その数、本当に本人が書いたのかと思うほどです。

半藤　編集部の資料によれば十三冊ですか。いや、ほんとうにすごいね。その高橋の下に、南雲忠一、戸塚道太郎など剛の者がおり、それで海軍省軍務局長の寺島健と軍務課長の井上成美と激しく対立することになる。

保阪　高橋三吉はその対立の経緯もかなり詳しく語っていますね。昭和七年秋から翌年の春にかけての出来事です。少々長くなりますが、これは重要な証言なので全文を紹介しておきます。

私は『戦時即応』をモットーとし、陸海軍をもって平時から大本営の小規模のような組織にしておくことが大切と思い、先ず平時の軍令部を拡大し、従来の三班六課を四班十一課に拡大しようと企てた。ところが、これには海軍省が大反対だ。軍令部には、南雲、戸塚などの剛の者がおり、軍務の井上（成美）課長と激しく折衝するがラチがあかない。軍務局長、人事局長も次官（先きは左近司〔政三〕、あとは藤田〔尚徳〕）もみな反対だ。藤田次官に話し込むと、こんな問題は次官の所掌じゃないから大臣に聞いてくれと言う。

岡田大臣に会って話すと「君は途方もないこと考えるね、これは戦争準備のためのものだから絶対に反対だ」と云う。私は縷々その必要なる所以を説くが中々耳に入れない。

私は「あなたの反対は、権力争いで軍政優位を譲りたくないから頑張るのでしょう。この案は実は時局に鑑み対米作戦の準備をするのである。それには、連合艦隊の兵力を充実することが先決だ。一体あなたは対米作戦に勝ちたいのか、負けたいのか」と詰め寄った。

岡田大臣は、思案に暮れた揚句「この案は気に食わないが、見たしるしに押す」と云ってわざと印を逆さまに押してくれた。兎に角印を貰ったからこれは消極的同意と解し、喜んで総長殿下に報告したところ「それはよかったね」と大変喜ばれた。但し人事局は人は一人も出さないと云うので、みな兼務にした。大臣が印を押したので、海軍次官、各局課長も渋々後から印を押した。

このような、まことに強引な手ぐちで大本営編成案が昭和七年十月にまとまったのです。

半藤　いやはや、「あなたの反対は、権力争いで軍政優位を譲りたくないから頑張るのでしょう」とは、もの凄い言い草だ。海軍大臣相手に高橋三吉次長、まるでケンカ腰ですよ。で、岡田はシブシブ逆さまに判子を押すんでしょう。「この案は気に食わないが、見たしるしに押す」と。高橋は宮様の権威を笠に着ていますからねえ。ひどいね、これは。

保阪　大本営拡張は、やはり海軍の宿願だったのでしょう。

半藤　日露戦争以来の悲願ではあったのでしょうね。高橋三吉は軍令部拡張をまずやって、大本営編成令を変えたその上で軍令部令に手をつけた。そのあたりのいきさつを高橋三吉は気持ち良さそうに喋っています。まるで反省はうかがえません。

保阪　読んでいて高橋三吉という人はまことに頼りない感じがしました。

半藤　八方美人ですね。あっちにいい顔し、こっちにいい顔し、と。要するに海軍は、ロンドン海軍軍縮条約で表面化した艦隊派と条約派の抗争を処理するために、条約派の将官たちを中央から放逐することで解決しようとした。条約派の連中に軍政を握らせておくわけにはいかんと。そのために軍令部を強く大きくしようとした。高橋三吉がこの運動を牽引し、井上成美が、真っ向からこれに立ち向かうわけです。井上の証言にこうある。

八年三月に軍令部長から大臣宛に軍令部令及び省部互渉規定改正の省議が来た。その要求の内容は統帥に関する事項の起案伝達等の権限はみな軍令部によこせ。警備も統帥だ。実施部隊の教育訓練も統帥だ。編制も統帥だ。兵科将官及び参謀の人事は軍令部にその起案権をよこせ等、今までの海軍伝統の習慣や解釈を無視して、統帥関係事項は全部軍令部によこせと云う傍若無人(ぼうじゃくぶじん)のものであった。

こういう要求に対して井上は自分の考えを率直に披瀝しました。

軍令部長は海軍大臣の部下ではない。また憲法上の機関でないから憲法上の責任をとることがない。法の上での責任をとらない。そして、大臣の監督権も及ばない人に非常に大きな権限を持たせることは憲法政治の原則に反するしまた危険である。

これ、まことにわかりやすい説明なんです。要するに井上さん、軍令部側・艦隊派側の要求を呑んだらどんなことになるか見通していた。それを承知していたからこそ、寺島と井上は判を押さなかった。

保阪　この二人、その毅然たる態度は立派でしたね。それにしても井上の発言は明快かつ率直ですね。こうも言っています。

軍令部令改正のネライは軍令部の権限を拡大し海軍省を引き摺って思うようにしようとするもので、殿下が総長の職にあるのを幸い、高橋次長が陣頭に立ってこれを強行せんとするタクラミとにらんだ。動機が甚だ不純である。この考えはロンドン条約の余憤からの海軍省に対する不信や陸軍及びドイツ参謀本部などの宣伝からも影響を受けているのだろう。

井上のニラミどおりでした。陣頭に立つ高橋三吉は軍令部次長。ですから、実際に井上成美の相手になるのは、残念ながら南雲忠一なんですよね。井上が軍令部と折衝を重ねる過程で井上に対する非難は増すばかりとなる。「何時暴力に訴えるものが出ないと限らない」と思った井上は遺書をしたためて机の引き出しに入れておいたと語っています。よほど険悪な雰囲気になっていたのですね。

井上はそのときの南雲の様子も、つぎのように伝えています。南雲は軍令部次長の高橋三吉からそうとう激しくプレッシャーをかけられていたことが窺えます。

軍令部の私の折衝相手は二課長の南雲（忠一）大佐であった。毎日のように来ては早く返事しろその他いろいろの申し入れをしてくるが思うようにはいかぬのでぷんぷんして帰って行く。ある日、えらい剣幕で「井上!!!貴様のような訳の解らない奴は殺してやるぞ」とどなりこんで来た。私は「やるならやってみよ。そんな嚇しでへこたれるようで職務がつとまるか、君にみせてやるものがある」と、おもむろに抽出しから遺書を出してみせ「おれを殺してもおれの精神は枉げられないぞ」と言った。

命がけで井上成美は軍令部に抵抗するのです。井上という人は、改めて見直す必要があるなと思いました。どこへ行っても、たとえ一人であったとしても頑張るんですね。

半藤　井上は一人で頑張っています。このとき米内光政は佐世保鎮守府司令長官として外に出ていて、山本五十六は海軍省の外局、海軍航空本部長の任にあり、井上の近くにはいませんでした。

保阪　業を煮やした軍令部はついにジョーカーを切る。伏見宮が大角海相を呼びつけて督促したり、はたまた伏見宮自身が「軍令部案が通らなければ軍令部長をやめる」と言い出したりしてたいへんな騒ぎになってしまう。そしてついに……。井上が顚末(てんまつ)を語りました。

次官も軍務局長も軍令部の最後通牒に屈する外なしと観念するに至り、きかないのは井上一人と云うことになってしまった。

九月二十日頃と思うが、ある日私は寺島局長に呼ばれた。局長室には藤田次官と榎本書記官も来ていた。局長は「今度ある事情により、この軍令部最後案により改正を実行しなければならないことになった。こんな馬鹿な案によって制度改正をやったと云う非難は局長自ら受けるから、枉げてこの案に同意してくれないか」と言われたので「私は自分で正しくないと思ったことにはどうしても同意が出来ません……こんな不公が横行するような海軍になったのでは、私はそんな海軍にはいたくありません」と返答した。

たった一人となっても井上は断乎、判をつかなかった。即座に一課長の任を解かれて横須賀鎮守府付きとなり、ついに中央を追い出されました。とはいえ寺島軍務局長もかなり頑張ったんです。伏見宮に呼びつけられたときのやりとりを寺島が語っています。伏見宮は日露戦争のときの話を持ち出した。

部長殿下は私を呼び「山本［権兵衛］海軍大臣は伊東［祐亨］軍令部長を大臣室に呼びつけて戦争を指導していた。これは誤りである。作戦用兵のことは軍令部長の処掌で、海軍大臣は軍政に専らなるべきである」と仰せられた。そこで私は「仰せらるることは御尤もと思います。これは事に当たって適当に両者が連絡をとってやってゆけばよいので私は制度を変えたくないのであります」と御答えした。なお、殿下はしつこく攻めたてられるので、私も遂に「殿下の海軍ではありません、陛下の海軍です」と啖呵を切って帰った。

寺島も伏見宮相手に頑張った。でも伏見宮はきっと、このひと言でさらに態度を硬化させたことでしょうねえ。

半藤　「陛下の海軍」といえば、ほかでもない天皇も、この制度改定には反対だったということを井上成美が証言しているんです。一課長辞職の二、三日後のこと、友人の岩村清一海軍省先任副官がわざわざ鎌倉の自宅まで訪ねてきた。

「今日は貴様が胸のすくようなニュースを知らせに来た。実は今日大角大臣が軍令部改正の案を持って葉山に行き、陛下に上奏御裁下をお願いしたところ、陛下は即座にはご裁下にならず『斯う云うことはよく考えてからにせよ』と仰せられ、その案を大臣にお返しにあった。大臣は冷汗をかいてすごすごと帰京したよ」。しかし、大臣は翌日再度上奏して御裁下を頂いたよし。

まあ、あからさまに不興を示した天皇も、残念ながら翌日の上奏ではノーとは言えなかったわけですがね。このエピソードは、阿川弘之さんの『井上成美』にも詳しく書かれています。それも、いかにも無念そうにね。

保阪　軍務局長の寺島健も左遷されて、練習機艦隊司令官になるわけですが、この人事も含めて海軍を牛耳っているのは軍令部次長高橋三吉でした。

半藤　ロンドン条約の大もめも海軍を分裂させましたけど、軍令部令の改定でも、海軍をまたもういっぺん分裂させた。それで海軍の色分けがはっきりしたのです。結果としてもはや海軍は鉄の団結を誇る組織ではなくなった。

保阪　これ以降、艦隊派が軍政をも握るわけですが、実際のところ艦隊派には軍政の専門家があまりいなかった。

半藤　そう、そこなんです。軍政の専門家といえば、その代表格が山梨勝之進や堀悌吉ですが、この二人はもとより、彼らにつらなる人材が全部サヨナラですからね。

保阪　もっともこのとき追い出された寺島健は、その行政能力とバランス感覚が買われたのか、こののち東條英機内閣の逓信大臣として中央に戻ることになる。

半藤　ところが、不可思議なことに、堀悌吉がもう少し軍令部条令について喋るかと思ったら、まったく喋ってないんです。残念この上ないことです。

保阪　このときどんな謀略が渦巻いていたかはよく知っているはずですから、堀は墓場まで持っていくと決めていたのでしょうか。

半藤　どうもそのようなところがありそうですね。そこで嶋田繁太郎が表舞台に登場するんですよ。嶋田繁太郎はこのとき軍令部第一班長ですから、まさに改正派の強硬論者だと思います。

嶋田繁太郎の長広舌

保阪　嶋田繁太郎はこのなかでは相当ページ数が多い。小柳富次らを相手にまことに能弁でした。

半藤　私にはこの人、せっかく会いにいったのに、なにしろひと言も喋らなかったのですがね。

保阪　半藤さんには、玄関先で言葉をひと言も発しないでただジッとしていたそうですが、いったいどういう心理だったのでしょうか。

半藤　わかりません。私の顔をだまーって見ているだけでした。「閣下、こういう点についてお聞きしたいんですが」といっても、ノーともウンとも言わなかった。ひと言でも言ってくれれば、まだ接ぎ穂があるのですがね。じゃあ、会わないのかと思うと、元海軍記者の伊藤正徳さんの添状を持って行ったからでしょうかね、玄関まで出てくるんです。私は玄関のたたきに立っていて、嶋繁は上がり口のところに正座しているんですよ。着物姿でした。玄関ですから段があるじゃないですか。そこに座れともいわないから、私は立ったまま。出てくるから喋るのかと思ったら、三回ともけっきょく一言も喋らず。

保阪　「失礼しました」と帰るときも、黙って？

半藤　黙ったまま軽くお辞儀をしましたね。小柳を相手には、こんなにたくさん喋っていやがるから、この野郎と思いました（笑）。

保阪　半藤さんにはなおのこと、このギャップは感慨深いでしょうね。

半藤　なおのことです（笑）。ですからこの人の証言はとりわけ興味深く読むことができました。まず、軍令部令改正のことは、戦後のこのときも絶賛していましたね。

　私は上海事変で一番よく体験している。上海の戦さは作戦に関する指示を軍務局長

（次官）から参謀長（長官）に出している。こんなことでは、軍令部は作戦に関する輔(ほ)翼(よく)の責をとる訳にはゆかない。陸軍では、作戦の為に假令(たとえ)一ヶ小隊を動かすにしても、一々御允裁(ごいんさい)を経て奉勅(ほうちょく)命令によっている。これが本筋だ。戦を指導するのは軍令部だ。それが、作戦の提示が出来ないとは洵(まこと)に不合理ではないか。それは旧軍令部令が悪いからだ。こんな風だから昭和五年以来統帥権問題が喧(やかま)しくなって来ているのだ。

よく言いますよ。ほかでもない「統帥権問題」はてめえたちがやかましく騒ぎ立てたんですからねえ。

保阪　責任は他にあり、と。彼はそういう一流のいい方をするんです。

半藤　「軍令部令の改正は多年懸案の最大難関で、加藤（寛治）軍令部長時代にも手をつけたがどうにもならなかった。殿下が総長であらせられ、非常な御熱意と特別の思召(おぼしめし)によって出来たのである」。これは本音であり事実でしょうね。

「また大角さんが大臣であってこそ、これに同意したのだ。また高橋次長の努力も並々ならぬものがあった」。ここで嶋田繁太郎は、まさに自身が艦隊派そのものであることをいみじくも告白している。これまで嶋田繁太郎の一般的な印象は、強硬派とか艦隊派とかの色はとくになくて、最終的になんとなく中央に上らされてしまったように思われているかもしれませんが、さにあらず、なのです。

保阪　これは昭和十九年のエピソードですから、だいぶ先のことなのですが、嶋田の本質の一端を示すものなので紹介させてください。東條英機内閣がつぶれた昭和十九年七月、井上成美は海軍大臣米内光政に乞われて海軍次官になりました。井上の証言です。

八月私が次官に着任して間もなく、大臣から「陛下から燃料の現状を御下問になったので奉答のため資料を」とのお話があり、軍需局長にその目的を告げて資料を求めたところ「本当のことを書きますか」と尋ねるから「変なことをきくネ、陛下に嘘を申し上げられない勿論ほんとのことさ、なぜそんなことをきくのか」と問うと「実は島田［ママ］大臣のときはいつもメーキングした資料を作っておりました」と答えた。

井上はなにも論評を加えていません。嶋田が海軍大臣をやっていたのは開戦の二カ月前の昭和十六年十月から、だれの目にも敗色濃厚となった昭和十九年七月までじつに三年ちかく。天皇には「宸襟を煩わせてはならない」とばかり、その間、悪い情報は隠しつづけていたのでしょうね。

半藤　あり得ます。井上もそのことに気づいたと思います。

保阪　けれども、それを証言として残したのは井上さんだけなんです。誰もそれを言わない。天皇に嘘の報告をしていたのは陸軍とておなじだったでしょうけれど。

半藤　嶋田繁太郎による嘘の上奏は、ほとんど証拠がなかった。ですからこの井上の証言は凄いことです。

保阪　嶋田繁太郎がやってきたことは、もう一回、検証の必要がありますね。嶋田の言っていることは、きれい事と嘘とが混じり合っている可能性が高いです。

半藤　嶋田はかなりのくせ者だったのかもしれません。「戦後は語らざる責任を感じた」などとシオらしいことを言っていましたが、それもどうやら怪しいぞ、と思いましたよ。嶋田はこんなこともシャーシャーと言っています。

軍令部令の改正には、寺島（健）や井上（成美）など大きな犠牲を出したが、海軍に蟠（はびこ）っていた不明朗を一掃し、従来海軍省が作戦して来た悪習を断ち、用兵のことが明確になって来た。

いやどうも、小柳を相手にバリバリの艦隊派らしい認識を披瀝しているんです。いずれにしても、軍令部令の改正問題というのは極めて重要な出来事でした。

保阪　軍政の専門家を追い出して、軍令畑の連中が、いうなれば軍令独裁体制もつくったわけですからね。吉田善吾のこんな証言からもそれをうかがい知ることができます。吉田は昭和四年十一月から二年間、軍令部第二班長でした。

第二班長を二年間勤めたが、その間にロンドン会議、統帥権問題など厄介なことが沢山起こった。結局これ等の問題は軍令部と海軍省、軍部と政府間の話し合いがうまく行かなかったことに胚胎している。このもやもやして燻った空気が太平洋戦争まで続いた。統帥権の活用が次第に拡大されて政治に関与し、遂にはこれを指導した。時勢がまたこれを容れた。遡れば明治憲法の決め方がよくなかったとも言える。明治十年頃から本質を忘れた矯激な理想論が台頭し、昭和一三年頃になると軍部にも段々とバイキンが闖入して来た。心に見ながら、正しいと思うことが実行出来なくなった。もとをただせば、加藤や末次に大きな責任がある。悪い意味の政治の反映だ。海軍も余り大きなことは言われない。

海軍を蝕む「バイキン」を呼び寄せた大もとが加藤寛治と末次信正だった、と吉田善吾は言っているのです。

半藤　そして艦隊派の天下になった。福留繁がこんなことを言っています。

昭和一一年、私が軍令部第一課長時代、特別大演習があって青軍審判長大角大将附首席審判官となり、同じ艦に乗っていたことがある。碇泊中某夜、将官室で二人きりで恩賜の四合壜数本を平らげながら大いに歓談したことがある。大角大将も大分酔いが廻って、海軍大臣時代を回顧し「ロンドン会議の後始末（粛清人事のことと解す）、俺のやったことはよかったろう」と繰り返して言われた。ロンドン会議後の部内のモタモタの整理には、大臣として人知れぬ苦労をされたのであろう。

大角が自分のやったことをそんなに得意に思っていたとは、「この野郎！」と私なんか、これにもついムカッ腹を立ててしまいましたよ。

保阪　福留の記憶に刻まれたこの大角の発言は、間違いないでしょうね。

半藤　そう言ったのは事実でしょう。

保阪　とするとかなり重要な発言です。

半藤　大角が断行した良識派追放人事のあとの海軍は、バランスをもった人がいなくなって対米英強硬派で一色に染まりましたからね。大角は確信犯だったんです。良識派で残ったのは、米内光政、山本五十六だけでした。要するに大角岑生は、海軍大臣である自分の権限を小さくする条令を成立させるために、海軍省に送り込まれたようなものだったのです。

保阪　大角をつかって裏でネジを巻いたのは、やっぱり伏見宮ですか。

半藤　伏見宮でしょうね。そして昭和十一年のロンドン海軍軍縮条約の期限切れを迎えると、もう軍縮はオシマイ。日本は軍縮条約を脱退して、あとは勝手にやらせてもらうぞ、とばかりに建艦が始まりました。じつは山本五十六が昭和九年の軍縮予備交渉の代表としてロンドンに行っているんです。彼は一生懸命交渉を続けようと努力していたのに、東京の海軍中央から「もうよろしい」と言われてしまい、けっきょく中央と大喧嘩してしまうのですがね。親友の堀悌吉の予備役編入もまたロンドンで知ることになりました。五十六さん、「海軍の大馬鹿人事だ。巡洋艦戦隊の一隊と堀悌吉を失うのと、どっちが大切なんだ」と憤慨したといいます。ロンドンから帰国した五十六さんは堀悌吉に「もう海軍なんかやめてオレはモナコへ行ってバクチ打ちになるよ」と言ったそうです。しかし堀は「貴様がやめたらいったい海軍はどうなるんだ」、そう言って山本をなだめたという。

保阪　こうして見ると、ほんとうに大きな転換点だったのですね。

半藤　これ以降海軍は一枚岩ではなくなって、対米英強硬派が天下を取った。二・二六事件で統制派が天下を取ったのと似ている。そう言えないこともないのです。

第二章　艦隊派vs.条約派

軍令部令改正と戦艦大和

保阪　これまで海軍の通史において、軍令部令改正のことは詳しく論じられてこなかったように思うのですが。

半藤　おっしゃるとおり、あまり重要視されていませんね。五・一五事件について力を入れて書く人は多いのですが、軍令部令改正はたいがい素通りなんです。

すでに触れたとおり、新しい「軍令部令」と「海軍省軍令部業務互渉規程」が制定されたのは昭和八年（一九三三）九月二十六日。同年十月一日から施行されました。斎藤実首相は、「明治以来の伝統を変更するのは面白くない」とこれを批判し、鈴木貫太郎侍従長は「現状維持がよい。参謀本部と同様にするのは海軍にとって危険を伴う」と言って警鐘を鳴らしていた。つまり海軍の長老二人は猛反対だった。それを押して艦隊派が強行したわけです。軌を一にして人事も入れ替わった。

海軍省の寺島健軍務局長は九月十五日付で局長を辞めさせられて練習艦隊司令官となりました。後任は吉田善吾です。おなじく井上成美軍務課長は、九月二十日付で横須賀鎮守府に異動となって、十一月十五日に練習戦艦「比叡(ひえい)」の艦長となって外に出されてしまった。後任の軍務課長は阿部勝雄(かつお)です。ついでに言うと、山梨勝之進が予備役になったのが昭和八年三月、左近司政三が昭和九年三月、堀悌吉は昭和九月十二月、という具合に、軍令部令改定を契機に邪魔者は全部おさらばと、こういうふうになったのですね。一気に海軍を艦隊派が制したわけです。念のために申しますが、予備役・後備役への編入は、会社でいえば退社、クビと同義です。

これ以後どういうことになったかということが大事なのですが、海軍大臣の選任は、前任者が後任者を推挙して、その上で伏見宮軍令部総長様の同意を得なければいけないということになりました。海軍省の高級人事、軍務局長や課長なども伏見宮様の同意がないと任命できない。連合艦隊司令長官も、というのが不文律になります。これが要するに昭和八年から九年にかけての、海軍内部の大変革でありました。海軍善玉論の文脈のなかでは、海軍軍令部令改定はまったくと言っていいほど触れられて来なかった。しかし、これこそが重要なターニングポイントだったのです。

それに伴って軍令部から艦政本部に、「新型戦艦の基本計画」というものが提出されたのが昭和九年十月。軍艦は艦政本部というところでつくるのですがね。「戦艦大和」という名前こそまだついていませんが、その計画というのは、簡単に言うならバカでかい軍艦を四隻つくるというものでした。もう海軍は、ワシントン軍縮条約、ロンドン軍縮条約などには縛られないぞ、それらを破棄し桎梏（しっこく）から脱出し建艦に邁進する、今後は自由にやっていくぞ、ということを決めたわけです。

保阪　建艦のことについては、福田啓二がしゃべっていますね。福田啓二は艦政本部で、大和型戦艦建造の基本計画主任となった人です。

昭和一二年から各国海軍の無制限製艦競争が始まる形勢にあったが、我が国は到底量を以ってしてはアメリカに追随出来ないので個艦性能の著しく優れた超大型艦を造ってアメリカをノックアウトしてやろうと云うのが狙いであった。それで主砲は断然一八吋（インチ）砲を採用した。我が建艦の途中でアメリカが気付いて真似をしても五ヶ年位は我方が優位を保ち、且つアメリカはパナマ運河の制約を受け、一八吋砲多数を搭載する大艦を造ることが出来ないと云う点で我に分があった。

たしかに福田のような技術将校としてはこの上ない面白い仕事だったとは思います。腕まくりして建艦に当たった感じが伝わってくる。

半藤　私はこの人に会っているんです。昭和三十年（一九五五）の文藝春秋十一月号に福田啓二名の手記、「戦艦大和いまだ沈まず」が載っていますよ。私が聞き役になっています。福田啓二はまさに戦艦大和の基本設計の大元締めでした。福田の話で私はいまでも覚えていることがあるんです。当時航空本部長の山本五十六が福田のもとに来て、「一生懸命やっている君たちに水を差すようで悪いが、いずれ近いうちに失職するぜ。これからは海軍も空が大事で大艦巨砲はいらなくなるんだよ」と言ったというのです。エネルギーが石炭から石油に変わることを見越していた山本五十六はすでにその頃から、つぎの戦争の主力は航空機、航空戦が戦いを制するということを確信していたのです。

保阪　戦艦大和の設計には軍令部がかなり注文を出していたようですが。

半藤　実はね、戦艦大和建艦を提起したのは石川信吾なんです。石川信吾という人は五・一五事件の前年の昭和六年に、「大谷隼人」というペンネームで「日本之危機」という題の論文を書いて出版しているのです。このときは軍令部第二班の参謀でした。なぜペンネームにしたかというと、海軍士官が著書を出版するには海軍大臣の許可が必要だったからです。要するに石川は正式な手続きを経ずして持論を出版した。それもそのはず、その内容たるや「アメリカとの戦争は避けられないものであり、アメリカに対抗するためにも満蒙占領が重要」であるという過激なものでした。さらに図に乗って昭和八年、このときは中佐で第六戦隊参謀の職にあったわけですが、「次期軍縮対策私見」という対米強硬論を海軍上層部に提出して、ここで語ったように超大型戦艦の建造を提言したというわけです。その内容は、軍縮条約からは早く脱退し、でかい船をつくったほうがいいという主張でした。これに艦隊派の提督、軍令部の高橋三吉と嶋田繁太郎が乗っかった。いずれにしろ、戦艦大和が完成すれば日本海軍はアメリカに勝てるという確信を、艦隊派が持ってしまったことは事実なんです。石川はこんな具合に得々と喋っています。

ワシントン会議において、主力艦の排水量を三万五千屯に制限したのも、アメリカ自身の国防上の見地から、パナマ運河を困難なく通過し得る最大の型にこれを制限したものである。このことは反面逆にアメリカ海軍軍備上、パナマ運河が大きな欠点であることを示すもので、ロンドン条約廃棄後の日本海軍の軍備は当然この弱点を突かなければならんと思った。

戦後になってまで、ずっと得意だったのでしょうね。

保阪　石川信吾はこうも語っています。

当時横須賀航空隊の大西瀧治郎中佐は航空万能で主力艦不要論を翳(かざ)し、真っ向から反対して来たが、私は貴説は飛躍しすぎて尚早なりとしてこれを退けた。私はこの新造戦艦案を置き土産(みやげ)にして軍令部に残して転任したが、これが基になって、後日戦艦大和武蔵が実現した。

「尚早」どころか、もはや大艦巨砲の時代は終わりをつげ、航空戦が戦いを制する時代が目前だったというのに……。

半藤　要するに「大型戦艦着想の起源」とは、造船に関しては素人と変わらないような一佐官の私見だったんですよ。パナマ運河を通れないようなバカでかい船を造って、「一八吋砲」をのせたらいいなどという主張は。そうすればパナマ運河を通らざるを得ない米国戦艦より大きな戦艦になるので勝てるというわけです。まことに単純。

保阪　建艦の雄、イギリスにも当時そういう着想はあったのですか。

半藤　ないです。なんにもない。日本の独創なんですよ。

保阪　「八八艦隊計画当時一八吋砲を計画し既に実験ずみであった」ので簡単だとか、石川はいっていますね。

半藤　いま想像するのは難しいのですが、砲弾だけで、その大きさは私の背丈ぐらいある。一メートル八〇センチくらいあります。広島県呉の大和ミュージアムにいくと、十分の一の大和がありますよね。十分の一で二六メートルですよ。本物は全長二六〇メートルですから。なにしろものすごくでかい。

保阪　昭和十一年十二月に開かれた第七十回議会では、大和、武蔵の巨大戦艦と、航空母艦の翔鶴（しょうかく）と瑞鶴（ずいかく）をふくめ艦艇七十隻の建造予算が成立しています。翌年の昭和十二年から建艦競争に入るわけですね。

半藤　実際、どんどん造り始めていくんです。それについて戸塚道太郎がこう言っています。

航空本部教育部の大西瀧次［ママ］郎大佐は新艦型につき強硬なる反対意見であって、頭からそんな馬鹿なものはよせと言って相手にしない。当時飛行機は未だ決戦兵力ではなく、補助兵力たるの域を出なかった。列国海軍いずれも海軍軍備の中心は戦艦であった。……今日から結果的に見れば、大西大佐に実に先見の明があったと云うことになるが、当時の世界情勢は実はそうではなかった。

昭和八年のこのとき、海軍中央は航空兵力の重要性にまだ気付いていなかったのも事実なんです。

保阪　想定していたのは大艦巨砲による艦隊決戦だったのですね。

半藤　そうです、そうです。そして巨大戦艦を拵（こしら）えてしまったら……。

保阪　仮想敵国との関係が悪化して、追いつめられれば、もう戦争せざるを得なくなってきますよね。

半藤　そういうことです。

保阪　巨額の予算を獲得して造っていったとなると、いざとなって、陸軍から「お前たちは予算をとっただけで何もできないのか」と責められたらもう引き下がることなどできなくなってしまいます。

半藤　「戦えない」などとは言えませんねえ。けれども当時、超弩級の戦艦を造っていることなど、私たち国民はまったく知りませんでした。戦争中も聞いたことがなかった。

保阪　伏せられたのですね。

半藤　もし広く国際的に発表したのなら、「防御兵器」として効力を発揮した可能性がある。それを考慮に入れたならば、隠すのではなくてむしろ公表すべきでした。

保阪　抑止力になったということですね。

半藤　ところがひた隠しに隠した。隠すことなど無意味だったのに。

保阪　なんで秘密にしたのでしょうねえ。アメリカは知っていたのですか。

半藤　いや、アメリカは知らなかった。戦争の終盤にいたってようやく気がついたようですが。

保阪　福田啓二が、大和と武蔵、信濃沈没の原因を語っています。

沖縄突入作戦のとき大和を襲撃した飛行機数は延べ一、〇〇〇機に及び、武蔵の場合の一五〇機以上に比べて格段に多い。命中魚雷数においても武蔵の場合には二十本（右舷に七本、左舷に一三本）なるに対し、大和の場合は一二本（右舷に一本、左舷に一一本）であった。大和の被害は武蔵に輪をかけたほどで、艦尾の無防禦部も殆ど浸水したらしい。従って武蔵の如く艦首沈下の状態は起こさなかった。

武蔵や大和があれだけの攻撃に耐えたと云うことはむしろ驚異である。

二艦とも活躍の場面はなかったというのに、なかなか沈まなかったことを誇らしく語っているのです。

半藤　まあ、そうはおっしゃいますが、明治以来ずいぶん長いあいだ日本海軍は戦艦を他国から買っていたわけですから、福田啓二のような技術陣はそう言いたくもなるのです。明治末から長年培ってきた造船技術を注ぎ込んだ結晶ですからねえ。

保阪　しかし戦備・戦力として使わずにおいて、出て行ったのは敗戦ギリギリのタイミングでの沖縄特攻。最初から沈められることはわかり切っていた海上特攻でした。ここにいたるまで使わなかったのはなぜなのでしょうか。そこがわからない。

半藤　じつは使うチャンスはあったのです。ガダルカナル戦に投入しようじゃないかという判断はあり得た。だけど残念ながら、油がなかったんですよ。南太平洋にあった海軍の拠点、トラック島に大和も武蔵も勢揃いしていたのですが、そこからガダルカナルに突っ込んでいこうというときに、積んでいく石油がトラック島になかった。大和は停まっていても、油を毎日五〇トンも食う。座っているだけでも電気を消耗しますから。

保阪 停電にしておくわけにはいかないのですか。

半藤 火薬庫や弾薬庫があるのでそれを冷やすために冷却装置だけは動かしておかなければいけないんです。それに三千人もの乗組員が乗っているから艦内生活のためにも油が必要。航空参謀の源田実（みのる）が「世界三大バカ。それは万里の長城、スフィンクスそして戦艦大和だ」と言ったそうですがね（笑）。

保阪 この頃、斎藤実内閣時代の陸軍省の担当主計官は、後に総理となる福田赳夫（たけお）でした。福田赳夫の『回顧九十年』に開戦前、二・二六事件の頃のことがでてきます。「軍人からは軍刀で脅されたこともあれば、お世辞を言われたり、ネコなで声で丁寧に陳情されたこともある」と。予算を組むときにはそういうことがあったと書いていました。ひょっとしたら海軍補充計画予算の獲得に動いた石川信吾も、それに近いようなことをしたのではないか、と思ったりしたのですが。

半藤 そうかもしれません。大蔵省への掛け合いについても石川は能弁なんです。こんな自慢話をしています。

五・一五事件の後斎藤内閣が出来て、高橋蔵相は留任したが海軍補充計画による予算が大蔵省で査定されて一つも通らない。

私は兼ねてから大蔵大臣秘書の上塚司氏を知っており、同和クラブで数回会食し、日本の大陸政策と造艦計画などに就いて話をしたことがあるので「石川参謀一つ大蔵省に掛け合ってくれ」と云うことになった。以前、私が独断森恪書記官長に臨時軍事費を掛け合った時は越権なりとお灸をすえておきながら、随分勝手なものだと思ったが、背に腹は代えられぬので、上塚秘書を訪ねてその必要なる所以を力説した。かねてからその積もりで教育してあったので理解が早い。秘書は一項目毎に私の説明を聴くと大臣の処へ伝えに行った。大臣は主計局長と共にその説明を聴いたが全部通った。

「必要なる所以を力説」というのは、おそらく脅しにちかいものだったのではないでしょうか。ガンガン言ったのではないかな。

保阪　福田赳夫にいわせると、「俺たちは防衛を担っている。そのカネじゃ防衛の責任は持てない」と。彼らはそれを必ず言ったとありました。

半藤　蔵相秘書を日頃飲ませて「教育してあったので理解が早い」などと、厚顔にも平気で喋っている。

保阪　呆れてしまいます。海軍はこうした秘密を昭和三十年代に当事者から聞きだして、そして隠した。そういう知恵があった。

半藤　このあたりは「善玉」ならぬ「悪知恵」海軍というべきかもしれません。

大艦巨砲主義か、航空主戦か

半藤　戦艦大和に関連して興味深い発見がありました。中沢佑が「大和型戦艦の実現には、当時の古賀［峯一］第二部長、戸塚［道太郎］第三課長、沢田［虎夫（とらお）］課員などが大いに協力された」とポロッと洩らしている。古賀峯一はこのとき少将ですが、彼は米内光政や山本五十六、井上成美とも親しい条約派なんです。古賀さんの名前が出てきて、私はヘエーッと思いました。

保阪　戸塚道太郎という名があがったことも少々意外でした。彼は昭和十二年にはじまった日中戦争で渡洋爆撃を指揮した人でしたから航空屋かと思っていたのですが、やっぱりこの時点では大艦巨砲主義だったのか、と。

半藤　昭和八年、九年の時点ではまだ大艦巨砲主義が幅を利かしていたのでしょうね。しかしこのとき戦艦無用論を主張していた連中もいた。福留繁が語っています。

　その頃、大学校教官の山県正郷（まさくに）大佐や加来止男（かくとめお）大佐などは戦艦無用論を唱えていた。

大西瀧治郎大佐は当時航空本部総務部の課長をしていたが、屡々私を訪れて「大和一隻の建造費と維持費を以て、第一線戦闘機一、〇〇〇機が製造出来る。用兵上いずれが有利だかは明かだ。戦艦の建造など止めて飛行機を整備せよ」と執拗に迫ったものだ。しかし、私は連合艦隊の先任参謀として最新の飛行機の戦力も体験しており、飛行機が直ちに主力艦の主砲に代わって艦隊戦闘を支配するなどとは考えられず、当分は戦艦も必要、航空機も必要だとの併用論を採らざるを得ないものと思っていた。世界の思想も概ねそうであったと思うので、その結論は決して不当であったとは思わない。

と、まあ、福留はこうして戦後も判断の間違いを認めようとしない。でも大西の認識のほうが正しかったことは歴史が証明している。事実そのとおりだったんです。

保阪　ここに登場したメンバーに航空主戦論者はいませんでしたね。中沢佑が昭和九年の軍令部の人員についてこう言っています。

昭和九年二月帰朝して、軍令部第一部第一課勤務となり、作戦主任として約三年勤め、その間に課長は岩下保太郎、稲垣生起、福留繁の三大佐、部長は島田［ママ］繁太郎、阿武清、中村亀三郎の三少将に仕えた。次長は始めは加藤隆義中将あとは島田繁太郎中将、総長は終始伏見宮博恭王殿下であった。着任した当時は、未だ五・一五事件の餘燼がくすぶっていて、中佐以下の右翼一派が時々水交社などに会合していた。

軍令部第一部第一課とはつまり作戦部作戦課です。陸軍の参謀本部作戦部作戦課は、参謀次長が人事権を握っており、これだけは陸軍省は口出しできなかった。作戦部作戦課には陸軍大学の五番以内の人間しか入れなかったそうです。

半藤 新しい軍令部令は昭和八年の十月から施行ですから、このときまだ施行されたばかりでもありました。ですから海軍の作戦部作戦課は、陸軍ほどのエリートセクションではなかったとは思いますがね。

保阪 いずれにせよ、ここに集まっている連中が当時のエリートというか、海軍の若手のなかでもっとも優秀な連中で、しかも結果的に艦隊派になっています。

半藤 それはそうだと思います。中沢が名をあげた加藤隆義はじめ、岩下保太郎、稲垣生起、福留繁、それから嶋田繁太郎。全員、艦隊派ですね。

保阪 伏見宮のもとに艦隊派が集まってきた。

半藤 しかも「中佐以下の右翼一派が時々水交社などに会合していた」と。

保阪 この頃の軍令部の若い参謀たちは、建艦計画を含めた新軍備の立案にとりかかることができたわけですから、まったく新しい政策を考えるということには誇りを感じたことでしょうね。

半藤　でしょうね。たいへんな誇りだったのではないですか。というのも、それまで「海戦要務令」というのはいつも後手後手だった。改訂するたびに世界の情勢が変わってしまったからです。ここで初めて軍縮条約の縛りを全部叩き切って、やりたいように軍艦をつくり、艦隊決戦の「海戦要務令」を立案することができるようになったのですからね。

保阪　その後数年のあいだに航空戦備の重要性が急速に増していきましたから、「海戦要務令」は太平洋戦争開戦に際してやっぱり改定されたのですか。

半藤　ところが変えないのですよ。昭和十二年につくった「海戦要務令」で戦うのです。天下をとった伏見宮以下艦隊派勢揃いの軍令部は、状況の変化に応じて変えるということをしなかった。

保阪　海軍のかたちがこのあたりからはっきり見えてきましたね。艦隊派、対米強硬派にとってすべての仕組みが彼らの意図どおりに動き始めている。

半藤　その象徴が戦艦大和なのです。大和は悲劇の船なのですが、裏返して言えば艦隊派の栄光を一身に背負うべき船だったわけですな。

保阪　こういう流れを引いて見ると、昭和八年から十年にかけて陸軍は、天皇機関説排撃運動を起こしたり国体明徴（めいちょう）運動を起こしたりと、かなり政治的にファシズムに傾いていきます。いっぽうの海軍は、表向きはそういう動きと関わっていない。

半藤　ですからその意味では、昭和史の大きな流れにおいて海軍は無害に見えるんですよ。

保阪　それが善玉論にも確かにつながるのでしょうけれど、ところがどっこい、なかではとんでもないことをやっていた。

半藤　そう、外からは決して見えないところでね。内部の体制刷新にエネルギーを傾注していたというわけです。強硬派のやりいいように、ね。

保阪　外の政治情勢には距離を置きつつ、なかを変えていった。

半藤　陸軍は「海軍はカネがほしいだけなんだ」なんて悪口を言っていました。

保阪　じっさいこれだけの建艦をやるとなったら、相当予算を取らなければいけないですからねえ。

半藤　そして陸軍は、「海軍の連中はカネさえくれてやれば黙らせることができる」と御(ぎょ)し方を心得た。嶋田繁太郎がまた、いろんなことをしゃべっている。ゆえに貴重な証言とも言えるのですが、この、昭和十年十二月に開かれた第二次ロンドン海軍軍縮会議のことなど注目に値すると思います。

> 昨年末以来［昭和十年末のこと］ロンドン軍縮会議に出席中の永野［修身］、永井［松三(まつぞう)・外務次官］両全権から、一月一一日（昭和一一年）会議脱退の請訓があり、翌一二日閣議において承認のことに回訓を決し、直ちに御内奏をし、一月一六日ロンドンにおいて脱退の手続を終わった。総長宮殿下は「うまくいったナ。」と云われた。私は

二・二六事件

海軍省（昭和12年）

殿下の御使として広田［弘毅］首相を訪ね「色々御骨折り有難う、殿下は非常に御満足だ」と報告した。首相は複雑な表情をしていた。

語るに落ちた。二・二六事件後に首相になった広田弘毅を上から見下げたこの言い草は、まるで伏見宮の虎の威を借る狐です。

保阪　ともあれ海軍省は大本営令のくびきを解かれ、軍令部は海軍省から大きな権限をもぎとった、そこから海軍の崩壊が始まるわけですね。わずか十何年で滅びることになるわけですが。

二・二六事件と海軍

保阪　二・二六事件における海軍については、一般的にはほとんど言及されることがないのですが、さて、海軍将官たちがなにを語っているのかを見ていきましょう。

半藤　このとき連合艦隊司令長官だった高橋三吉がかなりくわしくリアルに語っていて、海軍サイドから見た事態の推移がよくわかります。少々長くなりますが一連の動きを知るためにもこの項の全文を紹介します。

二月二六日東京において陸軍の反乱事件が勃発した。連合艦隊は土佐沖で演習中であったが、第一艦隊は東京湾、第二艦隊は大阪湾方面において、特別任務に就くべき旨奉勅命令に接して夫々急航、第一艦隊は二七日一六〇〇品川沖に入泊した。間もなく、近藤［信竹］第一部長来艦して状況を知らせ、陸戦隊を即時待機となし、場合によっては海上から議事堂を射ってくれと言った。

私は二八日午前上陸、芝浦にある横須賀陸戦隊指揮官宮田義一少将を訪問し、その状況を聴取した後、陸戦隊二ヶ分隊位を乗せたトラック援護の下に、自動車で先ず海軍省に向かった。市中の雑踏筆紙に尽くせず、交通は乱脈となり、殆ど通行不可能の状態だ。混雑の中を縫うようにして漸く海軍省に辿り着けば、鉄条網、機関銃を以て交通路を閉鎖し、銃剣の兵士が警戒している。帝都始まって以来の光景であろう。

私は、先ず軍令部に行って総長殿下に伺候して色々御意見を拝聴した。次に大臣室に行った。軍事参議官も数名来ていた。大臣は御所に行っているとのことで、更に自動車で陸軍の警戒裡を通って、辛うじて宮内省に行き、先ず天機奉伺の記帳をすませ、川島［義之］陸軍大臣や後藤（文夫）内務大臣などに会った。何とか反乱軍をなだめて、穏やかに納めなくてはなるまいなどと甚だ煮え切らない。そこで私は「最早事件勃発後三日も経過している。これは明かな反乱だ。余りに手温い。彼等が自決するのか、屈服するかに非ざれば速やかに討伐すべきだ。」近衛師団長は鎮圧の自信がないと云う。陸軍がやらなければ海軍がやる。いやそれは陸軍がやるべきだ。第一師団で自信がなければ仙台から呼び寄せよなどとごった返しであった。私は夕刻帰還して任務に就いた。

爾後艦隊は品川沖にあって、陸戦隊揚陸の準備をなしつつ命を俟ったが、幸いにして三月一日［東京］警備司令官香椎［浩平］中将の努力により、血を見ずして反乱は鎮圧され、爾後艦隊は横須賀木更津館山方面に移動、三月一一日特別任務を解かれた。皇国の陸軍将校が、陛下の陸軍を私兵とし重臣を殺害し、数日に及ぶ期間議事堂を占拠するが如きは真に遺憾に堪えない。その行動は、我国のため真に天人共に容れざる逆賊と云わるるもやむを得ない。

保阪　高橋三吉は艦隊を率いて乗り込んでいったと語っています。煮え切らない態度の川島陸軍大臣や後藤内務大臣などに啖呵を切った、と。これはしかし、戦後の言葉として聞いたほうがよさそうですね。

半藤　私もそう思います。戦後の話ですよ。事実がどうかわからない。

保阪　乗り込んでいくこと自体、かなり度胸が要りますからね。

半藤　しかも高橋はわざわざ「自分は参りました」と天皇に報告というか記帳に行っている。そこはまことに抜け目ないですね。海軍省で、必死で対応していた井上成美らは記帳になんか行かんでしょう。

保阪　けっきょく海軍は、戒厳司令部はじめ事件を鎮圧する動きには一切関わっていません。

半藤　海軍は陸戦隊を出して海軍省を守った。いわば自分を守っただけでした。私にとって面白かったのは井上成美の話です。当時米内光政が横須賀鎮守府長官で、井上成美は横鎮参謀長だった。じつは二十五日の夜、米内光政は東京の愛人のところにいたんだといわれている。つまり事件が起きた時には横須賀鎮守府にいなかった。翌朝知らせを受けて慌てて帰るのですが、米内不在のその間に、井上成美参謀長が手回しよくバーッと打つべき手を打った。全部手配しちゃった。と、いうのが密(ひそ)かに伝えられた話でありまして。ここでは井上成美、こう喋っています。

［午前］九時近くに公卿(くごう)の長官官舎にいた米内さんから電話で「おれも出て行った方がよいか」と如何にも大提督米内光政らしい態度だ。そこで、私は「差し当たって打つべき手はみな打ってありますが、国の大事ですから矢張り鎮守府に来ておられた方がよいでしょう」と申し上げた。間もなく長官も出勤された。

偉いね、戦後になってもこうして長官をかばった。横鎮長官たるものが不在とは、もし公になったらこれ、大失態になるところでした。

保阪　井上成美は陸軍についての批判や感想、そういうことはいっさい口にしていませんでしたね。

半藤　その代わり、井上さんは軍令部の対応のまずさをつぎのように厳しく批判しています。

午前九時陸戦隊を乗せた那珂［軽巡洋艦］がまさに出港せんとしていた時に、軍令部から「警備派兵は手続きがいるのだ。横鎮が勝手に軍艦を出すのはいかん。手続きがすむまで出港を待て」と茶々を入れて来たので、最も大事な時にその出港は遅くまで待たされ、兵力などの注文もあり、陸戦隊が海軍省に着いたのは、その日の午後おそくになってしまった。

鎮守府長官が、麾下の警備艦に管区内を行動させるのに、何を軍令部が文句言うのか了解出来なかった。只実兵を東京に上陸させることは、鎮守府長官が出来るかどうか反対論も成り立つか知れない。これは、長官が有する権限の「警備」の解釈の問題である。いずれにしても、折角準備の出来た艦を早く芝浦まで取り敢えず回航させることは、やるべきであったと思う。折角私が前々から準備しておき、当日また極めて敏速に事が運び、海軍省の守備は勿論東京に逸早く海軍の威客を示し、海軍の厳然たる態度を東京市民に示して安心させることが、もっともっと早く出来る筈の横鎮苦心の成果を、大事なところで出鼻を挫かれて目茶目茶にされた訳で、実にくやしかった。

そうとう頭に来たんですな、軍令部の余計な口出しには。なにかあることを予期して準備までしたのに、という思いでしょう。

保阪　二・二六事件の前にこういう事態が近々起きることを井上は察知していました。情報を得た日と情報ソースまで明かして、「一一年二月二十日頃、鎮守府出入りの新聞記者から、『陸軍が警視庁の前で夜間演習を行った』との情報があり、私は事は穏やかではない近く何か起こると窃かに予期していた」と、証言していました。

半藤　井上成美は非常時の軍令部についてこうも言っている。

元来、軍令部と云う機関は、平素は世俗を離れて、静かに専ら作戦国防の構想を練って研究するところなので、平素の突発事件などを急速に裁くようには態度も出来ておらず、訓練もされてないから、心構えも出来てないことは当然のことである。従って、このような機関が、警備は統帥だから軍令部によこせと言って権限だけを拡げても、今度のような場合には、テキパキと敏捷な処置が出来ないのは当然である。

保阪　本質を突く論評ですね。草鹿龍之介も二・二六事件について一言いっています。面白いと思ったのは、草鹿は事件の発生を知らずに海軍省に出勤しているのです。このとき草鹿は航空本部の勤務。海軍大佐、航空本部総務部第一課長でした。航空本部は海軍省内にあったようですね。

その朝は雪が降った。登庁すると海軍省の門が閉めてある。門番から聞いて始めて事件を知った。省内ががたついて何となく落ち着かない。女事務員は早く帰宅させ残ったもので、万一暴徒の飛行機から爆撃を受けた場合の火災に対し防火部署などを決め夕刻一旦帰宅した。

草鹿によれば事件当日はこんなふうだった。しかし陸軍省のあった三宅坂も海軍省があった桜田門近くにも、すでに叛乱軍がバリケードをつくって武装した兵が少なからずいたのですから、「門番から聞いて始めて事件を知った」なんていうことなどありますか？海軍省はいまの霞が関合同庁舎、厚労省の入っているビルのあたりにありました。桜田門の警視庁とは目と鼻の先です。

半藤　横須賀鎮守府参謀長の井上成美には海軍省からちゃんと通知がきていますよね。「二六日は早朝副官から電話で『陸軍は今晩大変なことをやりました。一部は総理官邸を襲って……』と、東京からの情報が入っていたことがわかる。が、草鹿証言を信じると海軍省は、組織の隅々(すみずみ)まではしっかり手を打っていなかったのでしょうかね。

保阪　草鹿の証言を続けます。夜になって緊張が走る。

するとその夜山本［五十六］航空本部長から至急海軍省に来いとの電話で登庁したが表門は厳重に閉めてあるので裏門から入った。

海軍陸戦隊が物々しく警戒している。兎に角今夜は海軍省に泊まれとのこと［で］あったが、深夜福留軍令部一班長がやって来て、「この事件は悪くすると陸海軍の争闘に発展するかも知れない。頼みとするのは飛行機だけだ。いざと云う場合の爆撃の用意をしておいてくれ。横須賀及び館山航空隊は何時でも出動出来るよう準備をしておいてくれ」とのことで、早速その手配をしたがその必要なくてすんだことは不幸中の幸いであった。

どうやら陸海相撃つことを想定していたようなのです。飛行機による爆撃まで考えていたとは、ほんとうかしらと疑いたくなるほどです。いずれにしても傍観者風です。

半藤　陸軍がクーデターを起こそうとしているというのに、もっと緊張をもってもいいですよね。

保阪　例外的に井上成美は能弁でしたが、二・二六事件関連では、全体的には話している人が少ないなという印象をもちました。おもに現場まわりでドンパチをやっていた連中にとって二・二六事件は、変な言い方ですが興味がないというか、自分とは別世界の出来事だったのかもしれません。

半藤　しかし一部の政治軍人にとっては大ごとだったんです。嶋田繁太郎はやたらに丁寧に喋っているのですが、嶋田の証言に出てくる山本英輔はまさに政治軍人でした。陸軍皇道派の、眞崎甚三郎とは若い頃から親しかった。山本英輔から、斎藤実内大臣と牧野伸顕宮内大臣宛てに意見書が送られていたことなど、私はこれまでまったく知らなかった。初めて知りました。嶋田がそのことをつぎのように語っています。

二・二六事件の起こるすぐ前のことである。山本（英輔）大将から、斉藤内大臣、牧野宮内大臣に宛てて送られた意見書が、海軍大臣から総長殿下にも廻して来た。この意見書は、軍部を中心として世間が喧しくなって来た今日、これを救うのは私を措いて他にない。これを放任しておいては、重大な不詳事件が起こるであろうと云うのであった。総長殿下は甚だ御不満であった。……こんなことがあって十日ばかりすると二・二六事件が起きた。

そして翌二十七日朝の出来事を嶋田繁太郎は続けています。

翌二七日朝、加藤大将は殿下［伏見宮軍令部総長のこと］に拝謁して何事か意見を申し上げている。殿下は毅然として「徹底的に掃蕩する。海軍兵力も使う」旨を告げられた。加藤大将が「へたすると飛んだことになります。それは海軍一致の意見ですか」と反問すると、殿下は「各軍事参議官を一人宛呼んで意見を聞いた。或る一人（山本大将ならん）の外は、みな同意であった」と答えられた。

保阪　「加藤大将」とは艦隊派の親分、加藤寛治ですね。この証言から、加藤は伏見宮に対して「徹底掃蕩」とは反対の立場を表明したことがわかります。そして山本英輔も、軍事参議官中ただひとり、明確に掃蕩に反対していたのですね。山本英輔は、皇道派に深いシンパシーを持っていた。こんなことを言っていました。

私は、二・二六事件と日支戦争惹いては太平洋戦争との関連を色々と事実を上げて、各種の書物から研究してみたが、大いなる関係があるように思う。最も大なる関係は陸軍の所謂統制派が、政客は勿論宮殿下宮内官等殆ど全部をうまく調理して味方となしたのに、到底我等の臨時の忠言が重んぜられずして、二・二六事件の結果は瞬く間に統制派の台頭となり、赤化運動これに加わって来て、日支事変を長くし、次いで疲れ果てた処に、英米その他と計らい太平洋戦争にまで進化したものと考える。皇道派が生きていたら日支事変は起こらない。私と眞崎は中佐時代からの知り合いで、良く意見が一致していたから、近衛公が本当に出馬して三者一つとならば、確かに日支事変は防ぎ得たと思う。

皇道派が天下をとれば中国との戦争は起きなかったと言い切っているのです。この点、どう思われますか。

半藤　これは東大の加藤陽子さんの説なのですが、皇道派と統制派、どっちが中国に対して強硬かというと、統制派のほうがずっと強硬だった、と。一般的に皇道派というのは天皇親政による過激な国家改造論者たちで、対ソ強硬派というイメージがある。だけど皇道派の親玉の一人、荒木貞夫は対英米協調をしばしば口にしていたし、中国とは干戈を交えず、とも言っていた。対して統制派は、永田鉄山を斬殺した相沢三郎のような危険人物を弾圧するいっぽう、中国に対しては華北分離工作のベースになるような、華北開発構想を早くも昭和九年くらいから立てていた。つまり対中姿勢は統制派のほうがずっと強硬だったというわけです。その伝でいけば、山本の主張にもあるいは一理はあると言っていいのかもしれませんがね。

保阪　しかし統制派が「英米その他と計らい」は、いくらなんでもないでしょう。「眞崎陸相、山本（英輔）海相、そして近衛首相なら日支事変は防ぎ得た」も、突飛なｉｆと言わざるを得ません。いずれにしても、海軍上層部で陸軍と結びついていた人はこの山本英輔、そして加藤寛治くらいでしょうか。

半藤　海軍の政治的軍人は、五・一五事件のあとだいぶ粛清されましたからね。

保阪　二・二六事件には、海軍は基本的に関係なかったというふうに断定してよさそうですね。

半藤　加藤寛治にしても前年に後備役になっていて、もう現役を離れていましたからね。もう一つ二・二六事件関連で面白いのは、眞崎勝次の話です。ごぞんじのとおり叛乱幇助（ほうじょ）で起訴される陸軍大将眞崎甚三郎は勝次の兄でした。眞崎勝次はこのとき大湊（おおみなと）要港部司令官、少将です。

保阪　眞崎勝次の主張はもっぱら二・二六事件に関して、でした。要するに兄も自分も多大なる誤解を受けているという憤懣がそこにはある。かなり面白いことを言っていますね。

当時の海軍大臣は永野［修身］大将、次官は長谷川［清］中将、私は事態を憂慮のあまり、「この事件は処置をあやまると大変なことになる。全国に騒動が拡がる虞（おそれ）があるから慎重を期せられたき旨」三度海軍大臣に具申した。蹶起将校を激励するような電報を打った事実は全然ない。これは、為にせんとするものが故意に事実を捏造（ねつぞう）したものか、あるいは不逞の輩（やから）が私の名義を以って偽電を発したものであろう。

事実そうなのでしょう。これなど「言わずに死ねるか」というような感じですね。眞崎勝次は自己弁護のみならず、兄甚三郎の残した手記まで提供して、それを末尾に掲載させました。

半藤　二・二六事件が収束すると陸軍は粛軍人事を行い、皇道派を放逐しました。軍事予算拡大を実現し、事件後に生まれた広田弘毅内閣では陸軍大臣現役武官制を復活させる。陸軍の青年将校たちが企図したままではないにしても、ある意味彼らが望んだ軍事主導体制にもっていった。このとき陸軍が閣僚人事にさかんに横車を入れています。広田弘毅内閣組閣時の問題については、眞崎勝次がつぎのようになかなか鋭い論評を語っているんです。

昭和一一年三月、広田「弘毅」内閣組閣に当って、時の寺内「寿一（ひさいち）」陸相は武藤「章」軍務課長を連れて組閣の顔ぶれに異議を申し立て、自由主義者の内閣を拒否した。世間では、陸軍は二・二六事件と云う大不祥事を起したから自粛すると考えていたが、豈（あ）に図らんや、却って傲慢となり自分等の気に入らぬ人物を全部排斥した。同時に未だ二・二六事件に対する世間の恐怖心が醒めない内に、軍部大臣の現役制を復活した。これで、陸軍の希望せぬ内閣は完全に出来ないことになり、また意に充たなければ陸軍大臣を退かせて、内閣は何時でも潰すことが出来るようになった。当時政党出身の閣僚四人もいてこれを黙認したことは重大責任であり、政党もこれで自滅の道を招き、議会もまた何の権威もなくなり、単に軍閥政府の責任転嫁引受所となった。そのとき以来、日本の権力は全部軍部即ち陸軍軍務局の手に落ちた。

まさにそのとおり。おっしゃるとおりなんです。寺内陸相が拒否したという自由主義者とは吉田茂と下村宏のことです。広田は吉田を外務大臣にしようとしたのですが、〝君側の奸〟牧野伸顕の娘婿で親英米だからダメだと蹴った。下村を拓務大臣に据えようとしたら、アイツは自由主義的な朝日新聞出身だからダメだと抵抗しました。これを広田弘毅は呑んでしまったのですがね。

保阪　海軍は、そのことについていっさい口出ししていませんね。

半藤　基本的に海軍は、政治の駆け引きに関わらないということを金科玉条としていました。米内光政内閣が昭和十五年七月に倒されるときだって、海軍は抵抗を示さなかった。

保阪　そうですよね。陸軍は陸相の畑俊六を辞任させて英米協調路線をとる米内内閣を倒した。このときも海軍が怒ったとしても不思議ではなかったのですが。

半藤　そう、「陸軍この野郎めッ」と言いたくなると思うんですが、言わなかった。

保阪　これ以降、もう政治家は陸軍の意向には強く対抗できなくなっていました。統帥権干犯問題から、テロの恐怖が政界を萎縮させていたのだと思います。統帥権については眞崎勝次もつぎのように論評を加えていました。

参謀本部と海軍の軍令部が統帥の元締めとして政府の管理外にあり、政府の指揮監督を受けずに独立して存在したことが、日本の特異性で外国には例を見ない制度である。帷幄上奏権を持ち政治の圏外に立ったことが、軍部が特権をほしいままにした原因となった。

これまたそのとおり、ですね。眞崎勝次は一般的にはあまり知られていない人なので、経歴をざっと押さえておきましょう。海軍兵学校は三十四期です。大正十二年に軍令部参謀となって外国情報の分析を担当する第三班勤務となる。ここでソビエト研究を行っています。大正十四年には北樺太に出張したり、ソ連在勤大使館に勤務したりしていますね。昭和十一年の二・二六事件の後すぐ予備役になって海軍を去っている。

半藤　明らかに兄貴の件で、トバッチリを受けてそうなったのでしょう。それこそ本人が抗弁した激励電報の一件なども排斥の理由にされたでしょうしね。眞崎勝次はその六年後、昭和十七年四月の翼賛選挙で衆議院議員になっています。戦後は昭和三十年に衆議院議員に再選されました。

保阪　もうひとつ、ちょっと気になったことなのですが、鈴木貫太郎、斎藤実、岡田啓介、海軍ＯＢというか長老が狙われたことに対する怒りのようなものを、証言のなかからはほとんど見いだすことができませんでした。

半藤　三人とも条約派ですよね。艦隊派からすると、軍令部令には反対する、ロンドン条約は賛成する、条約脱退には反対すると、この長老たちはとんでもねえ、という思いがあったでしょうなあ。

保阪　しかしそれにしても、です。本心はどうあれ、組織の長老でかつ功労者に対して陸軍はとんでもないことをしてくれた、と腹を立てても不思議ではないです。たとえば若い参謀でも士官でも、怒って永田町へ乗り込んでいくというような話があるかと思ったら、まったくないですね。

半藤　ただ下のほうでは、海相時代の米内光政に秘書として仕えた実松譲が怒ったというようなことを書いていますけどね。しかし、基本的には陸軍のことには我関せずというのが海軍の姿勢なのです。つまり、それほど仲が悪かったというわけです（笑）。

保阪　そうですね。実松さんにはなんどか会って話を聞いたのですが、陸軍は病根を摘出しようという意思がないから、こんな事件は起きるといっていましたし、要するに昭和軍閥をつくるためのクーデターだろうという考えのようでした。この事件を機に海軍の軍人たちは、陸軍を軽侮するようになったと思う。大井篤もそういうことを認めていました。でも海軍部内の運動にはならないんですね。

半藤 少なくとも将官クラスは一切そういうことを言わなかった。

保阪 彼らにすれば、含むところがあるということなのかもしれません。

半藤 そのへんはちょっと微妙なところなのでしょうね。ともあれ、嶋田繁太郎は二・二六事件について得意そうに長々喋りましたが、いちばん最後に一つだけいいことを言っているんです。

軍隊と政治が結び付くと革命が起こり易(やす)い。しかし、兵力を以て改革を企てると云うことはいけない。軍隊は政治に関与してはならない。今後は軍隊を養う根本から堅めて行かなければならない。天皇なき軍隊において特に然りとする。将来は対外戦より対内戦が危ない。

「天皇なき軍隊」と言っているのですから戦後の自衛隊のことですよ。平時であっても軍隊はぜったい政治と一線を画さなければならない。この意見、正しいんですよ。しかし私は思わず読みながら笑ってしまった。あの無謀な戦争をおっぱじめた嶋田繁太郎にいわれる筋合いじゃねえな、と思ってね（笑）。

さて、帝都を震撼させた二・二六事件の二カ月後、四月十九日の新聞紙上で外務省がこんな発表をしました。いわく、「本日より外交文書には大日本帝国で統一し、実施している」。また、「皇帝と天皇が混用されてきたが、大日本帝国天皇に統一した」とも発表します。国際連盟を脱退して以来世界の孤児となったが、今後は威厳と権威にみちた重々しい国名で、列強との交渉にあたる、という決意を内外に示したというわけです。

日中戦争勃発

保阪　近衛文麿を首班とする第一次近衛内閣が成立したのが昭和十二年六月四日でした。その直後とも言うべき七月七日、北京郊外の盧溝橋付近で夜間演習中の日本軍と中国軍とが衝突します。七月九日の閣議では陸軍の派兵提案に米内海相が反対して不拡大方針が確認されています。事件発生の四日後、十一日にはいったん現地軍どうしの停戦協定が成立しましたが、ことは収まりませんでした。終息するどころか拡大してしまう。おなじ日、葉山にいた天皇は参謀総長の閑院宮を呼ぶのですが、このとき閑院宮は内地三個師団の派兵という政府の方針を報告しています。それは「威力の顕示」による「中国側の謝罪および保障確保」をしたいという陸相杉山元の提案によるものでした。

その日の夕方に首相の近衛が葉山御用邸におもむいて大陸派兵に関する上奏裁可を得ま

す。杉山陸相は後日、「三カ月くらいで片づけるつもりでおります」と天皇に上奏していますが、政府も陸軍も事態を甘くみていたわけですね。政府の派兵決定が現地の拡大派を勢いづかせてしまいます。抗日の意気あがる蔣介石軍は激しく抵抗して戦火はさらに拡大していきました。八月に入ると上海で交戦がはじまり、海軍が参戦。南京への渡洋爆撃を行い、九月にはやはり海軍が中国沿岸の封鎖を宣言しました。いよいよ日中戦争の泥沼に足を踏み入れてしまったのです。日中戦争はもっぱら陸軍が始めた戦争のように思われていますが、海軍の責任も少なからぬものがありました。

半藤　この時、海軍大臣は米内光政です。日中戦争開戦時に米内がどういう態度を取ったのか、米内贔屓の人はあまり喋りたがらないんです。ところが、事件当時軍令部第一課長だった福留繁がかなり喋っている。まあ言ってみればこの人は、自分も軍令部も戦局の拡大に断乎反対したという、自己弁護として喋っているのですがね。まずは、陸軍の三個師団動員出兵に関する経緯をくわしく語っています。

　昭和一二年七月七日に突如として蘆溝橋事件が勃発した。八日現地軍から増兵を申請して来、九、十、一一日と三日間会議が続いた。第一日、杉山陸軍大臣は三個師団動員出兵のことに閣議決定を要請した。その理由は、我が駐屯軍は僅かに数千名で支那軍は二十万を下らない。これでは軍の自衛は勿論居留民の保護も覚束ない。少なくも支那兵五人に対し日本兵一名の割合の兵力が必要であると云うのである。

米内海相、有田外相は「出兵は大事に発展する惧れが多く、外交手段によって現地解決の余地があるので、いきなりの動員は手続き上穏やかでない」との理由で反対した。米内大臣は海軍省に帰ると、すぐ私を呼んで閣議の模様を話し、軍令部はどう思うかと尋ねられた。私は「これは大変です、三個師団も出せば収拾がつかなくなります。敵は宗哲元、韓復梁［榘］、閻錫山軍などいくらでも集中して来て、二十万にもなりましょうから、結局大戦争になります。

満州事変はとにかく日満だけですんだが、こんどは国際的紛争に発展します。日本は既に国際連盟を脱退し、ワシントン条約を破棄して孤立の状態にあります。幸い満州国は漸く既成事実となりかけている矢先、また日支事変を引き起こしたのでは収拾がつかなくなります。軍令部は御免を蒙ります」と答えた。

第二日の閣議で、杉山陸相は再び出兵問題を持ち出し、放っておけば日本人はみな殺しになる。居留民保護上出兵は絶対に必要だと強調した。米内、有田の両相は相変わらず反対した。近衛首相は米内海相の言う通りだと賛成しながら決をとらない。この日も閣議はお流れになった。

第三日に至って、杉山陸相は「出兵は北支に限定し、至短期間（三ヶ月）に局地解決する成算あり」と確言し、不拡大を条件として、漸く三個師団北支派遣の閣議が決定した。米内大臣は、帰ってから「北支派兵は陸上作戦のためであり、陸軍が責任を以て至短期間に局地解決をして拡大しないと陸軍大臣が明言したから、海軍としてはこれ以上反対する理由がないので同意したから、これに合うように用兵をやってくれ」と軍令部に伝えて来た。

三個師団もの派兵を閣議決定しながらそのいっぽうで「拡大をせず」などと言っていた。そんな矛盾がなぜまかり通ったのか、かねて疑問でした。米内さん、何を考えたのかとずっと思っていたのですけどね。これを読んで、米内はそうか、こういう理由で派兵反対をとり下げたのかと。ようやく合点がいきました。結局、杉山元に騙(だま)された。拡大しないと言って三個師団を派遣すれば、いったいどういうことになるかわかりそうなものを。まあ、易々(やすやす)と杉山に騙されるような米内も米内ですがね。

保阪　福留の証言、この部分はかなり重要ですね。

半藤　大事な部分です。

保阪　このとき福留は軍令部第一課長ですから、立場上、肝心要のところは承知していたわけですね。このあとさらに凄いことを言っています。

海軍大臣から、斯う決まったからこれに合うように用兵をやれなどと言われたって、そんなベラ棒な用兵が出来るものでない。事重大と考え、伏見宮軍令部総長は直ちに参内して、この出兵の前途の容易ならざる情況判断を直接天皇陛下に言上された。その要旨は「古来大義名分の立たない戦さは終わりを完うしません。満州事変以来とかくその種の戦さが多くなりました。今日の北支出兵の如きは如何に考えましても名分が立ちませんので、その前途については全く見通しがつきません。しかし、既に閣議が決定し御裁下になりました以上軍令部としては最善と信ずる措置を致します」と云うのであった。事実海軍は時局の悪化に備えて全力作戦準備を始めた。

派兵の裁可を与えた天皇に対して伏見宮がこれほど厳しい意見を言ったとは知りませんでした。こんな重大なことを福留はなぜ知っていたのでしょうか。

半藤　おそらく伏見宮から聞いたのでしょう。しかし、本当にこんな経緯があったのだろうかと、私は少々疑いたくなるんです。海軍は自己保身が上手ですからね。

保阪　なるほど、そういう見方もありますか。おっしゃるとおり、これは軍令部の弁明でもありますし、『昭和天皇独白録』にそういう話がまったく出て来ないことを考えると、伏見宮のつくり話ということもあり得ないことではない。このあと福留は、上海に飛び火してからのことも語っています。

蘆溝橋事件が勃発すると、翌八月一四日には上海に飛び火して彼我交戦し、即日海軍の渡洋爆撃が始まった。

上海周辺には蔣介石の二十万の直系軍がおり、二万の在留邦人と三千の陸戦隊はその重囲の中に孤立した。その上、米英ソ連製の飛行機三〇〇余機が中支に配備されていたから、事態は極めて急迫して危機一髪と云うところであった。

半藤　上海で日中両軍が砲火を交えることになると、主役は海軍陸戦隊です。軍令部がちゃんと作戦を組んで命令しないと出先の部隊は動けませんから、もう伏見宮とてカッコいいことなど言っていられなくなります。

保阪　渡洋爆撃についても福留はかなりくわしく語っていますね。そしてかなり弁解がましい。まずはアメリカへの批判からはじまっています。

航空戦に関する国際法はまだ一定の結論に達していなかった。米英の海洋国家は、航空戦の性質上攻撃目標を軍隊や軍事施設のような軍事目標に限定することは実行不可能であるから、航空戦に限って無差別爆撃も止むを得ないとの立前をとっており、独仏のような大陸派は、航空戦と雖も攻撃目標を軍事施設に限定するのは人道上当然であると主張し、日本は海洋国でありながら後者の解釈に従った。実際大東亜戦争を通じて、日本は最後までこの解釈を守り続けたが、アメリカは徹頭徹尾、無差別爆撃を行い、最後には原子爆弾まで加えて来た。

とまあ主張しているわけですが、中国側から言わせればとんでもないことでしょうね。赤ん坊が一人廃墟の中に座って泣いている写真が報道されて、日本軍が無辜(むこ)の市民を苦しめていると、アメリカで日本への批判が一斉に巻き起こりました。

半藤　ですからこの弁解の裏には、戦後東京裁判で、戦略爆撃、いわゆる絨毯(じゅうたん)爆撃をはじめたのは日本海軍であったとして弾劾されたことが強く影響していると思います。弾劾されたのは、南京渡洋爆撃ではなく昭和十三年十二月からはじまる重慶(じゅうけい)爆撃のことなのですがね。もっとも福留もこのとき誤爆が多かったことは弁解まじりに認めている。

アメリカが日本に加えたジュータン爆撃など云うことは、日本では全然考えておらず無論実施もしなかった。こんな風であるから、海軍は非軍事目標に対しては誤爆をしないよう厳重に命令し、そのため当初の渡洋爆撃の如きは、目標確認のため低空飛行を余儀なくされ、被害を大にしたような例は枚挙に遑(いとま)がない。殊に対外関係が次第に悪化している際だから、第三国の権益に対しては当該国から資料や情報を出してもらったり、国旗を屋上や庭園に大きく表示して貰うなど、出来るだけ予防手段を講じていたのであるが、それでもいろいろ誤爆事件がおきて、グルー、アメリカ大使からだけでも百数十件の抗議が来た位だ。

保阪　いやはや、誤爆事件への抗議は百数十件もあったのですか。渡洋爆撃を決定するプロセスというのは、実際どうだったのでしょうか。

半藤　保阪さんの質問に答えているのが、戸塚道太郎です。戸塚道太郎は、事変勃発直後に編成された第一連合航空隊の司令官に任命される。当事者中の当事者でした。

さて、この作戦をふり返ってみると、いろいろの教訓を見出す。支那事変が始まって、上海が危ない、さあ出て行けと云うことになって、取るものも取りあえず出陣となったのであるから漸く出来上がって訓練まだ浅い中攻隊には、作戦に対する十分な訓練は出来てない。連合艦隊の演習には一度も出てない。第一に一連空としての戦策がない。これを作っている暇がないので各航空隊独自の戦法で思い思いにやった。

ちなみに「中攻」とは、正式名称は「九六式陸上攻撃機」。当時としては高い航続性能をもっていました。生みの親は航空本部技術部長時代の山本五十六です。しかし防弾装備に弱く、爆撃機としても未熟だったので中国側の戦闘機によく落とされました。そこで長距離を飛べる護衛の戦闘機が求められたことで、「零式戦闘機」、ゼロ戦が生まれることになるのですが、それはともかく。第一連合航空隊としては戦争プランがなにもない。それどころか訓練さえろくにできてない。一連空、二連空が、統一プランなきまま各々勝手に渡洋爆撃をやっていたことがわかります。

保阪　泥縄だったとすれば、誤爆も自ずと発生したことでしょう。

半藤　戸塚はこう続けています。

木更津航空隊は大村に進出してから徹夜で大型爆弾（二百五十キロ）投下機を取り付けた。（中攻は二百五十キロ爆弾なら二個、六十キロ爆弾なら一二個搭載できる）百足虫の足のような投下機を取り付けて、飛行機の速力もかなり落ちて来た。全く火事場泥棒のような騒ぎで準備して、どさくさの中に第一回攻撃に飛び出したこととなった。

保阪　大慌てで準備した様子がよくわかります。

半藤　まあ、いずれにしても、上海に飛び火した瞬間に海軍の戦さになってしまった。

保阪　陸軍は満州で赫々たる戦果を挙げていましたから、やっぱり海軍も手柄が欲しいんですね。

半藤　それにしても戸塚道太郎は正直ですね。こんな率直な感想を述べている。

訓練の出来ていない部隊が不用意に戦に出ると、損害が大きいことを如実に体験した。訓練が出来て来るに従って、戦も上手になり損害が減って来る。普段稽古が十分出来てないことを、いきなり戦場でやることは、まことにつらいことである。渡洋爆撃が始まると、昨日も二機今日は三機と毎日不還機が出る。

保阪　そのあたりの事情は海軍中央、軍令部の立場で福留も語っています。

渡洋爆撃の中攻隊は段々損害が多くなって来たので、急いで掩護戦闘機をつけることになり、九六式陸攻と殆ど同じ頃に完成し既に量産に入っていた最新鋭の九六戦闘機（皇紀二六〇〇年兵器に採用通称零戦）を持つ第二連合航空隊を中支に派遣することになり、上海公大に大至急陸上飛行場を設営して、九月上旬から進出させた。……これによって攻撃機の被害は著しく減少して来た。戦闘機隊は中攻の掩護の外、屢々戦闘機隊のみの航空攻撃を行って著しい戦果を収めた。第二連合航空隊の九月一八日の第一次南京空襲は、我が二七機を以て米英ソ各国新鋭機からなる五十機と渡り合って、これを潰滅すると云う大戦果を挙げた。アメリカの飛行教官が舌を巻いて本国に電報したと云うのはこのときのことである。

こんなふうに武勇談を語っています。ただし、これは大間違いでして、二十七機で敵多数機と渡り合って潰滅させたのは十五年九月の重慶爆撃で、ゼロ戦の初陣のときでした。それに九六戦闘機はゼロ戦とはまったく別の戦闘機です。福留の航空に関する知識は最低ですね。それはともあれ、戦火が拡大していくなか、昭和十二年十一月二十日、宮中に大本営が設置されます。大本営とはつまり、「大元帥陛下のもと、戦時下の統一した統帥を補佐するための機関」です。

これは余談ですが、「大本営発表」は、太平洋戦争中八百四十六回あったんです。ござんじ「大本営発表」は、戦後「大嘘」の代名詞になりました（笑）。さて、大本営設置からひと月も経たない十二月十二日に起きたのが、揚子江に停泊していたアメリカ砲艦への誤爆事件、パネー号事件でした。海軍中央は大慌てに慌てることになります。福留はこれについても言及していますね。

ところが南京陥落の前日パネー号爆沈事件が起きた。このときは海軍省も軍令部も全く驚いた。……海軍機の誤爆によってアメリカの砲艦を沈めたとあっては、対米関係はどんなに悪化するか知れない。山本次官などは「こんな事故を起こす位ならいっそのこと航空攻撃を禁止した方がよくないか」とまで言い出した。しかし、爆撃を禁止しては作戦が成立しないから実行はされなかったが、それほど海軍当局は事故防止に真剣であった。

次官の山本五十六がパネー号事件を相当深刻にとらえていたかがわかります。この事件で米軍関係者三人が死亡、重傷者は四十八人にものぼるという大きな被害が出たこともあって、アメリカに対日戦争のきっかけを与えることにもなりかねない重大事でした。

半藤　それが事なきを得たのは長岡出身の二人に依るところが大きいんです。我が第二の故郷、新潟県長岡贔屓として申しますが（笑）。あの時ワシントンにいた斎藤博駐米大使と海軍次官山本五十六。いずれも長岡中学の私の先輩ですがね。まず謝った。事件の翌日、広田弘毅外相は斎藤駐米大使にハル国務長官への謝罪を訓令するのですが、斎藤はこの訓令を待たずに、いち早く四分弱のラジオ放送枠を買い取って全米中継で謝罪を表明しているのです。山本五十六も同日夕刻には、誤爆と断定して「米国に謝罪し誠意をもって責任をとる」という談話を発表して国内も押さえた。見事でしたね。

現地上海の第三艦隊司令長官長谷川清の対応も見事でした。事件翌日朝には米アジア艦隊に杉山六蔵参謀長を派遣して事件の発生を伝えて謝意を示しています。さらに『ニューヨーク・タイムズ』上海支局長を旗艦「出雲」に呼んで、相応の賠償をすることに言及したのです。長谷川は福井出身ですがね。

保阪　斎藤博の評判が上がったのは、これですね。

半藤　そういうことです。なんたって一気にやりましたから。

保阪　おさめ方としては見事でした。

半藤　彼らの判断の的確さ、処置の早さが功を奏したといっていいんじゃないですか。

保阪　福留も、アメリカ政府の抗議を受けての海軍当局の対応について述べています。

海軍当局はこの事件を極めて遺憾とし、直ちに誠意を以て陳謝すると共に、厳重な調査を行った。そして、どんな賠償にでも応ずる用意がある旨を表明した。……全くの誤爆であったことが判明した。しかし確認に慎重を欠いたために起こった出来事であったことを日本海軍は率直に認めて、各級指揮官をそれぞれ処罰した。

こうしてアメリカとの関係悪化については見事に抑えた。福留は、持ちネタが多いと言うのもへんですが、いろんなことを知っていますね。間違いも多いけれど（笑）。

トラウトマン和平工作に反対した米内

半藤　このパネー号事件のときとくらべて、トラウトマンの仲介による蔣介石との和平工作のときの海軍、とくに米内は、ほんとうにどうしちゃったの、と言いたくなるような感じでした。さてその話をする前に、事態の推移についておさらいをしておきましょうか。

首都を落とせば勝利であるという古典的な戦争観にのっとって、日本陸軍はとにかく南京めざして進撃をはじめる。けれど首都は落ちても戦争は終わらない。蔣介石は漢口へ首都を移して戦いを続け、共産党軍も北部からチョッカイを出してくる。長期消耗戦にひきこまれてはたまらないと、さすがに日本政府も軍部も、なんとか戦争を終結させようと実はそれ以前から密かに和平交渉をはじめるわけですね。なかでもいちばんの好機が昭和十二年の秋にはじまった、在上海のドイツ大使トラウトマンによる和平交渉でした。日本政府は彼の和平斡旋案を受け入れて、初めは中国側も受け入れるかもしれない条件を提示します。ところがその直後の南京陥落で勢いづいてしまい、和平条件のハードルをぐんと上げて再提示した。しかも日本政府は期限つきの回答を蔣介石に求めたのです。

保阪　ところが蔣介石は期限が過ぎてもなかなか返事をよこさなかった。ドイツを通じて催促したら、昭和十三年一月十三日にいたってようやく国民政府外交部からトラウトマン大使に申し入れが入ったと、こういう経緯でしたね。ところがそれは回答ではなくて、日本の条件は範囲が広すぎるからもっと詳細な内容が知りたいというものだった。そこで日本政府は態度を硬化させてしまいます。翌十四日に開かれた閣議で広田外相は、「中国側に誠意なしとの結論に達した。よってこれを拒否する」と述べて参謀本部を慌てさせる。

その翌十五日に開かれた連絡会議では、陸軍の参謀次長の多田駿(はやお)が政府に対して交渉継続を激しく主張します。

半藤　このとき多田駿は涙を流さんばかりの熱っぽさで訴えたようですね。

保阪　ええ。多田はこのときのことを、こう手記に残しています。「常に普通は強硬なるべき統帥部がかえって弱気にて、弱気なるべき政府が強硬なりし奇怪に感ぜられるも事実なりし」

半藤　政府サイドは、外相の広田弘毅と海相の米内光政がなぜか強硬だった。あろうことか米内は、多田参謀次長が譲らないのをみて、「参謀本部側が外務大臣の判断を承認しないということは、政府を信用しないということを意味する」などと言って、要するに政府の辞職さえほのめかして押し切ろうとしたんですよ。南京陥落の翌月の昭和十三年一月、近衛内閣は「爾後国民政府を対手とせず」と声明を発して、和平の可能性を潰してしまいました。長谷川清がこんなことを言っています。

> 現に戦をしている蔣介石を相手にしないと云うのは何としてもおかしい。これでは支那事変が納まる筈はない。米内大将は海軍大臣としてまことに偉い人だと尊敬しているが、国務大臣としては物足りない。米内大将は海軍大臣としてこの職責に対して極めて忠実真剣であったが、海軍大臣の所掌以外のことには消極的態度をとったようだ。しか

し、海軍大臣と共に国務大臣であることを忘れてはならない。強く反対の態度に出なければならないところであったと思う。

米内批判に口を噤む人が多いなか、長谷川清はビシッと言いました。実際、当たっていると思いますね。戦争の相手である蔣介石を相手にしないというのでは、支那事変が収まるはずはない。閣僚の一人として米内は厳に反対すべきであったと言っているのです。

保阪 陸軍関係者の多くが「米内には海軍はあって国家はない」と言っていました。天皇の信頼も篤かったことを思えば、このとき米内は国務大臣の一人として大局に立った判断をすべきでした。このあと日中関係はもはや話し合いの余地のない最悪の事態へとなって、日本は泥沼の戦争から足を抜けなくなってしまいました。

半藤 多田駿はじめ陸軍参謀本部は堀場一雄（かずお）、高嶋辰彦（たつひこ）、そして天皇の弟宮の秩父宮からも、蔣介石の回答を待とうという慎重論が出ていたのに、惜しいことをしました。戦争終結の一大チャンスだったんです。このときは陸軍側が和平を求め、政府と海軍が戦争継続方針をとったのです。

保阪 僕は、蔣介石の右腕だった国民党の陳立夫（ちんりつふ）から直接トラウトマン和平工作のときのことについて聞きました。平成二年（一九九〇）六月、台湾でのことです。陳立夫はトラウトマンによる停戦交渉の折衝担当でしたから、まさに国民党側の当事者でした。

これは昭和十二年十二月に入ってまもなくのこと。陳立夫はトラウトマンにこう提案をもちかけたというのです。「現在の日本を変えるには、あなたの国（ドイツ）の力がなければだめだ。つまりドイツと我われと日本が、大同団結してしまうことです。そして赤い帝国主義と白い帝国主義を倒そうではありませんか」と。赤は共産主義のソ連、白は植民地主義のイギリスのことです。トラウトマンは陳立夫のこの構想を、ドイツ外務大臣のリッベントロップに宛てて電報を打った。その電報はいまもドイツの外務省に残っているはずだと陳立夫は言いました。

いままで戦っていた日本軍と中国軍が、ある日突然、矛先を変えてソ連に向かって進軍を始めたとしたら、そして西からはドイツ軍がソ連に攻め込んでいたとしたら、「そのスピードと意外性にソ連は対応できなかったはずだ」と陳立夫は僕に語りました。ソ連を倒したあと英国の政権を倒し、英国が支配していたアジア、アフリカの国々を解放することになる、と。陳立夫は「この案が実行されなかったのは、なんとしても残念でした」と繰り返し語りました。この提案は中国国民党や国民政府の公式の政策として表向きに提案したものではなかったし、トラウトマンから日本側に伝えられることはなかった。というのもトラウトマンは、日本側に伝える前にリッベントロップ外相に報告した。リッベントロップがヒトラー総統に相談したところ一蹴されてしまったのだそうです。トラウトマンが更迭されたのは、この一件のせいではないかと陳立夫は語っていました。

半藤　そうでしたか。もし石原莞爾がこの陳立夫の構想を知ったらどうだったでしょうか。大いに関心を示したかもしれませんねえ。じつはトラウトマン和平工作については謎が多いんです。陳立夫の構想とも若干関連するようなエピソードなのですが、このとき政界上層部に、ある穏やかならざる噂が流れていたということが、『荒木貞夫日記』に記されているのです。参謀本部が蔣介石との和平締結を急いでいるのは、ソ連と戦争を始めようとしているからなのではないかと、首相の近衛が荒木に言い、荒木が陸相の杉山元を問いつめている。荒木は二・二六事件のあと予備役になっていましたが、このとき参議として復活しているのです。荒木は参謀本部にでかけて行って、お前たちは中国に白旗をあげさせる自信がないのか、それとも対ソ戦をはじめる気なのか、いったいどっちなんだ、などと追及していました。ソ連にむかって無謀な戦争を始めてしまうくらいなら、中国で泥沼に足を取られていたほうがいいと、政界上層部と陸軍統制派が考えた可能性は否定できません。

保阪　参謀本部作戦課戦争指導班の連中は間違いなく中国戦線の事態をおさめようとしていました。ところが広田弘毅外務大臣が陸軍を突っぱね、米内が広田を応援したのです。このとき参謀本部は、作戦部長の座を追われた石原莞爾の意見に同調するものが多かった。参謀次長の多田駿、作戦課の今田新太郎（しんたろう）、堀場一雄ら不拡大派の考え方には、対ソ戦重視の戦略がありました。それを忘れてはいけません。みな石原莞爾ジュニアでした。

海南島攻略作戦と北部仏印進駐

保阪　読んでいてすごく腹が立ったのが、草鹿龍之介の「海南島攻略作戦」の項。ひとまず紹介します。

昭和一四年二月に海南島攻略作戦が実施された。海南島は将来日本が南方に伸びる足元としてこれを重視していたし、当面する南支作戦の準備として、飛行場獲得の上からも広東攻略に引き続き返す刀で一気にこれを攻略すべきだと云うのが私の意見であった。しかし、始め陸軍はそんな作戦上の価値もないところへ兵力を注ぎ込むのは反対だと言っていたし、海軍省も好まない軍令部にも熱がなかった。近藤［信竹］次長などは今度俺が第五艦隊長官になったときのために残しておけなどと冗談を言っていた。

海南島には鉄、錫（すず）、ゴムなどの資源が莫大なものだと噂されていたが真相は解っていなかった。

ごぞんじのとおり、海南島攻略は、陸軍が行った同年六月の天津（てんしん）での英仏租界封鎖事件とともに、アメリカを怒らせて日米通商航海条約破棄に導いた一因となりました。当初、陸軍も海軍省も軍令部も、これに反対していたと草鹿は語っています。

> 私は本作戦を実施するためには、先ず参謀本部を陥落させねばならぬと思って、屢々その必要なる所以を説明したが参謀本部は承知して「それは尤もだ。只陸軍省が文句を言うので困る」と言う。そこで「海南島を占領しても陸海軍共に政治的経済的地盤は造らない。」と云うことに証文を書いて両課長の印判を押した。陸軍省も遂に承知した。それから軍令部を纏め海軍省を承知させた。

戦後にいたっても草鹿には、自分の提案が実施されたことによって、日米関係の悪化を招いてしまったという反省が微塵もありません。自分が頑張って説得にまわって、やがてアイデアが認められてどうのと、自慢タラタラでしゃべっています。

半藤　草鹿はたしかにそんなふうに言っていますが、いずれにしても海南島は南進するにはもっとも重要な拠点ではあったんです。

保阪　もちろんそうです。とりわけ海軍にとっては、港を軍港として整え飛行場をつくればこの島は、〝不沈空母〟となるわけですからね。

半藤　海南島は地政学的にも絶好の位置にありました。仏領インドシナ半島を目の前にしてフィリピンを背後に抱えている。だからこそアメリカを怒らせることになったわけですがね。

保阪　海南島を押さえるという方針は、仮想敵国の順位を変更したことによる決定でもありました。二・二六事件後に誕生した広田弘毅内閣が、昭和十一年八月十一日に閣議決定した「国策の基準」の冒頭第一項にはこうある。「東亜大陸に於ける帝国の地歩を確保すると共に南方海洋に進出発展」すると。さらに「国防は米国およびロシアを目標とし、併せて支那、英国に備う」としました。

半藤　陸海双方から血の気の多い下僚がガンガン言ってきて、広田がどっちの顔も立てたせいでそうなったのでしょう。でもまあ、海南島は前から欲しかったのではないですか。

保阪　草鹿が語っているように、海南島攻略はほんとうに一参謀の運動で決まっていったのでしょうか。高松宮も関心をもっていたというような話もありますが。

半藤　こと海南島攻略に関しては、一参謀の動きによって決まったなどということはないでしょうね。私はもっと上からだと思います。はからずも草鹿がこう言い添えています。

　某日次長室に行ったら次長は外出不在で平田（昇）侍従武官が来て待っていたが「お上は海南島には興味をお持ちになっている御様子だ、やり給え」と言われたので愈々自信を堅めた。

なんと宮廷方面からの意向があったことを窺わせているのです。

中国との泥沼の戦いに手を焼いていた日本は、蔣介石政権がなんとか頑張っていられるのは米英ソなどの諸国が軍需品などの援助物資を、背後から輸送しているからだと考えました。それを援蔣輸送路、援蔣ルートと呼んだわけですが、そのひとつに仏領インドシナ（現・ベトナム）からの仏印（フランス領インドシナ）ルートがありました。折からのドイツの電撃作戦で宗主国のフランスが降伏すると、さっそく日本は強圧的にこのルートの全面閉鎖をフランスに承諾させてしまうのです。あとは外交交渉によって相互協定を結ぶ、という段階まできた。

ところがこのとき、参謀本部の作戦部長富永恭次少将と、南支那方面軍参謀副長の佐藤賢了が割り込んでくる。時間がもったいない、平和的進駐などくそ食らえとばかりに、強引に軍隊を越境させると、たちまちフランス軍と衝突が起きてしまう。すなわち北部仏印進駐です。

保阪　満州事変以来、既成事実さえつくってしまえばあとはどうにかなる、という陸軍の横暴さがもろにでました。

半藤　ですから平和的外交交渉のため苦心をしていた現地の責任者が窮地に立たされてしまうのです。怒った在ハノイの西原一策少将が東京に打った電文「統帥乱れて信を中外に失う」は、昭和史に残る名言となりました。これが昭和十五年九月二十六日のことでした。

保阪　まるで推し測ったように、その翌日、九月二十七日に日独伊三国同盟が締結されるのです。昭和天皇は心配して「ドイツやイタリアのごとき国家と、このような緊密な同盟を結ばねばならぬことで、この国の前途はやはり心配である。私の代はよろしいが、私の子孫の代が思いやられる。ほんとうに大丈夫なのか」と首相の近衛文麿に聞いていました。近衛は「ご心配ありません」などと答えているのですが。

半藤　折からドイツ国防軍の電撃作戦が世界戦史に見られぬほどの鮮やかさを示しているときでしたから、日本国中それに幻惑されて「バスに乗り遅れるな」が挨拶代わりのようなありさまでした。ただ、仏印に出ていくと、アメリカもイギリスもこれを黙って見逃すはずがない。関係悪化は目に見えているから、じゃあ、やめるかとなると、中国との戦さを勝ち戦さで終わらせるためには援蔣ルートを断ち切りたい、と、まあジレンマなんですよね。海軍とて、いざ英米と戦さとなればシンガポール、フィリピンを攻略するためにもその重要基地として仏印は押さえておきたい。宗主国フランスが潰されているから絶好のチャンスなのですよ、確かにね。

保阪　だからこそ慎重に、ドイツに降伏したフランスのヴィシー政権と平和裡に話をつけるというかたちをとった。

半藤　話し合いがうまくついたと思った瞬間に、陸軍のドンパチなのですよ。

保阪　海軍にも思惑があるけれども、陸軍に引っ張られたというところが大きかった。

半藤　ええ、やはり陸軍に引っ張られたんですね。海軍は外交交渉の成立を待っていたわけですからね。陸軍にだまされた恰好となりました。ちょうどこのときに、大井篤が第二遣支艦隊の参謀として現地に行っているんです。陸軍はなんて無謀なことをやってくれたのか、と、大井篤はよほど頭にきたのでしょう、この一件について痛恨の思いを込めて『統帥乱れて　北部仏印進駐事件の回想』という本を書いています。

保阪　陸軍の北部仏印進駐は、海軍は大井篤に限らずみんなが頭にきているんですね。ここに登場した人たちも、それぞれ憤懣をぶつけています。特に第三連合航空隊司令官だった寺岡謹平は「これは海陸協同作戦に一大汚点を残した大事件で私の耳目に映じたところを一通り話してみよう」とはじまって、延々とまことにこと細かく経緯を語りました。軍令部第一課長だった中沢佑は、事後の処分について言及した。

北部仏印の武力進駐は陸軍の責任問題を惹起こし、方面軍司令官、師団長、連隊長、大隊長等多数の幹部が処罰された。海軍の強硬なる反対に対し「これは友軍を見殺しにするものだ」と、陸軍では大いに不平であったようだ。私は「このように陸海軍が大喧嘩をするようでは、今後円満なる交渉は望めないから辞めさせて頂きたい」と近藤［信竹］一部長にまで申し出たが慰留された。

それで佐藤賢了も富永恭次も一時謹慎させられるけど、ほとぼりが冷めると逆に偉くなっていくのですからね。

半藤　謹慎もあてにならないんだ、陸軍の場合は。

保阪　北部仏印進駐というのは、海軍の政策が現実的に明らかに陸軍と齟齬をきたすようになった、いわば決定的な事件と言えますか。

半藤　それはあると思いますね。こういう武力進駐をされてしまったせいで、いやでも米英と衝突せざるを得ないという方向へ引きずられてしまった。

保阪　衝突となれば、直接向き合うのは海軍ですからね。それだけに緊迫感あるいは陸軍に対する怒りが強いということなのですね。

半藤　寺岡謹平の詳細報告によれば、現場にいた海軍の「高須［四郎・第二遣支］艦隊長官は護衛隊指揮官に対し『陸軍が聞かなければ離脱せよ』と命じたので護衛隊は離脱して海口に向った。斯のように海陸協同作戦は西村［琢磨］兵団の背信行為によって完全に破壊されてしまった」と。海軍からすると、戦後もなお許しがたいことだったのでしょうね。

海軍内の日独伊三国軍事同盟賛成派

半藤　つぎに三国同盟について見ていきます。北部仏印進駐が思いもよらぬ武力沙汰となって軍令部がゴタゴタしているときに、海軍省のほうでは対英米強硬派の主導によって三国同盟締結に踏み出していました。海軍大臣は新任の及川古志郎、海軍次官が豊田貞次郎、軍務局長が阿部勝雄、第一課長が矢野英雄、担当局員柴勝男。次官以下の連中がガンガンやり出した。海軍としては大事なところですから、いろんな人が喋っています。

保阪　証言を見る前に、ひとまず三国同盟をめぐる経緯を押さえておきましょう。時間が多少前後してしまいますが、前段からのつながりから見直したほうがわかりやすいと思います。

そもそも三国同盟締結に向けての動きは、昭和十三年夏頃がそのはじまりと言われています。トラウトマン和平工作の関係もあって、ナチス・ドイツが日本に急接近。日独防共協定を拡大強化して軍事同盟に切り替えようと強く申し入れてきます。ソ連を仮想敵としている陸軍はこれに乗った。しかしドイツの要求は対ソのみならず、イギリスとフランスをも対象としたい、というものでした。英仏と敵対することは対米関係の悪化につながる。対米英協調路線の海軍はこれに抵抗しました。

そこで陸軍は外務省に圧力をかけた。同盟に反対の駐独大使東郷茂徳を更迭して推進派の駐在武官の大島浩をドイツ大使にして、イタリア大使におなじく枢軸派の白鳥敏夫を据えるのです。陸軍と外務省親独派が、海軍と対立して大揉めに揉めることになりました。嫌気がさした近衛は年明け一月四日に内閣を放り出してしまう。近衛のあとを受けて一月に成立した平沼騏一郎内閣の五相会議は、五相とは首相、陸相、海相、外相、蔵相のことですが、一月から延々三国同盟問題を議論しつづける。「平沼が一斗の米を買いかねて今日も五升買い明日も五升買い（五相会議）」と川柳にうたわれるくらい、毎日やっていたわけです。

半藤　このあたりの経緯は井上成美の説明が明快です。井上が昭和十二年に軍務局長になったとき、ごぞんじのとおり次官は山本五十六、海相が米内光政でした。昭和十四年の三国同盟問題を語るとき、その対立構造は、保阪さんが説明されたとおり陸軍と外務省親独派対海軍、と語られることが多いのですが、その〝海軍〟とはつまり、米内、山本、井上の三人のこと。彼らをとりまく下僚たちは、さにあらず、であったことがわかるのです。

> 私の軍務局長時代の二年間は、その時間と精力の大半は三国同盟問題に、しかも積極性のある建設的な努力ではなく、唯陸軍の全軍一致の強力な主張と、これに共鳴する海軍若手の攻勢に対する防御だけに費やされた感あり、私は只米内、山本両提督の下働きをやったにすぎない。当時の第一課長は岡敬純大佐、主務局員は神重徳中佐いずれも枢軸論の急先鋒で、既に軍務局内で課長以下と局長の意見が反対なのだからまことに始末が悪い。
>
> 陸海軍の交渉回を重ねるに従い、論争の焦点は段々絞られて「独又は伊が戦争状態に

入った場合、日本は自動的に戦争に加担する」との条文一つに帰し、陸軍はこれでいいんだと主張するのに対し海軍は絶対反対で両方対立するようになり、また、その頃には、海軍の反対しているのは大臣、次官と軍務局長の三人だけと云うことも、世界周知の事実になってしまった。

山本次官が右翼からねらわれているとの情報あり、次官に護衛をつけ官舎へ帰る途順をいろいろ変えたり、秘書官が心配して、私に催涙弾でもお持ちになっては如何ですかと申し出たのもこの頃のことであった。

保阪　そのときは、もう軍務局長としての日常業務をこなせるような状態じゃなくなっていたわけですね。

半藤　そのようですね。部下の佐官連中がすごかったんですよ。ではテロの標的はというと、山本五十六一人に絞られていました。

保阪　陸軍の機密費で動いている右翼が連日海軍省にやって来て、「山本を出せッ」と騒いだようです。右翼団体や同盟締結を求める国会議員の対応をしていたのが米内海相の秘書官だった実松譲です。彼に聞いたのですが、入れ代わり立ち代わりやってきた右翼団体の連中は、どれもおなじ抗議文を読み上げていったのですって。陸軍がそれを書いているなとすぐにわかったそうです。

半藤　山本五十六もさすがに死を覚悟して、毎日少しずつ身のまわりのものを片付けていました。やがて次官室には私物がひとつもなくなったという。五十六さんが密かに遺書をしたためて次官室金庫におさめたのが昭和十四年五月三十一日のことです。

しかしこの三人は断乎として譲らなかった。井上から「枢軸論の急先鋒」と名指しされた岡敬純がこんなことを言っているんです。

　平沼内閣のとき（私は軍務局第一課長、米内大将は海軍大臣）陸軍省軍務課長岩畔（いわぐろ）［豪雄（ひでお）］中佐が軍務局にやって来て、三国同盟は滔々（とうとう）たる結論だと大いにその礼賛論を弁じた。そこで私は「ドイツは今ヒトラー独裁の世の中だ。ヒトラーが死んだらドイツはどうなる。そんな国と同盟を結ぶことは変だ」と言うと、彼は「そんなこと言ったら殺されますぞ」と如何にも意外気であった。

嘘なんですよ、これ。岡敬純が同盟締結に異論を唱えたり、あるいは慎重論を口にしたことなんか、ついぞなかったと思います。

保阪　続けて岡は「海軍では山本（五十六）次官が最も強硬な反対論者だと云うので陸軍から睨（にら）まれ、その行動を憲兵が付け狙うようになった。しかし、一般の世論は段々三国同盟は必要だと云う風に傾いて来た」と言っています。これは事実でしょうけれど、陸軍のみならず、彼らもずいぶんと新聞を焚きつけて世論誘導には一役買っていたわけですから、この言い草は気になりますね。

この年昭和十四年の六月十六日には、「国民精神総動員委員会」という戦時組織ができて、ネオンの全廃、中元歳暮の廃止、男子学生の長髪禁止、ついでに女性のパーマネントも禁止になっています。七月二十六日にはアメリカが、「日米通商航海条約を廃棄する」と表明し、日本政府と軍部に少なからぬ衝撃を与えるのです。要するにこれは、日本が中国におけるアメリカの権益に対して勝手なことをしているのに、なぜ我われが条約を守らなくてはならないのか、という制裁措置でした。

半藤　そして昭和十四年八月二十一日、日本のはっきりしない態度に業を煮やしたドイツが、突然ソ連との不可侵条約締結を在独大使に通告してきた。首相平沼騏一郎は「欧州の天地は複雑怪奇」と声明して総辞職しました。同盟推進派が顔色を失ったのは言うまでもありません。国内の相克(そうこく)は、いわばタナボタ式にいったん解決をみたわけです。その翌月九月一日、百五十万ものドイツ軍がポーランド国境を越えて進軍し、英仏が参戦して第二次世界大戦が始まった。できたばかりの阿部信行(のぶゆき)内閣は、「欧州戦争には介入せず、ひたすら支那事変の解決に邁進する」という声明を出しています。

保阪　こうして立ち消えになったのに、翌年昭和十五年の春、ナチス・ドイツ軍がヨーロッパで電撃作戦を開始すると再燃するのです。四月にノルウェー、デンマークを侵略し、五月にはベルギー、オランダ、フランスへとナチス・ドイツ軍の快進撃がつづきます。六月十四日にはパリを無血占領してフランスを降伏させている。夏には、最大の敵、イギリス本土に上陸か、というような勢いになりました。これを見た陸軍中央は、「日独伊三国同盟枢軸の強化」と「南方への進出を決意」という方針を策定します。後者についてはオランダ、フランスがインドシナにもっていた植民地に進出して資源を確保しようというものでした。

さて、『小柳資料』の証言を見ていくと、締結時の軍令部第三部長だった岡敬純に、小柳富次が「米内海軍大臣以来三国同盟に反対し続けて来た海軍が、及川大臣になって簡単にこれに合意するようになったのはどうした訳か」と、単刀直入な質問をしていました。

岡敬純が答えていわく、

　海軍としては、三国同盟に賛成すればアメリカと戦を覚悟せねばならぬと云う一線でやって来た。しかし、ヨーロッパにおける戦勢は圧倒的にドイツに有利で、この際バスに乗り遅れてはならないと次第に輿論（よろん）は同盟論に傾いて来た。ところで、スターマー［ドイツ外交官］の持って来た同盟条約文案を海軍側で修正して、独米が戦っても日本は独自の立場で和戦を決すると云うことにしたのだから、これ以上同盟に反対するポイントがなくなった。それで、嫌でも同意せねばならなくなり、止むを得ず納得したものであろう。

半藤　じっさいそのとおりなんです。しかしその「自動参戦の義務なし」という付帯条項は、スターマーとドイツ大使オットーが、ヒトラーやリッベントロップに相談することなく勝手な判断ででっち上げたものであったことが、現在では確認できています。海軍は迂闊にもだまされたのです。

保阪　三国同盟締結時の、吉田善吾海相の態度について、石川信吾がこんなことをいっていますよ。

　或る日、鈴木（貞一）興亜院政務部長から「海軍大臣の腹はどうだろうか」と云う話があり、私は九月三日吉田海軍大臣にお目に掛かって、私の知っている限りの三国同盟問題に対する諸方面の動きを報告したうえ「若し海軍大臣の腹が三国同盟に反対と決定しているのなら、陸軍を向うに廻して大喧嘩をやらなければなりません」と云うと、大臣は「この際陸軍と喧嘩するのはつまらない」と洩らされた。

　そこで「それでは三国同盟に同意することになさるのですか」と尋ねたが、大臣は「しかし対米戦争の準備がないからなァ」と言われた。私は「ここまで来れば理屈じゃなくて、何れをとるかの決心の問題であります。大臣の腹一つと思います」と言うと

「困ったなァ」と言って頭をかかえてうつ伏せになられた。当時、傍（かたわ）らにいた岡（敬純）軍令部第三部長がもう帰れと目くばせしたので私は退室したが、その晩吉田大臣は苦悩のあまり倒れて入院されたのであった。

石川信吾は「岡敬純が目くばせした」と言っていますが、これがくせもので、現実には……。

半藤　吉田を脅かしていたのだと思いますよ。短刀を突きつけた、という噂もあるくらいですから。このとき吉田善吾海相を囲んでいたのは岡と石川二人だけではない、強硬派連中がぐるりと囲んでいたと私は思いますがね。いずれにしろこの後吉田は神経衰弱になって倒れ、一説によれば自殺未遂をしたという話もあるのですが、それくらい参ってしまった。

保阪　石川がずるいと思うのは、さも鈴木貞一から言われて海相を訪ねたような言い方をしているところです。こういう言い方が石川のずるさであり巧妙さだと思いました。

半藤　いずれにしてもこの時、石川信吾ら佐官級の対米強硬派が、海軍大臣に対して直にガンガンものを申していたということ自体がおかしいんです。

保阪　下克上というか、組織としての正常な態を成していません。いわゆる「下僚からの吉田善吾への突き上げ」とは、この場面のことですね。

半藤　でしょうね。ところが吉田善吾の証言を読むと、ぜんぜん違うのです。

米内大将がある時「平時の大臣は中々よいものだよ」と云われたが、私が大臣になるとやがて欧州戦争が始まる。陸軍のやることは事毎(ことごと)に不愉快で頭が痛む。その上夏になって下痢を起こし、一層疲労が加わった。いろいろやらなければならないことに気がつき、頭は働くが実行する気力がなくなって遂に入院することになった。三週間目位から段々よくなって、月末には退院が出来た。これが、政略病ではないかなどといろいろ取沙汰された訳だが、そんなことはない。ほんとうに全身疲労の結果だった。九月五日に大臣辞職のときは、伊藤（整一(せいいち)）人事局長が辞表を持って来て病床でサインだけした。後任に及川が大臣になった。私は推薦はしなかった。

保阪　この言葉は額面どおりには受け取れません。吉田の答え方は、ここのところはかなり不誠実ですよね。海軍大臣としての責任をもって答えてほしかった。彼は、体が、体が、と言って逃げるけど、ほんとうはそうではなかったのではないか。

半藤　と、私も思いますがね。話せない事情があったのかもしれません。この発言はたしかに微妙なんです。海相人事は前任者が推薦をして、軍令部総長の伏見宮がオーケーすることによって成立する。ところが吉田は及川を推薦しなかったという。吉田が責任逃れをしていると見ることもできるのですが、べつの見方もできる。

保阪　海軍の三国同盟推進派がそういう慣例を無視したのか。あるいは吉田は病院に入っていましたから、もう当事者能力がないと見られていたのか。どうなのでしょう。

半藤　吉田の辞表のサインを取りに病院にまで押し掛けているのですから、三国同盟推進派の意思だったと見ることもできますな。

保阪　伊藤整一も三国同盟派ですか。

半藤　これがまた、微妙なところ。このときは人事局長ですが、こういう大事なときに選ばれた人事局長ですから、このとき伊藤整一も伏見宮様のお気に入りではあったのでしょうね。そして吉田が推薦しなかった及川古志郎が大臣になった途端に同盟が結ばれた。

保阪　いったい誰が及川を推したのでしょうね。

半藤　誰かわかりません。少なくとも吉田ではない。「私は推薦しなかった」というのですから。

保阪　これは重要な言葉ですね。

半藤　三国同盟について石川信吾はものすごく得意そうに語るんですよ。これは「日米衝突の原因」と題された項での発言です。

日本が三国同盟加入を拒否すれば、日米戦争がさけられ得たかの如く考えることは的を射ていない。日米衝突の原因は支那問題がその根本であって、三国同盟はそれから生まれた枝葉の問題である。たとえ、三国同盟を結ばなくとも、日本が支那事変完遂の方針を棄てない限り、太平洋戦争は何れ避け難い情勢にあった。

保阪　明らかに陸軍の側に責任があると言っている。

半藤　要するに「海軍が同意しなければ三国同盟締結には至らず、となれば日米衝突にはならなかった」などという論は間違いだと。そんなことは戦争の原因ではないと言う。陸軍が中国との戦争から手を引く事をやめなかったせいだ、という主張です。それは違うだろうと、私は思いますがね。石川信吾には、あの戦争は共産党の謀略によって引き起こされたという考え方があるんですよ。

保阪　昭和史の研究者のなかにも謀略史観の人がいます。共産党の謀略、あるいはルーズベルトの謀略。解釈はお好きにどうぞと思うけれど、しかしそういう解釈は成り立たないと僕は思います。石川信吾の解釈は、いわば「自分たちは悪い奴らの謀略に引っかかってしまった、責任は他者にあり」というような論法です。

半藤　敗戦後となっては「三国同盟に賛成だった」とは言う人はなかなかいない。そのことは隠すんです。ところがめずらしく山本英輔大将が率直に告白している。

私は昭和一四年平沼内閣の頃、日独同盟論につき閣議数十日遂に結論がつかなかった頃、同盟論賛成であった。私の考えでは、此の同盟によって英国が起つことを防ぎ得て、欧州の戦争を食止め得ると考えたからだ。ところが、一四年には出来なかった同盟が翌一五年近衛内閣になると、松岡外相の手によって短時間の間に出来上がってしまった。私は、前年意見書を呈した重臣方に対し祝辞を述べると同時に次のように述べた。

あろうことか予備役になっていた海軍大将までもが、重臣たちに同盟締結を進言していたのですね。証言はこうつづきます。

日独同盟は、昨年余の主張したところであるから祝うべきであるが、併し昨年とは全く情勢が違う。昨年は未だ欧州に戦争ができていなかった。それで、これを未然に防ぎ得ると考えて私は主張したのであるが、今や既に欧州に大戦争が起ってしまった。そこで、世界中にアジアの戦争とヨーロッパの戦争と欧亜に二大戦争が始まった。……もうこうなれば、日米の関係は益々切迫してきて結局衝突は免れない。日米戦争の準備をすることが緊急だと警告した。

保阪　山本英輔大将は一貫して強硬論だったことがわかります。海軍には要するに、上にも下にも山ほど三国同盟賛成論者がいたということですね。

半藤　昭和十四年のときは三羽ガラスが命をかけて抑えたが、三人ともその後中央を離れることになる。そして昭和十五年に、あれよあれよという具合に結ばれてしまう。いずれにしてもこのとき頑張るべきはずの吉田善吾海軍大臣が病気で倒れたことは大きかった。これに関連して面白い秘話を明かしているのは、またしても石川信吾です。

三国同盟に対して賛否何れとも腹を決めなければならない重大な時に吉田海相が倒れてしまったので、その後釜に来る人の責任は極めて重大であった。或る日、内閣書記官長［富田健治（けんじ）］から私のところへ電話があって「海軍大臣に及川大将と云う話があるのだが、海軍は大丈夫かい。これは近衛首相の内意である」。と云うことであった。この頃、一部の雑誌や新聞によく陸海軍の部内の派閥争いを取材した記事が載せられ、海軍には軍政派と艦隊派があるなどと書きたてたものだ。私なども加藤寛治直系の青年将校だなどと何度もそのリストに乗せられたことがある。……私は、世間が興味本位にこのような勝手な分析をやって、恰（あたか）も、海軍部内が二ツに割れているように宣伝されることは、これが原因となって、本当に海軍にヒビが入り統制の乱れる虞が多分にあると考えていたし、また。その傾向が顕（あら）われているとみていたのである。そう云う際であるから、首相が海軍大臣の後任に就いて、そのような意見を求められることは迷惑至極なことなので「若し私が及川大将では駄目だと言うたら選考し直すと云うことなのですか、それを先に承りたい」と答えた。「一寸待って下さい」と云うことで、暫く待たされてから「それではよろしいですから」といって電話を切った。

ちょっとわかりにくい文章なのですが、要するに「後任の海相は及川でいいか」と、わざわざ富田内閣書記官長が石川に電話をかけて聞いたというんです。富田は電話の向こうのだれかの意向を取り次いでいたのでしょう。どうやらその人物は近衛文麿らしい。それにしても、なぜ一国の総理大臣が海相人事について、興亜院政務部第一課長ごときにお伺いを立てなくてはならなかったのか。

保阪　いやはや驚きました。しかし石川は、重要な局面でこれほどまでに一目置かれるような大きな力を、はたしてほんとうに持っていたのかなあ。

半藤　しかもこのとき石川は、「若し私が及川大将では駄目だと言うたら選考し直すと云うことなのですか、それを先に承りたい」などと、ずいぶん威丈高なんです。富田は電話の向こうでだれかと相談し、「だったら結構」と慌てて引き下がり、電話を切ったという。まんざら嘘でもなさそうなんですよ。

保阪　たしかに石川は、近衛や富田とのつながりがないわけではないんです。この人は海軍のなかでは珍しい政治軍人で、勉強会や朝食会などにも頻繁に顔を出していましたからね。このあとの証言も興味深い。

私は、それによって及川大将が大臣候補に確立していることを知ったので、すぐに横鎮に電話し、及川大将に「明日近衛総理に呼ばれるようですが、問題は三国同盟をどうするかと云うことにあるので、それについての海軍の腹を決めた上でないと、大臣をお引き受けになっても拙(まず)いことになると思います。近衛総理にお会いになる前に、二十分で結構ですから、私の知っておる限りのことをお話しておいた方がよいと思います」と言うと、「それでは明朝東京に着いたら電話をするから海軍省へ来てくれたまえ」と云うことであった。

石川は、「大臣を引き受けるということは、イコール三国同盟に賛成するということなんですよ」と及川に念を押しているのです。さらには、近衛と会う前に直接の念押しをしたいとまで言っていた。

半藤 つまり、石川は自分の情報網をつうじて早くに後任大臣人事を知り、同時に自分も動いていたということでしょうね。吉田善吾をぶっ倒して、自分たちの言うことを聞く及川古志郎にすげ替えようとした。ものすごい算段です。

保阪 やったことは要するに、三国同盟推進派によるクーデターまがいの人事でしたね。

半藤　私も下克上的な工作があったことはいくらか知っていましたが、あからさまにこうまで喋っているのは初めて見ました。この人事のことは、ほとんどの海軍軍人が知らなかったんです。ちなみに、米内光政は予備役になっているし井上成美は支那方面艦隊参謀長として遠くへ行っちゃっているし、山本五十六は瀬戸内に行っているから何も知らなかった。

保阪　石川信吾は得意気に喋っているのですが、次代の者にはいろんなことを考えさせてくれますね。

半藤　政治軍人としての本音が透けて見えます。

保阪　それにしても、石川のこれらの大言壮語をすべて真に受けるとすると、石川信吾はたいへんな実力者ということになりますね。

半藤　本当の意味での実力者とは思えませんが、海軍にはいない珍しい政治的軍人ではあった。石川信吾には小柳富次もいろいろ質問したような様子が窺えますね。

保阪　もし石川の証言が一人歩きすれば、終戦へ向かう海軍の動きのなかで、石川信吾の役割が過大評価されないとも限らない。そこは少々心配です。

半藤　日独伊三国同盟が結ばれて、いよいよ対米関係が緊張するなかで、海軍中央では人事異動を行ってさらに体制を整えていました。

昭和十五年十月十五日に枢軸派急先鋒の岡敬純が軍務局長になりまして、おなじく富岡定俊が、軍令部の第一課長になったのが十月七日。軍務局長は海軍次官の下で政務上の実務をあずかる要職です。第一課長は国防方針と作戦計画を担うこちらも要職。三国同盟締結を推進したこの二人を重要なポストに据えたわけです。さらに岡敬純軍務局長の下に高田利種（としたね）大佐を軍務課長に起用。さらに新しく軍務第二課というものをつくりました。もっぱら政務を担うことになる部署ですが、石川信吾が課長になりました。海軍には、技術や作戦の鬼のような連中はたくさんおりましたが、政治的な動きをできる者がいなかった。だからいつも陸軍に主導権を握られてきたのだという反省がこのときあったのだと思います。

保阪　「政治的な動き」とは、わかりやすく言うなら、陸軍や政府、とくに外務省と話をつけることができるということですね。

半藤　ハイ、要するに政治工作を縦横にやることです。石川には若い頃、艦隊派首領の加藤寛治、末次信正がロンドン条約調印問題で政府に楯ついた当時、海軍省海軍軍事普及部委員として加藤らを助け、マスコミや野党政友会と裏で連絡をさかんにとっていた経歴があります。海軍部外の強硬派とのつながりは長州出身の石川の独壇場と言ってもいい。同郷の長州出身の松岡洋右と親しく、陸軍強硬派の田中新一少将ともツーカーだったんです。米内海相時代には、危険視されて中央には置かれずに、どさ回りめいた配置を転々としていたのですが、このとき復帰を果たした。

保阪　海軍は対米強硬で行くぞ、と決意したような体制となったのですね。

半藤　岡や富岡らがこれはと思う者たちを全員中央に引っ張ってきた。名前だけあげておきます。中原義正少将が人事局長、前田稔少将が軍令部第三部長、これは情報。それから大野竹二大佐が戦争指導部員、神重徳中佐が軍令部第一課、柴勝男中佐が軍務局第二課、これは石川信吾の下に入ります。藤井茂中佐は軍務局第二課、これも石川信吾の下。小野田捨次郎中佐が軍令部第一課、これは作戦課ですね。山本祐二中佐もおなじく軍令部第一課、木阪義胤中佐が軍務局第二課でした。

　ちなみにこのなかの岡敬純、石川信吾、中原義正、藤井茂が長州です。岡敬純は大阪生まれですが出は長州。それから高田利種、前田稔、大野竹二、神重徳、山本祐二、これが薩摩です。つまり、薩長の強硬派閥の揃い踏みです。

保阪　完全に薩摩・長州の勢ぞろいとなったのか。

半藤　それだけではありません。海軍は昭和十五年十二月十二日に、新たに海軍国防政策委員会［略称／政策委員会］をつくった。そのなかに第一委員会、第二委員会、第三委員会、第四委員会と四つの委員会ができるのです。第一委員会が政策、第二委員会が軍事、第三委員会が国民指導、第四委員会が情報。この海軍国防政策委員会が中心になりまして、昭和十六年の海軍の政策を引っ張っていくことになるわけです。とくに第一委員会の果した役割は大きかった。海軍の政策どころか、国の政策をあらぬ方へと引っ張っていった。

この第一委員会のメンバーが、高田利種、石川信吾、富岡定俊、加えて大野竹二が第一委員会の委員。幹事として親ドイツ組の、藤井茂、柴勝男、小野田捨次郎を加えました。第一委員会は、昭和十六年六月五日付で、「現情勢に於テ帝国海軍ノ執ルベキ態度」というとんでもない報告書を提出します。それは、三国同盟の堅持を主張して不敗の地位を築くためにはまず仏印占領を提唱、すなわち南部仏印への断固たる進出です。その結果が米英蘭による対日石油禁輸を引き起こすかもしれないが、その場合は猶予なく武力行使を決意する、という強硬な政策でした。石油の輸入を止められたら、あとはもう戦争しかないと、堂々と主張して毫も臆すところがなかった。

保阪　その後の日本の歩みを予言するようなプランだったわけですね。

半藤　さらにその報告書の結論はこうです。

（イ）帝国海軍ハ……直ニ戦争（対米含ム）決意を明定シ、強気ヲ以テ諸般ノ対策ニ臨ムヲ要ス。
（ロ）泰、仏印ニ対スル軍事的進出ハ一日モ速ヤカニ之ヲ断行スル如ク務ムルヲ要ス。

保阪　第一委員会は、開戦にむけてのエンジンの役割を果したと言って差し支えないようです。この人事はいったい誰がやったのでしょうか。

半藤　海相及川古志郎は飾り物です。ですから誰がやったかと問われれば、私は伏見宮だと思いますね。この危険な人事構想を恭々しく奉られて、よしよしとOKした。構想を練ったのは岡敬純や石川信吾以下の策士だとは思いますがね。

保阪　ロンドン条約調印騒ぎ以降、昭和八年あたりからの人事の流れからいえば、追い出すやつは追い出して、とうとう完成品ができあがったわけですね。

半藤　そうです。完成品とは、言い得て妙です。

保阪　開戦時の海相嶋田繁太郎など、完成品に乗せられたシャッポみたいなところもある。海軍という組織の図式がすべて絵解きされた感じがします。組織というのはある流れをもってつくられていきますね。

半藤　曲折はあるけれども、最後は、同志が集まるんです。それも薩長閥というところに妙がある。

保阪　そうなると、やることは決まってくるというわけですか……。

半藤　余計なことながら、陸軍側がこの第一委員会のメンバーをどう観察していたか、についてふれておきます。語っているのは昭和十五年十一月に大本営陸軍部参謀となり、以後開戦まで海軍との直接交渉に当たっていた原四郎少佐（当時）です。

「この時の軍務局長の岡敬純、軍務二課長の石川信吾――陸海軍を通じて最大の強硬論者であったところの石川信吾、軍務一課長の高田利種。軍務二課の国防政策担当の柴勝男、藤井茂。軍令部第一に直属、戦争指導担当の大野竹二少将、小野田捨次郎、大前敏一、軍令部第三部長の前田稔、まだご存命でありますが、これらの方々が主戦論者でしたね」

（雑誌『偕行』の大座談会「大東亜戦争開戦経緯」より）

第三章　真珠湾への航跡

ハンモック・ナンバー人事

半藤　昭和十五年（一九四〇）十月から軍務局長の要職にあった岡敬純が、外務省の寺崎太郎アメリカ局長とのあいだで起きた諍（いさか）いについて語っているんです。寺崎太郎は、野村吉三郎駐アメリカ特命全権大使を補佐して日米交渉にあたった、寺崎英成（ひでなり）のお兄さんです。太郎が『れいめい――日本外交回想録』という回想録を出しているのですが、それを読みますと、この頃の外務省というのは枢軸派がたいへんな勢力を誇っていて、その対米強硬姿勢たるや、もうどうにもならなかったことがわかる。寺崎太郎はアメリカ局長でありながら、外務省に登庁できずホテルに泊まり込んで、そこで仕事をしていたというのですからね。外務省アメリカ局内で孤立無援であった寺崎太郎が、局内の枢軸派のみならず岡敬純とも喧嘩別れとなっていたとは知らなかった。岡がこう証言しています。

寺崎アメリカ局長は私の知己で、アメリカと戦争はやってはならぬと強い信念を持っており、私も彼に共鳴していた。某日彼と日米関係に就いてデスカスし、偶々私が「日米戦争は極力これを避けなければならないが、アメリカがやって来たらしようがない戦をする外あるまい」と言うと、彼は憤然として席を去り、それ以来絶縁状態になった。

岡敬純はこんなふうにソフトに表現していますが、「以来絶縁」となったのですから、岡はそうとう激しく言ったのでしょう。これを読んで、『れいめい――日本外交回想録』にあった、寺崎の置かれていた逆境を思い出した次第なんです。また岡は、「陸軍は、日米交渉に就いては初めから気乗り薄であった」とも言っておりますが、この点はどう思いますか。

保阪　いや、僕はそうでもないと思います。陸軍は対米交渉をそれなりに熱心にやったと思っているんです。ふりかえってみますと……。

日米関係を和解に導く絶好のチャンスは、昭和十五年十一月に、カトリック僧のアメリカ人、ウォルシュとドラウトが突然日本にやってきて日米関係を改善すべく打開案を日本側に提示したことからはじまりました。これを土台に陸軍省軍務局軍事課長岩畔豪雄大佐と近衛の側近だった井川忠雄と、両神父によって昭和十六年四月に「日米諒解案」がまとめあげられました。この案の趣旨に政府も軍部も同意して、政府の訓令がワシントンの日本大使館に送られた。外務大臣から駐米全権大使に横すべりしていた野村吉三郎が、届いた諒解案をもとに米国国務長官、コーデル・ハルとのあいだで正式の日米交渉をはじめたわけです。おなじころ井川も渡米し、三月には岩畔もワシントンに赴いた。こうして三人の協力によって折衝がつづきました。

その諒解案の内容は、①日独伊三国同盟は防衛的なものであると日本が宣言する。②日中間の協定によって、日本軍が中国から撤兵する。③中国に賠償を求めない。④蔣介石・汪兆銘（おうちょうめい）両政権の合流を助ける。⑤中国は満州国を認める。以上の条件を日本が認め、アメリカは中国国民党政府との和平の斡旋をする。なにがなんでも日米間の日米通商航海条約を正常に戻したい日本にとっては、願ってもない好条件が盛り込まれた案でした。

野村大使は、ハルをはじめ米国政府筋が日本案に賛成との感触を得て、このまま交渉をすすめたいと電報を送っています。日米交渉に対する陸軍の態度は一枚岩ではなかったと思いますが、たとえば東條は熱心だったのです。

半藤　ところが、訪欧の旅から帰った松岡洋右が、自分が外遊しているあいだに進んだ日米諒解案を「陸軍の謀略」だと言って握りつぶしてしまった。しかも松岡はそのあと日米交渉の内容をドイツ大使に密かに伝えており、それがまた米国諜報機関によって察知され、アメリカからたいへんな不信を買ってしまいます。それによって日米交渉は暗礁に乗り上げてしまう。松岡の帰国から二カ月後の六月二十二日、ナチス・ドイツはソ連侵攻を開始。「敵の敵は味方」の法則に則って、ソ連がアメリカの側に入ってしまった。となれば、アメリカは大きな譲歩を差し出してまでも、日本を味方に引き入れる必要がなくなったというわけです。諒解案の内容は、日本にとってどんどん不利なものへと質を変えていき、妥協の可能性が遠ざかっていきました。

保阪　さらに日本は追いつめられていったわけですね。僕はこの時期の、つまり開戦にいたる時期の重要な会議の記録などを読むと、多くの若者を死に至らしめることになるとか、国家財政が破綻するとか、そういう具体的なファクター、つまり戦争が引き起こす事態の苛烈(かれつ)さと深刻さをあまり考えていなかったという印象をもちます。

半藤　たしかに指導層はそうだった、その印象はありますね。

保阪　この『小柳資料』に掲載された戦後の発言のなかでも、歴史のなかに位置づけて、この戦争の意味と責任を問うという姿勢があまり見られない。

半藤　海軍は責任がないとでも思っているのかね。

保阪　満州の権益問題なども他人事のようです。登場した人たちの多くが軍官僚だったせいでしょうか。栗田健男のように外ばかり回っていた人と、海軍中央の省部にずっといた人の分かれ目というのはどこなのですか。

半藤　成績です。成績のよろしくない人は海軍大学校に行かないので、そうすると現場回りとなる。よしんば海軍大学校へ入れても、海大での成績が悪ければ外の参謀です。

保阪　ということは、ここで中央のことを話している連中は海軍大学を優秀な成績で出て省部の軍官僚になった人たちということなのですね。

半藤　そのへんは陸軍よりはっきりしていますね。それに関連する挿話を紹介します。

機動部隊というものが発案されたのは、政府が対米交渉に大わらわとなっていた昭和十六年四月のことでした。発案者は小沢治三郎中将です。これからの海戦は、大艦巨砲の艦隊決戦は起きないから機動力のある空母部隊をつくったほうがいい、と。その考えにもとづき連合艦隊は改組を行うことになりました。スピードの速い航空母艦を中心とする艦隊をつくる。戦艦はその護衛にまわる。要するに航空兵力で先頭を切って戦うべしというのが小沢のプランでした。それを山本五十六長官が採用し、思い切って機動部隊を編成したわけです。これは世界初のことだと思います。第一、第二、第五航空戦隊が統合されて機動部隊の第一航空艦隊というものが生まれました。そこでも海軍の「成績主義」というものがでてくるんです。

「艦隊」とつけると、そのトップは「司令長官」になる。「司令長官」になる資格は、中将になって二年以上か、あるいは戦隊司令官の経験を有する者という不文律が日本海軍にはあった。発案者の小沢治三郎が第一航空艦隊司令長官になればいいのに、残念ながら小沢治三郎には資格がまだなかった。小沢に代わってなったのが、飛行機の「ひ」の字も知らない南雲忠一中将でした。昭和九年、大佐時代にワシントン条約を廃棄しろという活動の音頭をとって、「連合艦隊幹部連署の上申書」作成の先頭に立ったのが強硬派のこの人でした。南雲なんかを据えるのはおかしいのだけども、海兵卒業席次、いわゆるハンモック・ナンバーによって長官になってしまったというわけですな。南雲は飛行機の素人だけれど、草鹿龍之介、源田実、大石保といった飛行機の専門家たちをその下につければ大丈夫だ、とされた。いずれにしても成績順だったのですよ、まことに重要な機動部隊トップの起用法が。

米内軍令部総長案

半藤 陸軍参謀総長の閑院宮は、海軍に先んじて、もう昭和十五年の十月にその職から離れていましたが、海軍もこれにならって、南部仏印進駐の前に軍令部総長を代えました。昭和七年二月から足かけ十年の長きにわたって軍令部総長をつとめた伏見宮をやっと下ろした。この時の話を井上成美が語っていました。昭和十六年四月、及川古志郎海相のときのことですね。井上はこの年四月四日から、沢本頼雄の着任を待って二週間だけ次官をつとめているんです。

私の次官代理中のある日、大臣から「〔伏見宮〕総長殿下が軍令部を罷(や)めたいとおっしゃるんだが、どうしたらよいかなァ」との相談を受けたので「御承知になったらよいでしょう。もともと皇族は、このような時局に軍令部総長のような最重要なポストにおつきになるようには育っておられないので、下の者の発案して持って来る事柄には大抵はいけないとは仰言(おっしゃ)らず、我慢してでもそれを通すように育っておられるのだと思います。その結果、軍令部総長が、宮様だと下僚政治が行われ、次長が総長のような権力を振るう結果となり、次長が馬鹿だと軍令部が無能になり、次長が下劣な悪い人だと、宮様を悪用して海軍省を心理的に脅迫して横車を押したりする事になります。それ故、殿下の御希望をお容れになる方が宮様のためにも海軍のためにもよろしいと思います」と返事した。

この頃、海軍は戦争になる可能性というものをかなり強く感じて、軍令部のトップに宮様を置いていたのでは、のちのち責任問題が出て来かねないという心配が裏側にあった。伏見宮の健康も少し思わしくなかったのだと思いますが、いずれにしろ、海軍としては必要に迫られて軍令部総長を代えるんです。

続いて、「後任には誰がよいかネ」と問われたので「今の大将方山本さんは艦隊だし、長谷川さんを除いたら、これぞと云う人はおりません。仕方がないから最先任の人を持って来たらよいでしょう。そして、その人が無能だとみたら首を切って、その次席と云う風にやるのが合理的でしょう」と答えた。

これ、合理的なのかね、機械的と言うのじゃないか（笑）。そのあと、「『永野さんは受けるかも知らん』と云うから『永野さんは自分で自分を天才だと思っていますから二つ返事でしょう』と答えた」というのですがね。これが昭和十六年の春ですよ。世界的に政局、戦局、いずれも怒濤が渦を巻き始めたこのときに、海軍統帥のトップをこんないいかげんな理由で推薦したとは、井上成美も無責任だったじゃないかと思わざるを得ません。

保阪　実際このとおりに、後任は永野修身に決まったわけですからねえ。

半藤　じつはこの前に、山本五十六が一生懸命に細工しまして、ほかでもない米内を現役に復帰させて軍令部総長にもってこようとしていたのです。命賭けで阻止しようとした三国同盟が昭和十五年九月に結ばれると、下手をすれば戦争に引き込まれるぞ、とだれより危機感をもったのが山本五十六でした。

昭和十五年十一月二十六日から二十八日の間、目黒の海軍大学校で図上演習が行われます。山本は参謀を何人か連れて上京し、自ら統裁となって図演を行った。このあと山本は、人事権をもつ及川海相を訪ねているんです。南方作戦の強行は非常に危険であると意見具申をし、二課長の石川信吾大佐が南部仏印進駐を豊田貞次郎次官に進言している事実を示して、「あいつを即刻中央から放り出せ」と主張しています。大事なのはこのあと。軍令部総長に米内光政を置いてくれ、と言っている。それが無理なら吉田善吾か古賀峯一をと。くわえて海軍次官に井上成美をもってきてほしいと頼んでいる。山本五十六の直談判の詳細をつたえる手紙が残っています。日付は昭和十六年一月二十三日。古賀峯一中将に出した山本の手紙です。典拠は『五峯録』でして、これは戦後、堀悌吉が山本の書簡や覚書、古賀峯一の堀あての手紙などを取りまとめた冊子です。

「三国同盟締結以前と違ひ、今日に於ては参戦の危険を確実に防止するには余程の決心を要す。……先ず軍令部に於ては米内氏を総長とするか、又は次長に吉田［善吾］或いは古賀を据え（何れも無理の人事なるも）、福留［繁］をして補佐せしむる事とし、次官として井上氏［成美］とし、上下相呼応する程度の強化にあらざれば効果なかるべし。依てかかる難事を敢行して既倒を支えむとの大転換ならば、艦隊としては忍び難きをも犠牲として人事の異動に敢て反対せざるべし、と話せし事あり。之に対し及川氏は可とも不可とも言ふ処なかりき」

保阪　及川海相に直談判したとき、さすがの山本も海軍大臣の人事については言及しなかったのですね。

半藤　いいところに気づいてくれました。山本は海軍中央の要職をすべて代えろと迫っているわけですが、大臣だけ抜かしています。少々穿った見方ではありますが、山本さんのこのときの主張は実は及川海相に「お前もやめろ」と言わんばかりだったんですよ。いや、むしろ言外に、俺を海相にしろと言っていたのではないかと私は思っているのですがね。

保阪　たしかに山本が、このトリオによるリターンマッチを挑もうとした可能性は否定できませんね。海軍大臣に山本五十六、次官に井上成美、軍令部総長に米内光政をもって来て復権させれば最強ですが、米内光政が軍令部総長になるだけでも大違いです。

半藤　軍令に入っていって作戦計画を牛耳れば対抗できますからね。軍令部総長交代は、まさにチャンスだった。けれども及川は山本の懇願を容れず、けっきょく最先任の永野修身に大事な軍令部総長の座を渡してしまう。こうして見ると、トリオの一角だった井上成美が山本五十六の願いも知らず、「先任順に」などと及川古志郎につまらぬ進言をしていたとは皮肉なことでした。山本さんは上ばかりでなく、井上成美にも働きかければよかったんですねえ。なんとも残念だ。

　米内を軍令部総長にする案を山本は、じつは伏見宮にも訴えていたのではないかと指摘しておられるのが高田万亀子氏です。この人の著書『米内光政の手紙』は、米内が親友、荒城二郎海軍中将にあてた手紙を軸に構成されているのですが、同書のなかで、米内の手紙を引きながらそう述べている。当該部分を紹介します。山本戦死の時に、荒城二郎が所感を書いて送ったものに対する、米内の返事です。

開戦一年前、時局頗る憂慮に耐えぬ空気の動ける当時の［山本の］手紙によれば、「国力物動の薄弱にして欠陥のある点」や、又「海軍の準備は不完全であり、到底一朝一夕の間に多方面長期作戦に堪え得る程度に整備することの不可能」なる点を指摘し、機会ある毎に、「真剣に別個の見解として時局救済に関する意見を縷々開陳し」たるが、毎に同感の意を即座に表明されたのは総長［伏見］宮殿下であった。［及川］海軍大臣も大体同意見であったらしいが、積極的には動き得なかった様である。

この引用のあと、高田氏は文中山本のいう「別個の見解として時局救済に関する意見」とは、「米内を軍令部総長にし、避戦を貫徹することだったたと思われる」と、つぎのように自身の解釈を示しています。

彼にはこの「別個の見解」の方がむしろ本命で、時の及川海相に対し、米内を現役に復し、まず連合艦隊司令長官、続く軍令部総長就任を必死で何度も訴えた。だが現役復帰は簡単なことではなく、米内より先輩で現役の永野修身大将への遠慮もあった。及川は決しかねていたが、伏見宮軍令部総長は「自分のあとは米内に譲る」と同意した。「毎に同感の意を即座に表明されたのは総長宮殿下であった」というのは恐らくそのことだろう。だが伏見宮は、結局は山本の信頼を裏切るように軍令部総長を永野に譲ってしまい、そればかりか、後には嶋田繁太郎海軍大臣に開戦勧告さえすることになる。

と、いうわけで、山本が伏見宮に訴えた内容は高田氏の推論です。ですからこの手紙が、一分の隙もない〝証拠〟とは言い難いのですが、それでも大いにあり得ると私は思っています。

「永野さんは駄目だ」

保阪 さて、昭和十六年六月のナチス・ドイツのソ連侵攻を受けて、陸海軍中央では、それぞれ白熱の議論が戦わされました。情勢の激変に日本のとるべき政略と戦略はいかなるものか。ドイツを支援するためにソ連とただちに戦火をひらくべきか否か。四月に日ソ中立条約を結んだばかりであることなど忘れたかのように、これをチャンスとみて、陸軍の大勢は対ソ戦の発動に傾いていきました。

半藤 そして陸軍は七月上旬から下旬にかけて、膨大な召集令状を発行するのです。その数じつに七十万でした。このとき陸軍が準備した対ソ作戦計画は、「関東軍特種演習」と称してカムフラージュされました。略して「関特演」。演習とは名のみで、事実は本気で対ソ開戦するつもりだったのです。

保阪　作戦計画を立案した瀬島龍三（りゅうぞう）元大本営参謀が「ボタンを押せばいい態勢であった」と証言していますね。ソ満国境のソ連軍の戦力減少という根本の条件が整わなかったために、九月には計画は中止となりましたが。

半藤　そんなさなかのことです。昭和十六年七月二十八日から始まった南部仏印進駐を推し進めたのは第一委員会を中心とする海軍中央でした。海軍善玉論の立場に立つ人は、この話をいっさいしません。北部仏印進駐同様、陸軍が推進したと勘違いしているむきもあろうかと思います。

保阪　陸軍とて一枚岩ではなく、佐藤賢了は南部仏印進駐の積極派でした。佐藤は昭和十五年九月の北部仏印進駐時に、現地で武力行使を行った責任を問われて左遷されていたのですが、昭和十六年三月には東條英機が陸相になったのを機に、要職中の要職、軍務局軍務課長として中央に復帰していました。この頃、部下が作戦プランを起案するときに、「南方だぞ、南方だぞ」と耳元で囁き続けたという。ですから陸軍がひとつになって北だけを向いていたわけではないのです。

半藤　『小柳資料』では、南部仏印に関してはほとんど語られていませんね。第一委員会のメンバーの富岡定俊が少し喋っていますが、それもありきたりのことを言っているだけなのです。

アメリカは次第にフィリピンに兵力を増勢して来た。オランダは思うように油をくれない。イギリスの謀略で仏印及びタイからの米の輸入が激減した。このまま放っておけば、いざ開戦となった場合の戦略態勢が甚だ不利になる。そこで、万一の場合に備えて戦略的優位を占め、ポテンシャルを挙げておく必要に逼（せま）られて、遂に南部仏印進駐を踏み切った。

南部仏印に顔を出せば、オランダは恐らく油を出すであろう。然し、アメリカは黙って見てはいまいから、悪ければ戦争になるかもしれない。さればと云ってここで屈してしまっては自滅より外ないので、勇気を出して踏みきるべきだと決意した。アメリカの態度は予想以上に強く、やがて対日石油の全面的禁輸となり、日米関係をのっぴきならぬものにしてしまった。

保阪　この程度の認識しか海軍にはなかったということでしょうか。

半藤　私はそう見ているんですよ。要するに、南部仏印進駐しても、それを脅威とするのはイギリスであってアメリカは関係ない、と。大丈夫だ、そう読んで起こした行動でした。

保阪　典型的な英米可分論ですね。

半藤　軍令部は可分か不可分かをめぐって揉めていたのですがね。しかし結局は可分論に押し切られた。イギリスが起ち上がっても、アメリカは起たないと。
　岡敬純が、石油全面禁輸をアメリカが決めたとの知らせを受けて、「しまったッ、そこまでやるとは思わなかった」と嘆声を発したという記録が残っています。ということはやはり、アメリカは大丈夫、起たないと、軍務局長でさえその程度の認識であったということです。
　永野修身軍令部総長が、「若い連中はみなよく勉強している」といって褒めた「若い連中」とは、第一委員会の人たちのことでして、第一委員会の連中は、南部仏印に出ないといざというときに間に合わないと考えているんです。いざ戦争となったときのために、南部仏印に基地をもちたい。だから出ざるを得ないが、出るとそれによって戦争になってしまう可能性がある、と。南部仏印に出るか出まいかというのは、ものすごく白熱した議論だったわけですよね。ところが第一委員会は可分論。いやアメリカは大丈夫だ、アメリカは黙っているはずだよ、と。

保阪　フランス政府が、日本軍の南部仏印への進駐を受け入れることを発表したのが昭和十六年七月二十三日です。その三日後、日本政府が各国大使にフランスとのあいだで仏領インドシナに関しての共同防衛協定を結ぶと内報すると、ただちにアメリカは、在米日本資産の凍結に踏み切った。つづいて石油の対日全面禁輸を決定しました。

半藤　富岡定俊は、「南部仏印に顔を出せば、オランダは恐らく油を出すであろう」などと甘く見込んでいたと語りましたが、とんでもない。アメリカに続いてイギリスもオランダも資産凍結に踏みきるのです。岡や富岡らの予想をはるかに超える峻烈な経済制裁でした。このとき航空本部長で東京にいた井上成美がこう証言しています。

一六年六、七月頃省内局部長会議で、沢本次官から「南部仏印に進駐することに二、三日前の閣議で決定した」との披露があった。これは大変なことだ。アメリカと戦う覚悟なしには、こんなことは出来ないと考えたので、私は「かような戦さになるかならぬかの重大問題に海軍がどうしてそう簡単に同意したのか航空戦備など碌々出来ていません。何故事前に私達の意見なり事情なりを聞いて参考にすることをしないのですか。こんな重大なことをいとも簡単に決めて、三日もたって披露したって知りませんと言いたくなります。なおこの決定の日は艦政本部長は出張留守中だったと云いますが、電報で呼び返せばよかったでしょう」と言うと、豊田（副武）艦政本部長は「いま井上君の言った通りで、艦政本部長は海軍省の番頭ではないのだ。これは、斯う決めた、はいかしこまりましたとはゆかない」と、次官に対し豊田一流の毒舌で喰ってかかり、この日沢本次官は散々であった。然し、これもあとの祭で、これ以後日米関係が急速に悪化したのは誰も承知の通り。数日後、各鎮、各艦隊長官の上京を求め、大臣官邸で南部仏印進駐に決したことを大臣から披露された。私もお相伴でその席に連った。

要するに海軍は現場の意見など聞くことなしに省部の仲間だけで決定していたんです。艦隊長官はもとより艦政本部長も寝耳に水で、よほど驚いたということがわかります。山本五十六連合艦隊司令長官以下、現場の指揮官たちの反応を井上は続けて紹介しています。

山本長官は「航空軍備の方はどうなんだい」との「私への」質問だったので「航空本部は一生懸命やっていますが思うように進まず、正直のところ、航空魚雷、徹甲爆弾等山本長官の次官のときから殆どみるべき進展はありません。その上、今度の仏印進駐の動員で、重要工員の応召による影響は重大です」と申し上げた。

古賀第二艦隊長官は「かような重大なことを艦隊長官の考えも聞かずに簡単に決め、第一戦さになって、さァやれと艦隊に言われたって勝てませんよ。艦隊には艦隊の開戦時期と云うものがある。一体今度の事に対する軍令部のお考えはどうですか」との質問に対し、永野総長は「政府がそう決めたんだから仕方がないだろう」と。一体軍令部総長は、和戦の鍵を握る軍令部の大きな責任が判っているのかしらと思われるような無責任極まる返事に、古賀長官は唖然としていた。

その日の午は官邸で会食があり、私は食後自分の室に帰っていると、古賀長官が入って来て、席に就かぬ先から「さっきの永野さんの言ったことはあれは何んだ。永野さんは一体軍令部の立場が本当に判っていないんだネ、驚いた頭だ」と歎息された。そこへ、今度は山本長官も入って来て一緒になり「永野さんは駄目だ」と言って怒っておられた。

この証言によれば、古賀や山本ら現場を預かる指揮官たちから激しく責められても永野修身は、「それは政府の決定だから仕方ない」などと逃げていた、というか、自らの責任を回避するようなもの言いをしていた。

保阪　「無責任」で「永野さんは駄目だ」と、海軍の永野観というのは概ねこれに統一されていますね。

半藤　いずれにしても海軍はこれから先、戦争を覚悟しますからね。いや、覚悟せざるを得ない。石油がまったく入ってこなくなったのですからね。軍艦や飛行機が動けなくなる。やはり南部仏印進駐が太平洋戦争の引き金になったと断ずるほかはない。

保阪　これはだいぶ脇道の話なのですが、嶋田繁太郎の談話のなかで少々面白い表現を見つけましてね。開戦後、ミッドウェー海戦で敗北を喫する前の、まだ戦況優位だったときのできごとです。真珠湾を叩いたあとに、天皇に南洋から持ってきたガソリンを瓶詰にして見せるという挿話がありました。嶋田は「一七年五月一二日、タラカンから運んで来た第一船の重油を瓶詰めにして参内、ご覧に入れたが非常に御喜びになった」と語っていました。

半藤　昭和天皇は資源について、とりわけ石油に対する関心が高かったんです。

保阪　タラカンというのはインドネシアの、ボルネオ島の北東岸沖の小島です。昭和十七年のボルネオ島占領後、この島の製油所で生産された石油が日本本土や前線の拠点に送られているのですが、これを天皇に見せていたんですね。

半藤　ああ、占領の証（あかし）をね。

保阪　ですからこのとき、南部仏印進駐を行った直後も、その証をなにか見せたのかなあ、と。

半藤　あの人たちはときに戦国時代みたいな、あるいはもっと昔に戻ったようなことをやっていたのですね（笑）。『日本書紀』には、天智天皇に越後から出た燃える水が献上された、とあります。「燃える水」とは石油のことですが。

保阪　それですね（笑）。

日米開戦運命論

半藤　南部仏印進駐について石川信吾が語ったことも面白い。外相の松岡洋右が南部仏印進駐には反対であったと証言しています。

近衛手記には「松岡外相が対ソ開戦を強硬に主張するので、これを抑えるための代償として、外相の素志であった南部仏印進駐を実行することに決めた」と云う主旨のことが記されているとのことであり、福留中将の「史観真珠湾攻撃」にも、南部仏印進駐は松岡外相が打った最後の強硬手段であると述べているが、これは大きな誤りである。

南部仏印進駐を急いだのは陸海軍統帥部であった。

「海軍統帥部」とは、つまり第一委員会であり、石川信吾なんです。本人が「進駐を急いだ」と言っているのですからこれは間違いありませんよ。続けてこのあと、「しかし、この議案が政府、大本営連絡会議にかけられたところ、これに真っ向から反対した者は、外ならぬ松岡外相その人であった」と言っています。

松岡は南部仏印進駐には反対だったのです。事実に反して近衛も福留も、南部仏印進駐決定の責任を松岡におっかぶせようとしたのか、と気になって近衛の手記『平和への努力』（昭和二十一年刊行）の頁を改めてめくってみましたが、そういう記述はないんですよ。談話にありがちな記憶違いの類いかもしれませんが、それにしてもこのへんのところはなかなか微妙なところです。松岡が反対した会議の、翌日の出来事についても石川は語っている。岡敬純軍務局長に呼ばれているんです。

私は岡軍務局長に呼ばれて「松岡外相が南部仏印進駐に反対で、連絡会議が停頓した。一つ外相を説得してみてくれ」と言われた。私は、すぐ軍令部に寄って、富岡（定俊大佐）作戦課長に「南部仏印進駐の問題で、今から松岡外相のところへ話に行くがその前に軍令部のはっきりした腹を聞きたい」と申し入れた。富岡大佐の答えを要約すると「作戦当局としては、外相が日米間の問題を外交交渉で処理し、開戦に至らしめないと云うことを保証してくれるなら、進駐はしなくても一向に差し支えない。しかし、進駐は不可なりとして止めていて、先になってから、外交では片付かないから開戦だと言われても、そのときはお引き受け致しかねる。開戦の危機があるのなら今南部仏印に進駐しておくことが作戦上是非必要である」と云うことであった。

この証言からも、南部仏印進駐は、明らかに陸海軍統帥部の下僚たちが推進したことがわかります。

保阪　ただし「陸」は加えちゃ気の毒だ。推進したのは「海軍統帥部」であり、つまり石川信吾だったのですからね。

半藤　そうですね。海軍の責任です。ところが、石川信吾の証言に戻ると、彼は「南部仏印進駐は太平洋戦争の直接原因にあらず」と力説しているんです。

いろいろの書物に南部仏印進駐が太平洋戦争を避け難いものにしたのであって、これは日本の犯した大きなミスであるように書いてあるが、これも、アメリカ側から見てのことで、当時の日本の事情からすればこのような解説は間違っている。米英としては、日本を経済封鎖で息の止まりそうになるところまで追い込んで袋の鼠(ねずみ)とし、一体日本はどう出て来るかを見守っていたのである。

米英は経済封鎖と並んで、対日開戦準備もほぼ完了に近づいており、欧州戦局の好転の見通しが立って来たのであるから、恐らく日本もこの辺で屈服するだろうと云う希望も相当抱いていたに違いない。

日本の南部仏印進駐は、アメリカのこのような観測に大きな警告を与えたものであって、ホワイトハウスの眼には、日本は実力を以て米英の経済的封鎖を突破する公算が大きく映ったのである。この意味で、南部仏印進駐が日米関係を一層急迫した段階に押し込んだとは云えるが、それは進駐そのものではなく、日本の「支那事変完遂」の決意は、米英経済封鎖の前に屈服するものではないことを示した点に重大性があるのである。

当時の日本の立場としては、米英の経済封鎖に屈し支那事変を御破算にするか、或いは経済封鎖を食い破って更に頑張るかと云うことが根本の決心問題であって、南部仏印進駐は、もっと頑張ると云う決心に伴う結果的現象である。

太平洋戦争に敗れた今日からすれば、恐らく万人があの時支那事変を御破算にしても、対米戦争の危険は避けるべきであったと言うだろうが、それは結果論であって、当時そのようなことを断乎主張したと云う人は政府議会人、軍部、官僚、民間を通じて私は一人も知らない。

日本が南部仏印に進駐しようがしまいが、アメリカは日本をグングン経済封鎖して追い詰めるつもりだったろうと石川は言う。アメリカは、日本が支那事変を「御破算」にするまで続けたであろう、と。じっさい、日米交渉は「支那撤兵」を拒否したことによって談判決裂となりました。石川信吾流の考え方からすると、日中戦争完遂にこだわったことが諸悪の根源であった、ということなのですが。

保阪　そこですね。「経済封鎖を食い破って更に頑張るかと云うことが根本の決心問題で」というところ。

半藤　「支那事変を御破算にしても、対米戦争の危険は避けるべきであったと言うだろうが」、これはつまり、いま現在我われが言っていることですが（笑）。そんな選択肢はなかったのだ、と石川は言い張るのです。当時の日本人は、だれ一人として支那事変を負け戦にすることを認めなかったであろうというのですが。

保阪　それは事実とは違いますよね。近衛をはじめ、中国からの撤兵を受け入れて対米避戦を強く主張する要職の人もいました。それらの動きをほかでもない石川らが圧殺していったのです。この石川の論は運命論に近いと思います。石川のような運命論に近い立場の人は、常に政策決定の責任をぼかしてしまうのです。

半藤　当時陸軍の省部の中心にいた人たちは、南部仏印進駐については、完全に海軍に引っ張られたと言っていますね。もちろん、佐藤賢了みたいな南進論者もいましたが、ほとんどが海軍に恨み骨髄ですよ。陸軍参謀本部にいた稲田正純（まさずみ）元中将は、戦後インタビューした私にこう言った。「海軍がどうにもならないくらい押しまくった。ついに海軍に引っ張っていかれちゃったんだ」とね。

保阪　たしかに陸軍では軍務課長の佐藤賢了だけが強硬でした。そのため陸相東條英機も軍務局長武藤章も南進論には引っ張られていた節があります。やっぱり佐藤賢了は海軍の第一委員会と通じていたと思います。開戦までの、数カ月の経緯は福留繁が比較的くわしく語っているのですが、僕は次の発言が気になりました。

> 当時陸軍でも海軍でも、苟（いやしく）も責任あるポストにある人々は、誰もが個人としては、日米戦争は避けなければならんと言っていた。（主戦論を唱えたのは末次大将位のもの）然し、これ等の人が会って相談すると、いつとはなしに戦争の方向に転って行く。確かに人力では支え切れない大勢と云うものがあったようだ。運命と云うものである。
>
> 近代における日本の大陸進出とアメリカの極東対策とは、真っ向から衝突すべき運命

的ので、そこに日米交渉が徹頭徹尾歩み寄りの出来なかった根本原因があると思う。

福留はストレートに運命論を語っている。開戦の責任に関して運命論で片づけようとしているのです。開戦時の軍令部作戦部長ですよ、福留は。こんな無責任な言い草があるでしょうか。

半藤　おっしゃるとおり、このくだりはいただけませんねえ。弁護する気はさらさらないが、私もサラリーマンやっていましたからこの感じは少々わからないではないんです。個人としては違う意見をもっていても、いったん会議のなかでひとつの方向に流れていくと反対意見を口にできなくなる。とはいえ、ことは国の存亡に関わる重大事ですからねえ。空気を読んで大勢に調子を合わせるなどもってのほかでした。

日米交渉と野村吉三郎の大使就任

半藤　改めて言うまでもなく、昭和十六年になると日本政府の最大の課題は、アメリカとの関係をなんとか修復にもっていきたい、というものでした。そこで外交における人事のテコ入れをはかるわけですが、豊田貞次郎が、野村吉三郎の駐米大使起用の経緯をつぎのように詳しく語っていました。

野村の大使就任は本格的に日米交渉が始まるちょっと前、昭和十六年一月です。野村は明治十年和歌山生まれで、中佐から大佐の時代、大正三年から四年間をアメリカ大使館付き武官として過ごした。その後、パリ講和会議の全権随員として、ワシントン軍縮会議にも全権随員として参加している。海軍の要職を歴任した大物でした。ルーズベルト大統領とも親しかったという。

私が海軍次官就任当時の駐米大使は堀内謙介であったが、日米国交の大調節を要する情勢に鑑みもっと大物でなければならぬ、それには野村さんの外にないと考え及川大臣に相談してみたが、暫く様子を見ようと云うことであった。松岡外相にもその気があったらしく、海軍には相談せず直接野村さんに相談したが断られた。次に大角大将を介して交渉したがこれも断られて暫く立ち消えになっていた。そこで私は外相に会って後任駐米大使の詮衡に就いて懇談した。私と松岡とは互に親しい間柄である。私は「この際外務省を総動員して、松平、廣田のような大物を引き出してはどうか」と切り出すと外相は「それは駄目だ」と言う。松岡は外相に就任すると、腹心大橋（忠一）次官と相謀って省内及び大使級の大更迭を断行し、所謂松岡旋風を捲き起こして松岡閥一色に塗り潰した。そんなことで、省内は甚だ不愉快な空気であった。そこで私は「それなら野村さんを出す外はあるまい」と云って外相の同意を得たので、早速野村さんを訪ねて御願いしたが、「それは困る。私には自信はない」と固辞された。しかし、そのまま放ってはおけない。何とかして野村さんを引き出さねばならぬと思い「野村さんはかつて第一次世界大戦中駐米大使館付武官で、ルーズベルト海軍次官と親交があり、またワシントン会議のときは加藤（友三郎）全権の副官をしていてアメリカには沢山の友人がある。対米関係は益々重大になって来たがアメリカとは絶対に戦争をやってはならない。そこをあなたはルーズベルトに食入ってやって頂きたい。（註大使級でも年に一度位しか大統領に会う機会はないものだ）私は海軍の後輩としてまた県人として腹蔵なく申上げるが、どうか海軍の大先輩として、且つ古き郷友として私の心中を汲み、日本海軍のため是非共この際奮発して頂きたい」と誠意を披瀝して訴えると「誰が何と言っても引受けない積りであったが、長い間お世話になった海軍のためと云うなら致し方がない」ととうとう同意された。私は次官として瀬踏みをした積りであったが、幸いに内諾を得たのでその旨及川大臣に報告し、次いで松岡外相に会ってそのことを話すと「外務省からはどうしても出せない。野村なら全面的に同意だ。他に人はない」と言った。海外両相の意見が一致したので近衛総理に相談すると、これまた異議なく同意されたので、外相より正式に野村さんに交渉された。野村大将は自らの進退につきいろいろ先輩にも意見を聴き、熟慮の上、我が海軍がそれまで熱意を以て戦争を避けたいと云うならば微力と雖も立たざるを得まいと、国を思い海軍を思う一念から遂に正式に受諾の決心をされたようである。

これで、野村の任命は誰の発案だったかということが初めてわかりました。ああそうか、豊田貞次郎の強い推しがあったのか、と。

保阪　ルーズベルトと知己であったということが就任の理由とは、よく言われていましたが、「外務省に人がいない」とはいったいどういうことなのでしょうか。それから堀内謙介を代える理由というのは何だったのでしょう。堀内に失態があったわけじゃないですよね。

半藤　これは私の独断ですが、昭和期の外務官僚の分類というものがありまして、「対米英強硬派」が本多熊太郎（くまたろう）、白鳥敏夫、栗原正、松宮順。「ドイツ傾斜派」が東光武三（たけぞう）、三原英二郎、中川融（とおる）、牛場信彦、青木盛夫。「アジア派」が有田八郎、斎藤博、谷正之。そして「対米英協調派」が幣原喜重郎、佐分利貞男（さぶりさだお）、重光葵（まもる）、そして堀内謙介なんです。堀内にとりたてて問題があったわけではありません。けれどこう言っては失礼だが堀内は動乱期の力わざ外交をやれるタイプではなかった。こじれてしまった対米関係をなんとか好転させて日米交渉をまとめたい政府としては、ここで実力ある大物の投入をせざるを得なかったということだと思います。「外務省に人がいない」とは要するに、豊田も言っておりますが、「松岡旋風を捲き起こして松岡閥一色に塗り潰した」ことによって、外務省の官僚たちほとんどがサボタージュと反抗をもって外相に叛旗を掲げていたことと無関係ではありません。そもそも外務省には南に出ていきたい、対米英強硬派が少なからずいたのです。

保阪　その野村がワシントンに赴任したのは昭和十六年二月のことでした。すると大使館員らはみながソッポを向いて、野村にまったく協力しようとしなかったという。野村が駐米大使になって日米交渉をすること自体、内も外も、外務省全体が気に入らなかったというわけですね。困った野村は、南カリフォルニア大学を出た日系二世の煙石學(えんせきまなぶ)という個人秘書を雇う。僕は煙石氏に会って何回か話を聞きました。煙石さんは戦後も野村さんと行動を共にしていて、東京の四谷に住んでいたのですがね。

彼が国務長官のハルやルーズベルト大統領との面会のアポイントをアレンジしていたそうです。彼は、「大使館員と野村大使の関係が悪く、野村大使の日常業務に支障が出るほどであった」と。「それで自分は個人秘書として雇われた」と言っていました。

半藤　駐米大使ともあろう者が個人秘書を雇わざるを得なかったとはねえ。野村が外務省の役人からいかに総スカンを食っていたかということがよくわかる。

保阪　煙石氏が、大使館にいたスタッフについてこんなことを言ったんです。タイピストは、女性が三人、男性が一人いたそうです。男性は人材派遣会社から来たウィルソンというアメリカ人だったという。「秘密情報」に関しては大使館員自身がタイプをしていたそうですが、日常業務におけるタイプは大体彼らがやっていたと。ただ、タイプ室を共有しているから、見ようと思えば「秘密情報」さえも見ることができた可能性はある。ウィルソンは昭和十六年十一月二十日すぎに辞めたそうです。つまりハルノートの提示される直前です。

「どうして大使館の情報を扱うスタッフにアメリカ人を雇ったのでしょうか」と尋ねたら、日米の大使館同士の取り決めで、日本人とアメリカ人のスタッフを同数ずつという割り当てをしていたのですって。駐米日本大使館ではコックに日本人を雇っていたせいで、タイピストにアメリカ人を雇わざるを得なくなったのだと。「そのウィルソンという男は情報員だったのではないですか」と煙石氏に尋ねたら、「きっとそうでしょうね」と平然と言っておられました。これにはさすがに驚きました。

半藤　そういうことは知られていませんね。私も「煙石」という名前は何度か耳にしておりますが、本人の話を聞いたのは、おそらく保阪さんだけではないですか。

保阪　まあ、万事そういった具合でしたから、開戦の通告文のタイプ打ちが間に合わず、ついには開戦通知がアメリカ国務長官のもとにもたらされたのは、日本の機動部隊が真珠湾を爆撃してから一時間後という世紀の大失態となってしまった。これもまた、むべなるかな、なのです。

第二次近衛内閣

真珠湾攻撃に向かう日本海軍機動部隊

もし海軍が戦えないと言ったら？

半藤　日米交渉がついに暗礁に乗り上げて第二次近衛内閣が崩壊にいたる過程を証言から見ておきましょう。まずはこのとき軍令部第一部長だった福留繁から。

　日米交渉が全く行詰まって［昭和十六年］十月一二日、第三次近衛内閣は和戦決定のため荻外荘で重要会議を開いた。劈頭及川海軍大臣は「和戦の決は首相に一任する」との態度をとった。（岡軍務局長からはこの表現法につき私に事前連絡があり、私はこれに同意し次長、総長にも報告しておいた）。二、三日して東條陸相は、「段々探ってみると海軍は戦争を欲しないようである。海軍大臣からハッキリ話があれば、自分としてもまた考えなければならんのである。しかるに、海軍大臣は全部責任を総理に任せている形である。これはまことに遺憾である。海軍がこのように腹が決まらなければ、九月六日の御前会議は根本的に覆るのであるから、この際は全部辞職して今までのことを御破算にして、もう一度案を練り直すと云うこと以外にないと思う」と近衛総理に進言している。

　若し永野総長が「二年後は解らぬ」と言う代わりに「二年以後成算なし」と言い、及川海相の「首相に一任する」と言う代わりに「海軍は、戦争は出来ない」と明言したからとて、内閣更迭はあったかもしれないが、戦争は回避し得るどころか、却って国内を混乱に陥れ、戦争激発を早める結果になっていたであろう。今頃、陸軍の相当の人達で「日米戦争は海軍が初めて［ママ］、海軍が負けたのだ」と言っている人があるそうだが、当時の情勢において、若し海軍が戦争が出来ぬと反対でもしたら、叩き殺してやると云う勢いであった。海軍は止めたいのだが止めれば謀反を起こす、それで止めなかった。止めようとしても駄目だったのである。

もし海軍が戦えないなどと言ったらテロリズムが起きたであろう、と言うのです。だからそうは言えなかったのだ、と。では軍務局長だった岡敬純はどう言っているか。

近衛総理は、日米交渉の悪化を好転させるためには、自らルーズベルト大統領と会見して、大局から政治的に解決するの外なしと決心され、一六年八月二六日会見を申し込んだ。それで、私は富田書記官長と打ち合わせして、新田丸を徴用し着々と準備を進めた。海軍随員は吉田海軍大臣と私、新田丸の護衛には第五戦隊を予定した。会見地は、始めはハワイを予定したが、ルーズベルトが身体が悪くて飛行機に乗れぬと云うのでアラスカのヂェノア港に変更した。

近衛首相も非常な熱意を示し、ルーズベルトも乗り気に見えたが、ハル国務長官の入智慧(いれぢえ)があったとかで、九月三日に至り、重要な原則的問題について合意に達した上でなければ会談に応じ難き旨回答し、なお従来の四原則を繰り返し、会談の前提条件として、これについて意見の一致を要請して来た。近衛首相の意図は、アメリカの所謂全体条件の元をなす大綱を話しあおうと言うのであったが、先方の理解するところとならず、遂にお流れになってしまった。陸軍はこの首脳会談には始めから気乗りしなかった。撤兵問題を妥協されては困ると言う杞憂(きゆう)もあったのであろう。

近衛のプランは、日米交渉におけるアメリカの最重要課題、中国撤兵を大統領に約束し、直接天皇へ電信を送って、それによって天皇の裁可を求めて一気に調印してしまうというもの。つまりルーズベルトとさしで会って一気に決着させるつもりでした。陸軍が中国撤兵に反対している以上、いくら予備交渉を続けても、政府としてはアメリカの要求を容れることはできませんからねえ。近衛がそこまで覚悟を決めてトップ会談にのぞもうとしていた。それを陸軍がどこまで察知していたのか、かならずしも明確ではありませんが、近衛暗殺の計画がひそかに練られていたことは確かなのですが……。

東條内閣の成立と海軍

保阪　その間にも陸海軍統帥部は協議をつづけて、交渉によってアメリカに経済封鎖をやめさせられないのなら、いつ外交交渉を見限るか、いつまでに戦争の準備を完成するかの日程表をつくろうとしていました。ついにまとまった「帝国国策遂行要領」案で、「十月下旬を目途として戦争準備を完整す」「十月上旬頃に至るも尚我要求を貫徹し得る目途なき場合に於ては、直ちに対米（英）開戦を決意す」とされました。

岡は、つづいて近衛退陣と東條の大命降下について語っています。

　近衛首相は、東條陸相が撤兵問題に関して梃子（てこ）でも動かぬので、このままではどうにもならないと匙（さじ）を投げて総辞職した。

　近衛首相は後継内閣首班に東久邇宮を推す腹でいた。この人ならば撤兵問題を解決し得ると思うていたのであろう。及川大臣も後任首相は東久邇宮とばかり思っていた。

　ところがあにはからんや東條内閣が出現しちゃった。次の話が面白い。海軍首脳陣、慌てるんです。

海軍大臣、次官、軍務局長が大臣官邸で話し合っているところへ「海軍大臣お召し」との電話が掛かって来た。及川大臣に大令［ママ］降下かと思って一同ビックリした。電話で米内大将に様子を聞くと「何でもないよ、安心して参内されたい」とのことで及川大臣が参内してみると、東條大将に大令降下陛下から東條総理に協力せよとの仰せであった。東條内閣の出現によって、私は日米戦争必至と直感した。

米内が、後継は東條だと知っていたのはなぜかというと、十月十七日の重臣会議にでていたからです。

半藤　まさか及川に大命降下なのかと一同が色めき立ったのは、「首相一任」の姿勢を貫いていた本人が首相にされてしまったのでは、もう決断を首相預けにできなくなるからです。

保阪　海軍としては、公式に「アメリカとは戦えません」とは、言えませんからねえ。

半藤　岡敬純の語りのなかに、小柳富次の質問とそれに対する答えというやりとりがでてきます。ここはまことに重要なポイントなのですが、「十月一二日荻窪会談の頃、海軍には対米作戦に自信なしと表現することは出来なかったか」と小柳に問われた岡敬純は、こう答えました。

若し海軍でアメリカと戦争は出来ないと言ったら、全責任は海軍に掛かって来る。莫大な軍費を使い、膨大な軍艦を造って何をしていたのか、そんな腰抜けの海軍ならあてにしない。陸軍が国軍を統一して、戦をすると言い出すようになったかも知れない。
（この日、海軍大臣は和戦の決は首相に一任すると云う態度を明らかにした）

これがまさに海軍の本音なんです。海軍存亡の危機を回避することを最優先しました。

保阪　岡敬純、正直に語りましたね。

半藤　そして後継首班が東條に決まると、岡敬純は「私は日米戦争必至と直感した」と。

保阪　主戦論一本槍だった陸軍大臣を首相に据えるということはつまり、「お上は決心された」と岡らは考えたのでしょう。

半藤　近衛内閣総辞職を知った軍令部総長永野はこのとき、沢本頼雄海軍次官を前にして、「撤兵問題で戦争するのはバカげたことだ」と、ほかでは言えない本音をつぶやいていました。

保阪　僕は『陸軍省軍務局と日米開戦』という本を書いたときに、東條への大命降下時の陸軍省軍務局の動きについて調べました。そもそも近衛内閣を閣内不統一で倒したのは陸相の東條でした。「わが陸軍は防共駐兵を断乎守る、支那撤兵は陸軍の士気に影響する」

との主張を譲らず、支那撤兵を呑めば日米交渉はまとまるという近衛や外相の豊田貞次郎の意見を容れなかった。これが十月十四日の閣議でのことでした。

東條は後継首相には東久邇宮しかいないと考えていたのです。陸軍としてはいかなることがあっても支那撤兵は呑めない。海軍はアメリカとの戦さはできないとは言えない。こうして陸海両者、言うべきことを言えずにすくんだまま、勝つ見込みのない対米戦に突入したくない、と東條は思ったのかもしれません。外交交渉をつづけるには九月六日に決定した国策をご破算にしなくてはならず、そのためには政府と統帥部の人的出直しが必要でした。また主戦派を抑えて無事避戦に持ち込むには、臣下ではなく皇族の首相を戴いて裁断を仰ぐほかに避戦の道はない、と構想したのでしょう。陸軍に籍のある東久邇宮への大命降下が望ましい、それしかないと。

半藤　このとき東久邇宮稔彦王は五十三歳です。陸軍士官学校二十期卒で、妻は明治天皇の第九皇女聡子内親王。参謀本部付き軍事参議官の要職にある陸軍大将です。陸軍には誰よりも睨みのきく人物でした。しかしこの東久邇宮案を退けて、十月十七日に開かれた重臣会議において東條英機を首班に強く推したのは内大臣の木戸幸一でした。この会議に参加したのは、九十二歳の清浦奎吾をはじめ、若槻礼次郎、岡田啓介、林銑十郎、広田弘毅、阿部信行、米内光政の元首相と原嘉道枢密院議長です。木戸が熱心に推す東條案に明確に賛意を示したのは阿部信行だけでしたが、みな不承不承同意して、会議はお開きになりました。「東條となら自分は話がつく、東條は日米交渉の出来る人間である、天皇の御言葉があれば米国と戦争を起すようなことはしないであろう」という木戸の保証があっての同意でした。

保阪　天皇も木戸の意図を聞いてそれを採用し、「虎穴に入らずんば虎児を得ずだね」と感想をもらしている。

半藤　ですから開戦後、戦局が悪化したときに、重臣たちが木戸の責任は極めて重大と非難したのは、そのためなのですがね。

保阪　さて、その日のうちに東條にお召しがかかります。軍務局員らは支那撤兵を拒否しつづける陸相に「お叱りがあるだろう」と見ていました。「新内閣に全面的に協力せよ、日米交渉の最大の障害である支那撤兵を考慮せよ」との沙汰があるに違いない、と見ていた。であったからこそ軍務局長武藤章は、軍務課高級課員の石井秋穂（あきほ）に対して、支那撤兵を受け入れたときの、日本の苦境を列記した上奏文を書いておくよう指示したのだと思います。

この日参内の前に軍務局に立ち寄って、その上奏文を読んだ東條は課員らにこう言っています。「防共駐兵の必要性を訴えた上奏文を読んだよ。なかなかの名文だが、天子様が支那撤兵を考慮せよと言われたら、自分はどんな理屈も述べない。述べるつもりもない」と。ところが意に反して大命は東條その人に下った。宮中から出て来た東條は、秘書官だった赤松貞雄（さだお）によれば、「夢遊病者のようになっていて、クルマに乗り込み、明治神宮、靖国神社を回って、それでようやく陸軍省に帰ってきた」という。このときの、東條の動揺の大きさを、はしなくも伝えています。

半藤　「東條首班」となれば陸軍は、対米英の戦争の勝利に対して責任を負わなければならなくなりますからねえ。

保阪　陸軍省に帰ってきた東條が武藤らに言ったのは「今日から自分は変わる」ということでした。九月六日の決定をご破算にして改めて日米交渉に取り組むつもりであると。そのことに大いに関連することですが、岡敬純が「東條首相は大本営の初の連絡会議において、二年間の条件付きで撤兵してよろしいと言い出した」と証言しています。なにがなんでも絶対譲れないと、あれほどこだわった支那駐兵を、曲がりなりにも受け入れると表明したのですが、残念ながら時遅し、でした。岡がこう解説しています。

　これが若し近衛内閣時代の東條陸相の英断であったら日米交渉はうまく行っておったかもしれない。しかし、先きに陸相時代の主戦論者が総理になって急変しても、これは名目だけのゴマカシだとみて英米では一向に信用しなかったようだ。一一月初め来栖（くるす）［三郎（さぶろう）］大使が撤兵案を提げてアメリカに渡ったが、遂に先方を納得させることは出来なかった。

「虎穴に入らずんば」と天皇を喜ばせた人選も、対外的には最悪の選択だったのです。そして伏見宮元総長の覚えめでたい嶋田繁太郎が表舞台に出てくるのですが、東條内閣組閣における、嶋田繁太郎の海相就任のくわしい経緯は本人が語っています。嶋田は昭和十六年十月一日に横須賀鎮守府に長官として着任するのですが、その二週間後の十五日に及川海相から電話が入ったという。

夕方官舎に帰って食事をしていると、突然海軍大臣から至急出て来るように電話があった。しかも裏門から来るようにと云うので、何の用かと訝りながら自動車で上京した。午後八時頃海軍省で及川大臣に会ったところが、いきなり「次の海軍大臣をやってくれ」とのことでビックリした。「私の勤務は、今日まで軍令部と艦隊だけだ。その上最近四年も中央を離れているので、最近の情勢は全く盲目だ。そんな者にこの逼迫した際海軍大臣などが出来る筈がない。第一私は軍政は大嫌いだ、全く興味がない、私の理想は海上の御奉公だ。とても駄目だ貴様やれ」と午後八時頃から二時間ばかり渡り合ったが、つっぱねて横須賀に帰った。すると、越えて一八日午前八時までにもう一度来てくれと云うのでまた及川に会った。今度は永野さん（軍令部総長）と二人に口説かれた。永野さん曰く「次の海軍大臣は及川では駄目だ。君の外にない。伏見宮も島田［ママ］

にやらせと云われた」と話している間にも電話がギリギリと鳴る。明日組閣だ。海軍大臣だけが決まっていないから早く決めてくれとの督促だ。そこで私は、心構えとして、多年御仕えしその人格と御識見に敬服している伏見宮殿下に一応御意見を伺おうと思って、午前九時一五分拝謁したところ「そうだよ、お前やれ」との仰せであったので、それでは御引き受けせねばならぬかなァと思うようになったが、なお東條の意志を確かめねばならぬ。そこで一応海軍省に帰って次官軍務局長を呼んで左の海軍の要望事項を決めた。

一、海軍軍備を優先考慮する
二、行政機構の戦時態勢化を止める
三、対米交渉は誠心誠意活潑にやる

これを携えて、午前一一時に東條に会ったところ「その通りやります。九月六日の御前会議決定事項は聖旨に副え、白紙に返してやり直す。また対米交渉は全力を尽くしてやる」と云うので、それでは引き受けようと云うことになった。なお、私は対米折衝は堂々平和の裡に行うと念を押した。当日の私の日記は「堂々とせよ、無名の師を起こすべからず」と書いてある。

及川は嶋田を推薦して辞めるわけですね。

半藤　そういうことです。軍令部作戦部長だった福留繁が、このときの経緯を明かしていました。まことに重要な証言です。

東條内閣組閣のとき、及川海相は終始私と岡を側において相談された。兎に角、新海軍大臣は東條首相の向こうをはれる強い人でなければならない。それで、山本、豊田（副武）の両大将が候補に上った。しかし、山本大将は大臣になってもすぐに殺されてしまうであろうと云うことになり、豊田大将に白羽の矢が立ち呉から上京を求められた。豊田大将は引き受けられたが、東條は豊田では困ると拒否した。伏見元帥宮は「豊田では強すぎるだろう。島田「ママ」がよかろう」と仰せられた。東條も島田ならよろしいと云うことになって、島田大将が海軍大臣に就任した。島田大将だから勤まったのだ。

要するに嶋田の起用は伏見宮の発案だったんです。それはまた東條も、「異論なし」の人選だった。

保阪　海軍首脳の総意、といっても及川古志郎、岡敬純、福留繁の三人だけかもしれませんが、彼らが一度は豊田副武と山本五十六を海相候補に挙げていたとは驚きました。山本を海相に据えても「すぐに殺されてしまうであろう」というのですから、山本が、戦争を始めたい勢力からいかに嫌われていたかということもよくわかる。彼らは、山本案を伏見宮に挙げる前に自ら潰していたわけですね。そして伏見宮にお伺いを立てると、豊田副武案が一蹴されてしまう。東條は豊田をそうとう嫌っていました。

半藤　ですからひらたく言うなら東條と敵対する人間はダメ、東條と相性のいい、あるいは東條にとって都合のいい人間を、伏見宮は選んだというわけです。

保阪　いずれにしても、海軍では本当にひと握りの人だけがこの重要な人事を牛耳っていたということですね。

半藤　この抜擢が、伏見宮の意向だったことは嶋田にもすぐ知らされたのだと思います。及川と永野の二人から口説かれたあと、嶋田は伏見宮に会いにいって「お前やれ」と言われ、それで引き受けたと思った、と言っていますからね。その日、十月十八日の日記に嶋田が「無名の師を起こすべからず」と、もしほんとうに書いたのだとしたら、このときはまだ対米非戦論者だったということでしょう。起こす名分のない戦争、勝ち目のない戦さはすべきでないと考えていたことになる。

保阪　そして東條陸相から嶋田に、九月六日の御前会議で決まった国策、つまり対米交渉を十月上旬締め切りとして、このときまでに要求が受け入れられない場合は対米英の戦争に踏み切るとした決定は、白紙に戻してやり直すことが伝えられています。

半藤　このあと嶋田は、十月二十七日に熱海の伏見宮を訪ねたことを明かしています。ここが重要です。

十月二七日に伏見宮殿下を訪問した。殿下は既に軍令部総長を御辞めになっておられたが、五年間も御仕えし、海軍の最先輩であり、公明正大で些かも私心なく、日頃から全幅の敬意を捧げて居るので御意見が承りたかったのだ。私は「支那事変も長くなり国民は疲弊しています。現に戦地においても戦さに飽いている風が見えました。大戦争は何とかして避けねばなりません」と申し上げたところ、「しかたがないだろうね」と仰せられた。

嶋田繁太郎は、熱海の伏見宮詣でから帰ってきた途端に大開戦論者になってしまって、周囲の者たちを驚かせているんです。その理由がよくわかりました。「しかたがないだろうね」は要するに、「対米英戦争開戦やむなし」という意味です。ここまで来たら、もう、やるしかないだろうと、伏見宮はその意思を嶋田にはっきり伝えていたのです。

保阪　嶋田という人は、のちに戦争がはじまってからは「東條の副官」とか、あるいは「東條の男めかけ」などと称されることになりますが、もともとは伏見宮の言いなりでもあった。この証言のなかでも、そういう弱さをカバーするために言い訳をしているなと思われるようなところがあります。たとえばつぎのようなところです。

海軍大臣に就任して十月一杯は頻繁に連絡会議を開いて研究討議した。前大臣の申し継ぎは極めて簡単であったが、さて機密文書を調べ、七月二日、九月九日の御前会議の結論を見るに及んで愕然とした。事態はこうまで進展しているのか。

たしかに近衛内閣退陣で海軍大臣を辞めるに際して及川は、後任となる嶋田に経緯を詳しく語ることもなく、金庫のなかに書類が入っていると言うだけの、およそ無責任な態度をとっていました。ここまで状況が逼迫していたことは海相就任以降に知ったと言うのですが、嶋田はつづけてこう説明しています。

六月二五日の連絡懇談会において「南方施策促進に関する件」が議決され、南部仏印に進出して飛行基地の設置、港湾施設をすることになり、仏印にして我が要求を容れざる場合には武力を以て解決する。英米等が飽くまで妨害する場合には対英米戦を賭するも敢えて辞しないと云うのである。これが日本国策の重大なる転換期となった。蘭印に対して昭和一五年より小林［一三］特使を、次いで吉沢［芳沢謙吉(けんきち)］特使を派遣して蘭印総督と折衝せしめたが中々云うことをきかない。これは勿論背後に英米が邪魔をしているからだ。そしてアメリカはどんどん軍備を進めている。日本としては、兼ねてからの方針に基づいて南方に自存自立の地歩を堅めねばならぬ必要に逼られた。ところへ、六月二二日に独ソ戦が始まった。この際ソ連を撃てなどと唱えた陸軍の一派もあった。しかしこれは海軍の主張とも反するので斯る北進論も抑える必要があった。そして六月二六日の連絡会議で新国策要綱が決定された。

その方針は、世界情勢に如何なる変化があっても大東亜共栄圏を建設する。支那事変処理に邁進する。且つ自存自衛の基礎を確立するため、南方進出の地歩を進め、情勢の推移に応じ北方問題を解決する。本目的達成のためには対米英戦を辞さないと云うので、これは次いで開かれた七月二日の御前会議で御裁下になった。

私が支那方面艦隊長官時代にすでにかような重大なことが決まってあった。私は前々から、北部仏印の進駐は支那ルートの遮断で立派に筋が通るが、南部に進駐したらもう駄目だと思っていた。

半藤　こうして縷々説明していますが、要するに「自分が海相になったときはすべてが決まっていたから、もうどうしようもなかった」と言いたいのでしょう。

保阪　言い訳という感じが強いですね。それにしても海軍のなかの意思決定というのは、多人数で協議して煮詰めていくのではなくて、関係者の何人か、ほんとうに小さな集団で行っていたのですね。

半藤　そこが海軍らしさであり悪弊なんです。

保阪　軍令部総長人事における永野修身の抜擢にしても嶋田繁太郎の海相人事にしても二、三人でやっていました。

半藤　それを最終的に伏見宮がオーケーして決定となっています。陸軍は人事権を陸軍大臣がもっていて、その意向は人事局長に下ろされる。しかし幕僚の人事は参謀本部マターなんです。ですから陸軍ではときとして省部が喧嘩をしなければならないことが起きる。海軍は違いました。

保阪　及川海相と永野軍令部総長とだけで嶋田を選んだ。しかも及川から嶋田へ引き継ぎ、申し送りの類いは極めて簡単だったというのですから、及川はもう匙を投げてしまっている。及川古志郎という人もかなり弱い人なんですね。

半藤　いや、弱いなんていうものじゃない。避戦の努力をした形跡が見当たらないんです。単なる漢籍の学者なんです。こうしていったん引っ込んだ及川さんが、昭和十九年八月に今度は軍令部総長で復帰することになる。海軍の人事はいったい何をやっているのかと思います。

対米開戦前夜

半藤　そしてついに昭和十六年十二月一日の御前会議で開戦が決定となる。いざ開戦前夜となると、問題になるのが高松宮の言動です。御前会議の前日の十一月三十日に天皇の弟宮の高松宮が天皇陛下に会いに行って、避戦をのぞむ海軍の本音を直訴しました。

それに関して先ごろ亡くなった鳥居民氏は、著書『山本五十六の乾坤一擲』（文藝春秋）で、これは山本五十六がやらせたことだという。「ただちに山本五十六連合艦隊司令長官をお召しになってアメリカとの戦争をしてはならない理由をお聞かせください」と高松宮が頼んだというのですが、どうでしょうか。これがもし本当ならば、私は山本贔屓ですから嬉しいことではありますが、たしかな裏付けが示されていないために、この説は信憑性不足です。いうならば牽強付会です。

だいいち連合艦隊司令長官がそんなことをしている暇は、もうなかったと思います。十一月十四日には山本のいる岩国航空隊に陸海軍の関係者が集まり、フィリピン、蘭領東印度、グアム島攻略のための、陸海軍間の作戦協定の協議を行っているんです。十六日の午前中には、陸海軍それぞれ実戦部隊の司令官が立ち並ぶなかで、山本長官と陸軍側の最高責任者である南方軍総司令官の寺内寿一大将が全協定に調印し、十七日には機動部隊の各艦船が択捉島の単冠湾に向かって出航することになっている。そういう開戦オペレーションが走っているさなかに、連合艦隊司令長官が長門を抜け出して東京にまで行ってそんな工作をしていられないと思いますねえ。

保阪　嶋田が高松宮の直訴の内容について『海軍は今度の開戦には自信がない』とか或

いは『真珠湾攻撃に不安を持っている』とでも申し上げたのではあるまいか」と、推測してそう語っています。おそらく、実際もこの程度のことだったのだろうと思います。この嶋田の証言は、海軍がはしなくも対米戦開戦に必ずしも一枚岩でなかったことを伝えていますね。となると、大元帥たる昭和天皇は不安でいたたまれなくなってしまう。

半藤　まさにそのとおりで、そのあと天皇は、軍令部総長と海軍大臣二人を呼び出して並立させて話を聞く。これはかなり珍しいことなのです。一人二役で、つまり天皇として海軍大臣に、大元帥として軍令部総長に対した。軍政と軍令を一緒にしたというのは、高松宮の進言で海軍が一枚岩ではないと思ったからでしょう。嶋田繁太郎はわざわざ山本五十六の名前をだして「自信がない」どころか、それを打ち消すように「士気旺盛自信あり」と答えています。嶋田本人の弁を見てみましょう。

　午后六時十分に揃って拝謁した。陛下から椅子を賜り「愈々矢を放つことになるね、矢を放つことになれば長期戦になると思うが、予定通りやるか」との御言葉だ。永野総長は「大命一旦降下すれば予定通り進撃致します。我が機動艦隊は既に単冠湾を出撃し真珠湾の西方一、八〇〇浬（カイリ）に逼っております」と申し上げた。

　私は「人も物もすべて準備は出来ております。大命降下を御待ちしております。先日上京した山本連合艦隊長官の話によりますと、訓練は出来上がり、士気旺盛自信あり、布哇（ハワイ）作戦には張り切っていると申しておりました。南方作戦は、北東信風［ママ］の季節に入りますが、かつて私が昭和一五年支那方面艦隊長官のとき、一月に台湾海峡を航海いたしましたときには全くのデッドカームでありました。うまく行くだろうと思います。今度の戦争は石に嚙（かじ）りついても勝たねばならぬと考えております」と申上げると「ドイツが戦争を止（や）めるとどうなるか」と仰せられたので「ドイツはあまり頼りにしてはおりません。ドイツが手を引いても、どうかやってゆけると思います」と御答えした。聖断を明日に控えて、陛下に御心配を掛けては洵に恐懼（きょうく）に堪えないので、以上の如く奉答した訳であるが、陛下は御安心遊ばされたような御様子であった。

それにしても嶋田は調子のいいことを言っていますね。快進撃をつづけるドイツの勝利をあてにしての参戦ですから、天皇の心配はもっともなんです。なのに「ドイツは頼りにしていない」などと、その場しのぎの出まかせを口にした。

保阪　これは戦後も戦後、昭和四十三年のことですが、海上自衛隊の練習艦隊が南米に向けて遠洋航海に出発する際の壮行会で、嶋田が乾杯の音頭をとったことを井上が聞いて激怒したと、宮野澄（とおる）の『最後の海軍大将　井上成美』にあります。井上は「あの恥知らずが。恥を知れ。恥を。人さまの前に出られる人間でない奴が乾杯の音頭をとるとは何ということか」と言ったそうです。井上は嶋田を許せなかったのでしょうね。

半藤　山本五十六も嶋田嫌いでは井上に引けをとりません。「あんなやつを巧言令色と言うんだ」と言って信用しませんでした。

保阪　これ以降嶋田は、「御心配を掛けては洵に恐懼に堪えない」という理由を盾に、天皇に嘘の報告を上げ続けることになります。嶋田が報告資料の数字を「メーキング」していた事実は、井上成美が証言しているとおりです。嶋田の談話に小柳富次がこんな註を加筆していますね。

　高松宮の輔職に就いては兼ねて陛下から「秩父宮なきあとの高松宮は、私の大事な相談相手だ。私の身に異変のあった場合にはすぐに摂政にならねばならぬので、遠くにやって貰いたくない」との御言葉で、ずっと軍令部に居って頂き、同室の若い参謀連からいろいろ話を聞いておられたのであろう。

　秩父宮はごぞんじのとおり肺結核を患って昭和十六年九月から御殿場で療養生活に入っています。たしかに高松宮は、天皇の内意によって昭和十六年四月に、横須賀海軍航空隊教官に任じられている。その七カ月後の十一月に軍令部作戦部に異動となっています。
　ところで、海軍は開戦に不安があると、いったい誰が高松宮に教え込んだのかというのは面白い問題ですよね。

半藤　それに関しては千早正隆(まさたか)が喋っているんです。千早は元海軍中佐で戦後、『高松宮日記』の編纂(へんさん)にも携わった人物です。千早いわく「海軍省兵備局長の保科善四郎が、海軍の実情と燃料不足を高松宮にレクチャーしていた」と(『元連合艦隊参謀の太平洋戦争　千早正隆インタビュー　東京ブックレット17』)。そしてもう一人、高松宮と親交をもっていた評論家の加瀬英明(ひであき)も、千早と同様保科の名を挙げ、「宮は海軍省兵備局長の保科善四郎少将から、天皇にそう申し上げることを依頼されたのだった」と語っています(「高松宮かく語りき」／『文藝春秋』昭和五十年二月号)。

さて保科自身はどうかと言うと、戦後も長らく沈黙をつづけ、高松宮が亡くなってはじめてそのことを明かしました。「私が申し上げたことを陛下にお伝えになり……」(「軍令部の殿下と軍務局の私」／『水交』六十二巻四号)と自らの手で記したのは、敗戦から四十二年後の昭和六十二年のことでした。

第四章　緒戦の快進撃から「転進」へ

真珠湾攻撃作戦計画

半藤　昭和十六年（一九四一）十二月八日午前七時。ラジオが大本営陸海軍部発表の臨時ニュースを報じました。

「午前六時発表――帝国陸海軍部隊は本八日未明、西太平洋においてアメリカ、イギリス軍と戦闘状態に入れり」

私は小学校五年生でした。ほとんどの大人たちが、小学校の先生たちが、晴れ晴れとした顔をしていたのをおぼえています。この日、評論家の小林秀雄は「大戦争が丁度いい時に始ってくれたという気持なのだ」と言い、亀井勝一郎は「勝利は、日本民族にとって実に長いあいだの夢であった。……維新いらい我ら祖先の抱いた無念の思いを、一挙に晴らすべきときが来た」と記し、作家の横光利一は、「戦いはついに始まった。そして大勝した。先祖を神と信じた民族が勝った」と感動を書き残しています。

保阪　この人たちにしてこの感あり、だったのですね。ほとんどの日本人が痛快感を抱いたのでしょう。真珠湾攻撃については福留繁がかなり長く語っています。作戦計画や作戦の見通しまでさすがに詳しい。メモを見ながら喋ったのかもしれませんね。

半藤　内容については、残念ながら私にとって目新しい話はなかったのですが、せっかくですから大事なところを紹介しておきます。

私が連合艦隊参謀長のとき、山本長官が始めて私に真珠湾攻撃のことを切り出されたのは、昭和一六年の一月頃であった。そのとき長官は「この計画は司令部以外のものにやらせたい。大西がよいと思う。（当時第一一航空艦隊参謀長）伏せておいてもらいたい」と言われた。大西少将が一通りの研究が出来て、山本長官に報告を出したのは四月の末頃であった。山本長官は一覧の上福留に預けておいてくれと言われ、私は大西から受け取って一部長の金庫の中に納めた。大西は真珠湾奇襲には反対であった。その理由は、機密保持が至難で敵に逆撃される心配のあることと、真珠湾が浅く魚雷が海底に突きささる虞のあることであった。余りにリスクが大きいと云うのである。

六月頃、アメリカ太平洋艦隊長官は、リチャードソン［大将］からキンメル［大将］に代わった。その前にハワイの哨戒を二五〇浬から六〇〇浬に伸ばしたことが解った。

大西は、これはアメリカが警戒を厳重にした証拠だ。我が奇襲計画が漏れているのかも知れない。いよいよ機密保持が難しくなった。これは止めなければならないと考えるようになり、草鹿（龍之介）と一緒に長官に意見を具申するようになった。

保阪　アメリカ太平洋艦隊司令長官が、ジェームズ・オットー・リチャードソンからハズバンド・キンメルに代わったということが山本の作戦計画に変更を与えたのですか。

半藤　そのことによる変更はなにもないです。山本は太平洋艦隊がハワイに常駐するようになった瞬間から、もし開戦せざるを得ないならば太平洋艦隊、ハワイの常駐艦隊を叩き潰す。でなければ南方作戦はできないと考えておりましたからね。ただ、福留が言っているように、アメリカが日施哨戒を伸ばしたことは重大問題だったんです。

保阪　二五〇浬から六〇〇浬ですから、敵の襲撃を警戒して軍艦や飛行機で偵察する範囲を、面積にしてじつに四倍にした。

半藤　ですから福留が、情報が洩れているのではないかと盛んに心配するのも当然なんです。ところが、これはまったく洩れてなかった。人間は、みんなが緊張すると決して喋らないんですね。緩むと喋るんです（笑）。

保阪　真珠湾奇襲攻撃成功を聞いた夜に開かれた宴会の席で、東條英機がまず口にしたのはこのことでした。秘密がこれほど洩れなかったというのは、まことに素晴らしいと褒め称(たた)えています。

半藤　これはほんとうに凄かったと思います。

保阪　ルーズベルトは真珠湾の直後にその調査のための特命委員会をつくりますよね。連邦最高裁判所の陪審判事、オーエン・J・ロバーツを長とするロバーツ委員会を。そして太平洋艦隊司令長官のキンメルに、真珠湾奇襲攻撃を許した責任がすべて押しつけられた。日本に「最初の一発」を撃たせるための策略だったという「真珠湾ルーズベルト謀略説」なるものがずいぶん長らく語られてきました。これは反ルーズベルトの共和党贔屓のジャーナリストが発信したようですが、実際には日本の情報秘匿(ひとく)によって、アメリカは、対米攻撃の時間と場所までは摑んでいなかったとみるべきでしょうね。

半藤　そうだと思います。ところが、ルーズベルトは知っていたと主張する研究者からは、私は一時ずいぶんと叩かれた。「半藤は長岡中学の後輩だから山本贔屓で、情報秘匿が成功していたなどとバカを言っている」とね（笑）。しかし正当な戦史評価としては、「ルーズベルト陰謀説」は分がないと思います。

さて、福留が真珠湾奇襲攻撃に賭ける山本長官の思いを詳しく喋っていますが、これは山本から直に聞いた話だと思われます。

保阪　山本は無口で近しい部下にもあまり真意を語らなかったようですから、貴重な証言です。

山本長官の意向は次のようなものであった。山本長官は、艦隊内における図上演習その他の作戦研究によって、ハワイの米艦隊が一度出撃して、我が南方作戦の側面を攻撃するようなことがあれば、我が作戦陣容を立て直すのに六ヶ月を要し、順当に行って南方占領戦は九ヶ月遅延する。最悪の場合は崩壊を免れないだろう。即ち、アメリカ艦隊がハワイに厳存する限り、我が南方作戦は側面から圧倒的な脅威を受ける。南方作戦には自信が持てなくなる。それ故、ハワイ作戦は南方作戦を保障する作戦として是非とも必要だ。また、アメリカの戦力が急ピッチに増強しつつあるから、早期に攻撃機会を失しては、勝機はまたとやって来ない。

半藤　連合艦隊はこの主張をもって軍令部を説得しにいくんです。福留はさらに言います。

十月十日頃連合艦隊の黒島［亀人］先任参謀が上京して、始めて真珠湾攻撃に対する正式の申し入れをしたが、まだ不安な点があったので賛同しなかった。すると十月一九日に宇垣［纏（まとめ）］参謀長が再び上京して「山本長官はどうしても真珠湾攻撃をやらねばならないと言われる。これをやらなければ連合艦隊の任務遂行の算が立たない。若しこれに成功すれば前途の光明が展開するかも知れない。是非とも軍令部に承知して貰って来いとのことだ。俺にはそれほどの自信はないが、軍令部でしかるべく決めてくれ。但しノーと言われれば、山本さんは連合艦隊長官は勤まらないと言って、辞表を出されるだろう」と、私に耳打ちした。私は伊藤［整一］次長に報告した上、相携えて総長室に至り、永野［修身］総長に詳細報告した。聴き終わった総長は、無雑作に「山本がそれだけ決心しているなら、やらせようじゃないか」と断を下された。この一言で真珠湾攻撃は本極り（ほんぎま）となったのである。

軍令部への口説き文句は南方作戦を成功させるための秘密作戦としてこれが必要なんだ、と。それが表向きの説明でした。ただ私は、真意はそうではなかったと見ています。アメリカ太平洋艦隊を一気に叩いて何とか講和に持ち込みたいという意図があったのではないか。

この見方に対しても批判をする人がいて、「人を殴っておいてすぐ手を出したところで、殴られた相手は握手などするものか」と、そう言われるのですが、山本の気持ちの中にはなんとか早く講和を導きたいという思いはたしかにあったと思いますよ。

保阪　福留は、十月十日に黒島亀人が、そして十月十九日に連合艦隊参謀長の宇垣纏が霞が関の軍令部に来て申し入れをしたと言っていますが。

半藤　それは記憶違いだと思います。宇垣は上京していません。宇垣の日記『戦藻録（せんそうろく）』にもありません。そして黒島が軍令部に乗り込んだのは十月十九日です。

保阪　その日の黒島は、かなり強圧的に恫喝したようですね。

半藤　福留繁作戦部長と富岡定俊作戦課長が応対したのです。二人はそろって猛反対をした。ところが黒島はガンとして下がらず。「どうしても承認いただけないならば、長官は辞めるといっておられる。われわれ幕僚も全員辞職する」といって脅かした。それで仕方なく、伊藤整一次長に相談し、そして黒島を永野修身のところに連れて行って、もういっぺん説明させた。で、永野の「山本がそれだけ決心しているなら」との一言が出て決まったという。まあ、概ね福留がここで言ったとおりですがね。

保阪　このときのことを富岡定俊も語っています。

軍令部で総合作戦の計画を始めたのは三月で、連合艦隊から真珠湾攻撃の相談をうけたのはそれ以後のことである。私は、連合艦隊の黒島先任参謀から真珠湾攻撃の企てがあるのを聞いて「これは甚だ投機的だ。敵がいなければそれまでだ。おっても隠密に奇襲をかけることが難しい。味方に損傷艦が出たら棄てるより外ない。それに南方作戦には艦も飛行機も相当沢山要る。兵力を二分することは虻蜂（あぶはち）とらずにならないか。南方作戦に重点をおいて邀撃戦法を採った方がよい。南方作戦は四ヶ月位ですむであろう。寧（むし）ろ南方に手をつければアメリカ艦隊は出て来るかも知れない。しかし、いきなり始めから本格的進攻作戦を企てることはないのであろう。恐らくマーシャル群島あたりに対する奇襲位なもので、これに対しては、我が航空母艦と基地航空隊を以て相当の航空戦が出来る。場合によっては艦隊決戦も出来る」と不賛成の意見を述べた。

半藤　まさにこれが軍令部の考え方でして、富岡は最後まで真珠湾攻撃には猛反対でした。この、富岡の意見に対して黒島は、「敵が折角真珠湾に集中しているものを打ちとらぬと云う法はない。これをやらなければ、南方作戦は成り立たない」と言い返しています。

ところでこれまで私は黒島亀人の起用は山本自身によるものとばかり思っておりましたが、そうではなかったのですね。福留繁が、「伊藤［整一］人事局長から、黒島は努力家でもあり、仲々着眼の面白い男だが使ってみたらどうかと云う相談があって、山本長官の内意を伺ったところ『十に一つ位はよいことをすると云うならいいだろう』とアッサリ賛成された」と証言しているのです。

これ見ると、山本さん、なんだ黒島に対する当初の評価はこの程度だったのか、と。山本がどうしても黒島をよこせといったのかと思っていたが、そうではなかった。ところが使ってみたら、奇想天外の発想をするので気に入っちゃった。以来黒島は、寵愛（ちょうあい）されて四年という異例の長期間、連合艦隊の先任参謀を務めることになるのです。

保阪　黒島といえば、この人は「変人参謀」ともいわれ、その挙動不審ぶりについては数々のエピソードがあります。いわく私室に素っ裸で籠って夜も昼もなく執務を続けたとか、一糸まとわぬ姿で艦内を歩き回ったとか。

半藤 それは本当らしいです。

保阪 パフォーマンスだったのでしょうか。

半藤 まあ、そういうことでしょうね。日本海海戦の秋山真之の真似をしたのだと思います。じっさい黒島を知っている人は、そういうふうに言う人が多かったですからね。「あの野郎、秋山参謀を気取って褌姿でお香を焚いて、部屋を真っ暗にして籠っていたんだよ」と。

軍令部vs.連合艦隊

保阪 では、黒島との議論のあと、軍令部が真珠湾攻撃を認めるまでの経緯を富岡の証言から見てみましょう。

開戦劈頭真珠湾攻撃と同時に馬来半島の上陸作戦を決行することになっていたが、それには飛行機（主として戦闘機）が足らない。陸軍は対ソ関係があるので、あまりに満州から飛行機を持って来れない、どうしても機動部隊から割かねばならない実情にあった。しかし、連合艦隊は非常に熱心で、それなら航空母艦は四隻でもよいと言い出した。総合作戦計画案が出来て連合艦隊にみせたのは八月頃であった。それには一部航空兵力を持って真珠湾攻撃をやってもよろしいと承認している。

ところがこのあと連合艦隊が、やっぱり航空母艦を六隻にして、大挙持っていくと言い出したので、富岡はそのことは喋っていませんが、また揉めるんです。続けます。

九月中旬海軍大学校で、軍令部の作戦計画案を骨子とした連合艦隊の図上演習を実施、十月に入って永野軍令部総長は連合艦隊の全母艦航空兵力を以て真珠湾攻撃をやってよろしいと決裁された。これは、陸軍側で満州方面から飛行機を南方に転用することに踏み切ったためで、服部卓四郎（たくしろう）などが大いに尽力してくれた賜物（たまもの）である。山本長官は真珠湾攻撃には極めて熱心で、これをやらされなければ辞めるとまで言われたそうだ。永野総長は熟慮の末、出先指揮官を羈絆（きはん）せず自由にやらせることが我が海軍の伝統だとして、遂にこれに同意されたようである。

富岡は「山本長官は真珠湾攻撃には極めて熱心で、これをやらされなければ辞めるとまで言われたそうだ」などと、どうして傍観者的な言い方をするんだろうと思ったのですが、これは黒島からの伝聞だったのですね。

半藤　いまの人たちにはわからないでしょうが、連合艦隊司令長官は天皇陛下の勅任官ですから、辞職などできないんです。ですから山本五十六がほんとうに「辞める」などと言い出すはずはない。

保阪　それを脅しに使うのはおかしいし、聞いているほうも、おかしいと気づかなかったのでしょうか。

半藤　富岡定俊は頭のいい人ですから「辞めるとまで言われたそうだ」というのは、それを知っていての皮肉だったのかもしれません。

保阪　こういう逃げを打つような言い方のなかに、僕は富岡らしさを感じます。この人を、僕はあまり好きじゃないせいもあるけれども、でも「言われたそうだ」なんて、やっぱり官僚的な逃げですよね。

半藤　逃げだし、富岡という人は頭いいなと思うのは、『『山本がそれだけ決心しているなら、やらせようじゃないか』と断を下された」などと、福留みたいな不用意な言い方を決してしないのです。その代わりこう言っている。

「永野総長は熟慮の末、出先指揮官を羈絆せず自由にやらせることが我が海軍の伝統だとして、遂にこれに同意されたようである」とね。永野を立て、山本を立て、みんな立て、自分も立てた（笑）。

保阪　いずれにしても、この一件においても軍令部と連合艦隊が、非常に仲が悪かったことだけは十分窺えますね。

半藤　それはそうなんです。なにしろ真珠湾攻撃について、連合艦隊司令長官山本五十六と軍令部総長永野修身が会って話し合うことはなかったのです。膝を突き合わせて、真珠湾で始める対米戦争を、どうやって終戦に持ち込むかなんていう話をいっぺんもしたことがない。軍令部と連合艦隊は互いに大っ嫌いですからね。これほど仲の悪いもの同士で戦争を始めるというのも珍しい。私は、当時軍令部にいた佐薙毅（さなぎさだむ）に会って話を聞いたことがありますが、戦後になってなお、開戦時の連合艦隊は無礼極まるものだったと悔しそうに言っていました。

保阪　彼らにしてみれば、連合艦隊は軍令部の下にあるという意識でしょうから。なのに、山本五十六の名を出して脅すとはけしからんという思いが富岡などにはきっとあったことでしょう。

半藤　そのほかに真珠湾攻撃については草鹿龍之介が丁寧に喋っているんですよ。反対だった真珠湾攻撃を、自分が納得するにいたった経緯について語っています。

私の主張は次のようなものであった。「航空作戦は初動が大切である。初めに大勝利を得ればあとは押して行ける。日米開戦とならば全航空機は比島と馬来に注げ、第一航空艦隊は全力を持って比島を叩け、第一一航空艦隊は全部馬来に使え。兎に角圧倒的兵力を使うことが必要だ。そして一刻も早く南方資源地帯を確保せよ。真珠湾に在る敵艦隊に側面を突かれるのがこわいと云うがアメリカが渡洋作戦をやるには膨大な補給を必要とするのでそう簡単にやられるものではない。その間に、なるべく早く南方資源地帯確保の作戦を進める。そして多年研鑽の既定計画に基づいて邀撃作戦をやれ。真珠湾攻撃は敵の懐に飛び込むようなものだ。大戦争の第一歩から投機的の危険を冒すことはよろしくない」……ある日大西と共に旗艦に山本長官を尋ねて忌憚なく意見を述べた。長官は始終黙って聴いておられた。宇垣参謀長の外一、二名の幕僚も陪席していたが一言も言わなかった。長官は最後に、「僕がブリッジが好きだからと云ってそう投機的投機的と言うなヨ、君達の言うことも一理ある。」と言われたが、既に深く決するところあるものの如くであった。

旗艦から帰るとき山本長官は舷門まで送って来られたが、私の肩を叩いて「草鹿君、君の言うことはよく解る。しかし、真珠湾攻撃は私の信念だ。これが実現出来るよう全力を尽くしてくれ。その計画は君に一任する。希望があったら何でも言って来い。私も出来るだけの尽力はする。南雲長官にも君から伝えてくれ」と言われ、まことに真剣な表情であった。そこで、私は「よく解りました。今後は一切反対を申しません。全力を尽くして実現するよう努力します。」と答えて赤城に返りその旨南雲長官に伝えた。

保阪　僕はこれを読んで、草鹿龍之介という人はこんなに細かくいろいろ話す人で、ある意味、良心的に話をする人なんだな、という印象をもちました。

半藤　昭和三十五年（一九六〇）のことですが、私は宝塚にあったご自宅に赴いて二日にわたってじっくり話を聞いているのですけど、非常に懇切に話してくれました。そしてドラマチックに話す人でした。

保阪　真珠湾攻撃についてよく言われる批判について、草鹿がつぎのように反論しています。

真珠湾の航空攻撃は絶好の幸運に恵まれたに拘わらず何故もう一度攻撃を反覆しなかったか、工廠や油槽を破壊しなかったのは何故かなどの批判もあるようだが、これはいずれも兵機戦機の機微に触れない下司の戦法であると思う。抑も真珠湾攻撃の大目的は、敵の太平洋艦隊に大打撃を与えてその企図を挫折させるにあった。だから全力を挙げてこれを撃ち奇襲は成功してその戦略目的を達成したのである。奇襲と云うものは元来周到な計画の下に風の如く殺到し風の如くにさっと引き揚ぐべきものでいつまでも執着してはいけない。

半藤　私が会っておなじことを尋ねたときもそう言っておられました。この奇襲戦法は剣道の極意でもあるのですって。ドーッと打ったらサーッと引き揚げる、と。草鹿さん、剣法の大家らしいです。

保阪　けれど、剣法にはとどめを刺すという手もあるでしょう。

半藤　でもそれは草鹿さんが悪いわけではないんです。軍令部の命令書には、一撃に成功したら直ちに帰投せよと書いてあった。ですから南雲機動部隊は命令に違反せずサーッと引き揚げたのです。

保阪　アメリカのある軍人が、日本軍の失敗は、真珠湾を攻撃したあと島に上陸して占領しなかったからだと言ったそうですが……。いずれにしても、草鹿は古武士然とした軍人だったのかもしれません。

半藤　草鹿さんにとって真珠湾は栄光だった。ですがミッドウェーのことは私がいくら聞いても一切喋らなかった。まあ、これはのちほど語ることにいたしましょう。

なにも決まっていなかった第二段作戦計画

半藤　真珠湾奇襲攻撃に成功したあと日本軍は破竹の勢いでした。そのあとの動きをおさらいしておきます。

十二月十日、フランス領インドシナに基地をもつ海軍陸上攻撃機隊は、マレー沖でイギリス東洋艦隊の最新鋭プリンス・オブ・ウェールズとレパルスの両戦艦を撃沈します。その翌日、大本営政府連絡会議において、この戦争を「大東亜戦争」と称することが正式に決定され、十二日には閣議決定されました。

保阪　その名称の発案は陸軍でしたが、理由としては、すでに四年半におよぶ日支事変もこれに加えて、ということでした。

半藤　そして、ときを合わせたように昭和十六年十二月十六日、戦艦大和が竣工し、連合艦隊の第一線に姿を現した。基準排水量六万四千トン、全長二百六十三メートル、幅三十九メートル。これはパナマ運河を通れないサイズでした。前にも言ったとおり「世界の三大バカ、万里の長城、ピラミッド、戦艦大和」と言ったのは飛行機屋の源田実ですが、大艦巨砲主義の日本海軍は、この巨艦の完成に意気天を衝く思いだったと思います。そして海軍は、国中が相次ぐ大戦果に沸くなか、第二段作戦をどうすべきかの議論に入った。

保阪　開戦前、第二段作戦は白紙だったのではないですか。なにしろ日本が開戦を決意して突入するまでの時間はかなり短かったですから。

半藤　ええ、そのとおりです。開戦がほぼ決定となったのは、十一月五日の御前会議です。それからやっと南方地域を占領して油を押さえるという第一段作戦が、陸海軍が綿密な打ち合わせの結果、協力態勢を築きました。それが精一杯であとは時間切れとなって、第二段作戦はなにも決まっていなかったのです。陸海の調整どころか、海軍の方針さえも定まってはいなかった。軍令部と連合艦隊司令部のあいだで、緒戦の勝利のあとで大議論を繰り返したあげく、連合艦隊司令部が策定した第二段作戦計画を、軍令部が承認したのが開戦からじつに四カ月にもなろうという四月三日のことでした。その内容と日程はつぎのようなものでした。

五月七日　ポートモレスビー攻略
六月七日　ミッドウェー、アリューシャン攻略
　十八日　ミッドウェー作戦参加部隊のトラック島集結
七月一日　機動部隊トラック島出撃
　八日　ニューカレドニア攻略
　十八日　フィジー攻略破壊
二十一日　サモア攻略破壊

保阪　この第二段作戦の趣旨は、簡単に言うとどういうことになるのでしょうか。

半藤　一言で言うなら、ミッドウェーで敵空母群を叩き潰してからのち、アメリカとオーストラリアを分断するという二段構えの考え方です。そもそもオーストラリアは、東南アジア資源地帯やトラック島など日本軍の根拠地を攻撃するのに絶好の要地なんです。アメリカが反攻作戦を行うには不可欠の橋頭堡(きょうとうほ)となることが目に見えていました。ですから日

本としては、アメリカが動き出す前にオーストラリアを孤立させ、屈服させて、連合国から離脱させる必要があったわけですね。そのため日本軍は、オーストラリアの委任統治領であった東部ニューギニア・ニューブリテン島のラバウルに航空基地を築き、ここを拠点にソロモン諸島の支配を強化しようとしたのです。このとき日本軍はニューギニア島西部をほぼ制圧していましたが、東部地域はまだ豪州側の支配下にありました。そして連合国軍は、この東部ニューギニアのポートモレスビーに、大規模な航空基地の設営をはじめていました。これが目の上のタンコブになっていた。

保阪　現在パプアニューギニア国の首都となっているポートモレスビーの基地が本格稼働したら、西部地域はむろんのこと、日本軍の拠点ラバウルが危なくなってしまう。

半藤　そこで第二段作戦はまずポートモレスビー攻略と相成ったわけです。西部と東部は険しい山脈に隔てられていて陸上移動が難しかったため、東部侵攻は洋上からの陸軍の上陸作戦をとることになりました。海軍はこの作戦支援のために、空母祥鳳（しょうほう）と重巡四隻などからなる支援艦隊を編成する。また、敵機動部隊の出現にそなえて、高木武雄（たけお）少将指揮するところの、空母瑞鶴、翔鶴からなる機動部隊が珊瑚海（さんごかい）へと進撃しました。この作戦はMO作戦と命名されています。

珊瑚海海戦と井上成美の評価

半藤　というわけで日米初の空母決戦、珊瑚海海戦がはじまりました。五月七日から八日にかけて足かけ二日戦ったこの海戦は、日本側で沈没したのが軽空母祥鳳だけだったのに対して、アメリカ側は大型正規空母のレキシントンを失っている。戦闘においては日本の判定勝ちでした。しかし、日本の機動部隊も消耗が激しく、上陸支援は不可能と判断して撤退しています。ポートモレスビーには連合国軍の航空基地がありますから、空母の随伴なしには船団を揚陸地に近づけることができないのです。けっきょく、第二段作戦の第一の矢、ポートモレスビー攻略は中止せざるを得なくなってしまいました。

保阪　第四艦隊司令長官井上成美の下で第五航空戦隊を指揮した原忠一が縷々話していますね。この人は海軍大学校で草鹿龍之介、山口多聞、福留繁といった人たちと同期でした。人並みはずれた大男だったのでキングコングとあだ名された軍人です。原忠一は、さりげなく、井上に対するこんな批判を語っているのです。

井上第四艦隊長官は「第五航空戦隊が珊瑚海に進出したら、先ず豪州北東部の敵の沿岸飛行基地をたたけ」と言われたが、私は「それは御免蒙る（ごめんこうむる）。珊瑚海はサンゴのリーフが多くて行動に（特に夜間）支障が多いばかりでなく、陸上飛行基地は不沈の航空母艦で、これと戦をすることは、恰も軍艦が陸上砲台と戦さをするに均しく、そんな戦法はない」と強く反対して、これは取止めになった。

ラボールでは、戦闘機が不足して困っていたので第四艦隊長官の命により、トラックに在る戦闘機約四十機を第五航空戦隊の両艦に搭載し、ブーゲンビル島の北方海面から発艦してラボールに送った。ところが、飛行機がラボールに飛んでいってみると、密雲のため飛行場には着陸ができず皆帰って来た。搭乗員は今まで母艦に着艦した経験がない。それだのに全機無事着艦した。これは正に神技とでも云うか、全く奇跡であった。しかし、こんなことで丸二日を消費し珊瑚海への進出が遅れて、大事な戦機を逸するようになった。

ラボールとは日本勢力下にあったラバウルのことですが、前段では、井上案の当初の作戦に自分が真っ向から反対してそれを取り止めにさせたと言い、後段では、井上の命で行った戦闘機の移送も、悪天候のせいとはいえ目的を果たせずに貴重な時間をロスする結果になった、と言っている。明らかにこれは井上批判ですね。

半藤　井上成美は珊瑚海海戦の時にはトラック島にいて、嘘かほんとうか知りませんが、軍服を着ていなかったというんです。浴衣を着て、こんなこと（団扇をあおぐ仕草）をしていたと聞いたことがあります。つまりはじめから戦う意思がなかったのだといわれているのですが、どんなものですかね。

保阪　それなど、たぶん井上を嫌っていた人の流した噂話でしょうけどもね。井上成美、一部で評判が悪かったのは事実なんです。

半藤　本人はそういう噂、流言飛語のたぐいを知っていたのでしょうか。

保阪　そういうことを井上さんに伝えるような友人はいなかったと思います。「よくない噂があるぞ」と言ってくれるような友人はおらず、また井上さん自身、そういう交流、いうなれば俗人的なつきあいをしてないいんですね。

半藤　浴衣を着ていたかどうかはともかく、珊瑚海海戦はうまくいったのにポートモレスビーを攻略できなかったのは、第四艦隊司令長官の井上が弱腰だったからだといわれていたのは事実でした。

保阪　軍政には優れていたけど、戦術ではダメな軍人だったという評価がありました。小柳に対して当の井上成美は、そのことについてこんなふうに言及しています。

私は情報［第一次航空攻撃の成功のこと］を入手して、直ちに「航空部隊の第一撃は見事なり」（第二次攻撃期待の意を含む）の電報を高木［武雄］機動部隊指揮官宛に打たせた。しかし、現場指揮官から第二次攻撃の目算立たざるような報告に接したので、

珊瑚海海戦。沈む空母「レキシントン」から避難する乗組員

真珠湾で炎上する米戦艦群

直ぐに「攻撃を止め北上せよ」を電命した。すると、追っつけ連合艦隊長官［山本五十六］から「進撃を続行して残敵を撃滅せよ」の電報が来たので、命令とあらば実行せざるべからずと、再び攻撃を命じたが、敵を捕捉することは出来なかった。

私の執った攻撃中止の処置は、当時軍令部及び連合艦隊司令部において大変不評判であったとあとで聞いたが、機動戦と云うものはサッと行ってサッと引き返すべきものである。後方に何がいるか解らない。ぐずぐずしてはいけない。当時の連合艦隊の命令は無茶だと、今日でも甚だ不満である。

追撃しなかったことに対して、中央と連合艦隊司令部が強い不満を漏らしていたことは、さすがに井上も承知していたようですね。だがやはり追撃は無理だったと弁解しています。

半藤　つまり軍令部では、「こっちの戦力は残っているが向こうは完全に消耗している。ならば当然追撃戦をやるべきだ。追撃して向こうの本格空母ヨークタウン（中破していた）も沈めなくてはならなかった」と評したわけですが、要するにこれは結果論なんです。

原は「この空中戦闘において、我が戦闘機は、米機三十機以上を撃墜したが、我が戦闘機には一機の損害もない。また我が対空砲火は米機十機以上を撃墜した」と、八日朝の空中戦における戦果について得意そうに述べていました。

保阪　原忠一は日本側の勝利だというような認識を持っているのですね。

半藤　ところが日米の最終的な損害はと言うと、こんな具合でした。日本軍のほうは、小型空母祥鳳沈没。空母翔鶴中破。空母機八十一機喪失。対する米側の損害は、空母レキシントン沈没、駆逐艦シムス沈没、給油艦ネオショー沈没。空母ヨークタウン中破。空母機六十六機喪失。たしかに負けてはいない。いちおう、レキシントンを撃沈していますからね。その上ヨークタウンも、日本側は長らく大破したと思っていたのです。

これは余談ですが、空母祥鳳に朝日新聞の有名なカメラマン、吉岡専造さんが乗っていたんです。カメラを回していたら乗っていた船が沈んじゃった。アップアップしながら必死で泳ぎ、命からがら助かった。ですから珊瑚海海戦の写真というのは一枚もないのではないかな。むろんアメリカが撮った写真はありますけれども。

保阪　吉岡さんは戦後も活躍して吉田茂に可愛がられていましたね。

半藤　話をもどしますが、珊瑚海海戦の日米の戦果について、原忠一は談話で事実関係を補足修正をしています。

翔鶴は三発の爆弾を受けて炎上したので、直ちに護衛艦を付けて一旦戦場を避退させた。攻撃から帰って来た飛行機は全部瑞鶴に収容することになったので艦内は両艦の飛行機でゴッタ返した。帰還した飛行機も大小の損害を受け、使用出来るものは一三機の内完全なるものは九機にすぎず、再攻撃は実施望み難き状況であった。

高木武雄機動部隊指揮官が井上に「第二次攻撃の目算立たず」と言ったことが井上の証言でわかるのですが、それも無理ない状況だったことがよくわかる。

保阪　そういう現状であったにせよ、勝利を徹底できなかったということも、まあ、確かなのですよね。

半藤　踏み込みが足らないという批判を珊瑚海で受けることになったのは、なによりかにより、いちばん肝腎の上陸作戦が中止になったからです。

保阪　向こうの空母を二つも沈めたとしても、大局的かつ戦略的に見ればあまり意味はなかったというわけですね。

半藤　この談話を読んでみると、原は珊瑚海海戦の機微にふれていません。敵をおびき出して空母を叩くというこの戦法は、このあとそっくりミッドウェー海戦に使うことになります。つまり珊瑚海は、ミッドウェー作戦の小型版、いわば予行練習だったのです。珊瑚海海戦、そして続くミッドウェーの戦法は、一言で言うなら「奇想の時間差攻撃」そして「空母の引っ張り出し」です。これを立案したのが先任参謀の黒島亀人大佐でした。

二兎を追ったミッドウェー海戦

半藤　ミッドウェー海戦は日本軍が戦争の主導権を失うことになったターニングポイントです。少々長くなりますが、ここは大事なところなので説明させていただきますね。この戦法がなぜ「奇想」なのかと言いますと、兵力の集中という戦術の大原則を無視した作戦だからです。また、作戦目的は単純明快がよいという戦訓に反して作戦内容に複雑さがあった。具体的には、艦隊をいくつかのグループに分け、異なる日時、場所から出撃し、巧妙に協同しつつ作戦目的を達成するというものでした。要するに、残存する敵空母が出てくるかどうかが不明であるならば、それを誘い出せばよい。敵根拠地ミッドウェー攻略の目的を達成しつつ、敵機動部隊を誘い出し、決戦によってこれを撃破する、と。この考え方自体は珊瑚海海戦の戦略とおなじでした。

保阪　前にお話しになったとおり、二兎を追うという作戦ですね。飛行場攻略と敵艦隊の撃滅という二兎を。

半藤　五月五日、ミッドウェー作戦に関する大海令（大本営海軍部命令）が発令されました。作戦目的は「陸軍ト協力シＡＦ及ＡＯ西部要地ヲ攻略スベシ」とされました。ＡＦはミッドウェー、ＡＯはアリューシャン列島の略語。作戦目的の第一義は、つまり基地の占領となっています。これをうけて連合艦隊司令部は、作戦要領を全軍に送りました。

黒島が立てた作戦計画は巧緻（こうち）をきわめているんです。まずミッドウェー島占領の日を六月七日とし、これをN日と設定したうえで、その日に向けた作戦行動を一日ごとに綿密に指定しています。カウントダウンですね。Nマイナス五、六月二日までに十一隻の潜水艦部隊は真珠湾の北方と西方に配備。実際には、整備が遅れて配備についたのは六月五日でしたがね。

Nマイナス四、六月三日にアリューシャン列島のダッチハーバーを攻撃。これを作戦開始の第一撃とする。なにも知らないアメリカの空母艦隊はアメリカ領土への攻撃に、あわてて真珠湾から出撃し、アリューシャンへ向かって急航するか、または真珠湾内で出撃準備をするであろうと読んだわけです。前者なら日本の潜水艦がこれを発見し、報告する。この日、アリューシャン列島の北、キスカ島へ上陸を開始。いっそう敵の視点を北方に向けさせる、と。

Nマイナス三、六月四日には南雲忠一中将麾下の機動部隊がミッドウェー島に襲いかかる。艦上爆撃機によって徹底的に島の防備を撃破した後に、続行してくる陸軍の敵前上陸部隊を支援しつつ、南雲部隊はそのまま進出し、ミッドウェーとハワイの中間海域で待機する。真珠湾を出撃し北方へ猛進中と考えられるアメリカ艦隊は、ミッドウェーの危機を聞きつけてあわてて航路を変えるであろうというわけです。あるいは、この日、アメリカ空母は真珠湾を出撃してくるであろう、と。いずれにせよ、とにかく真珠湾の西に布陣する日本の潜水艦部隊の網にかかるはずと考えた。

Nマイナス二、六月五日に日本軍はアッツ島に上陸。主攻撃はミッドウェーとアリューシャンのいずれなのか、と敵の混乱をさらに誘う。敵がそのまま北へ進撃するとすれば、北側に布陣の潜水艦部隊の発見するところになるだろう。

Nマイナス一、六月六日の深夜、ミッドウェー島上陸作戦開始。

N、六月七日当日に、ミッドウェー島攻略。大至急航空基地化する。

と、まあ、以上のような大計画でした。太平洋の北辺のアリューシャン列島と、北太平洋の真ん中の、ミッドウェー島の両方を意識させて敵の空母をおびき出す作戦です。

保阪　いっぽうアメリカ軍は、日米開戦前から日本の暗号解読に取り組んでいるのです。昭和十七年五月初旬ごろから頻繁につかわれだした「ＡＦ」に、アメリカ軍は注目した。日本軍の暗号の傾向からそれが地名であり、さらにそれが占領目的地であることがしだいにわかってきます。「ＡＦ」がミッドウェーの可能性が高いとしたアメリカ軍は、「ミッドウェーでは蒸留装置が故障で真水が不足している」という偽の平文電報を発信させている。傍受した出先の日本軍はこれにまんまとひっかかるのです。「ＡＦでは、いま真水が欠乏している」と東京へ打電してしまった。アメリカ軍は、それも傍受。日本の第二段攻撃目標がミッドウェーであることをこうして突き止めたという話がありますね。

半藤　日本側の情報の扱いかたは、まことに粗雑、不用心でした。もっとも、暗号が全部読まれていたという人もいるのですが、私が調べた範囲では全部は読まれていなかった、と思います。というのは、アメリカ太平洋艦隊情報将校のレストンという中佐の回想録を読むとわかるんです。ミッドウェーにくるという確証まではつかんではいなかった。それでもレストンはさまざまな情報を分析した上で、日本の機動部隊はミッドウェーに来るだろうと太平洋艦隊司令長官ニミッツ大将に進言するんですよ。それでニミッツは　フレッチャー少将とスプルーアンス少将両機動部隊司令長官に、とにかくミッドウェーへ行け、待ち伏せをしろ、と指令する。ただし、戦うに不利と思われたときは決戦しないで逃げて帰ってこい、有利と思ったらやれと、そういう指示を出しております。

保阪　そうすると、「真水に不足している」という例の平文電報の一件は、情報としてレストンのもとには入っていなかったのでしょうか。

半藤　レストンは、その情報もふくめてさまざまなレベルで得た多くの情報を、集約し分析する立場にいたのだと思います。暗号分析などもそのなかの一つだったのではないですか。しかし、日本海軍の暗号がすべて解読されていたわけではない。いずれにしても、ニミッツは珊瑚海海戦で多くの戦訓を学んでいました。これは彼の回想録にあるのですが、「日本の戦術的な考え方の一定した型が、ミッドウェー攻略計画を珊瑚海海戦と比較すれば、はっきりしてくる。ふたたび、ここでもふたつの目的があり、ふたたび部隊編成の複雑性が見られ、ふたたび日本は挟撃作戦と包囲作戦の意図をもっていた」と。戦う前に黒島の戦法は読まれていたのです。

保阪　仮にアメリカ軍が暗号解読に成功していなかったとしても、日本海軍に有利な、楽観的な予測を下すことはどうやらできなそうですね。

半藤　実際には、整備の関係から南雲機動部隊の内地出撃が一日遅れることがわかり、当初の計画より全行動を一日ずつ遅らせることになります。つまり南雲部隊のミッドウェー爆撃は、Ｎマイナス二の六月五日。全体的にずれちゃうんですね。しかし、攻略のＮ日、六月七日だけは変更されることがありませんでした。

保阪　計画日程が過密となれば、協同作戦がうまく作動しない可能性が高まることを想定しなかったのでしょうか。

半藤　最終日は変えない。そのあたりに作戦の硬直化が見えます。これを逆に言えば、なにが起ころうとうまくいくという黒島らの過信ともいえるでしょうがね。

保阪　珊瑚海海戦では、ミッドウェーを戦うことになる第一、第二航空戦隊にくらべて格段に攻撃力に劣る第五航空戦隊が米軍空母一隻を撃沈、一隻を大破しています。そこで、第一航空戦隊の空母「赤城」や「加賀」の士官室にはこんな下品な冗談が飛び交っていたそうです。「妾の子でも勝てたのだから、まして本妻の子だったら天下無敵よ」。これなど、黒島らの過信をさらに裏書きするようなエピソードですね。

半藤　そう、南雲機動部隊は〝世界最強〟という自己陶酔にのめりこんでいたのです。あるべき緊張感というものがなかったことを伝えるエピソードをもうひとつ。潜水艦「伊168」艦長の田辺弥八（やはち）が作戦計画を受けとったときに「燃料が足りません」と申告したら、帰りの分はミッドウェーで補給すればいいと言われたというのです。ミッドウェーでは絶対一〇〇％勝つと思っていたわけです。

過信を示す話はまだあって、これは五月二十五日、最終的な打ち合わせが連合艦隊と南雲機動部隊の幹部によって行われたときのことです。宇垣纏参謀長が「ミッドウェー基地に空襲をかけているとき、敵基地空軍が不意に襲ってくるかもしれない。そのときの対策は？」と念のために尋ねます。すると航空参謀の源田実が「わが戦闘機をもってすれば鎧袖一触（がいしゅういっしょく）である」と言下に答えた。さすがに山本五十六さんが、その言葉にキッとなった。「鎧袖一触なんて言葉は不用心きわまる。実際に、不意に横やりを突っ込まれた場合にはどう応じるか、充分に研究しておかなくてはならぬ。この作戦は、ミッドウェーを叩くのが主目的でなく、そこを衝かれて顔を出した敵空母を潰すのが目的なのだ。いいか、決して本末を誤らぬように。だから攻撃機の半分に魚雷をつけて待機さすように」

そう厳しく訓示したのですがね……。

黒島参謀の計画にもどります。計画によれば、Nプラス一の六月八日、日米主力の艦隊決戦が華々しく展開されるはずでした。ミッドウェー島とアリューシャン列島のアダック島を結ぶライン上に、南雲機動部隊と、北方作戦を終えて南下してくる角田覚治（かくじ）中将が指揮する空母「隼鷹（じゅんよう）」「龍驤（りゅうじょう）」が、ほぼ五百カイリ（九百二十六キロ）の間隔をおいて南北に布陣、その西方三百カイリ（五百五十六キロ）に山本五十六長官指揮の戦艦「大和」を擁する部隊がこれまた南北に並ぶのです。

　真珠湾を出撃したアメリカ主力艦隊は、いったんはアリューシャンに向かい、その後あわててミッドウェーに来ようが、そのままアリューシャン目指して北進しようが、あるいはまた、遅れて真珠湾を出て一直線にミッドウェーに向かおうが、日本海軍が敷いた強力な四方陣の内部に捕捉されてしまうであろう。そして連戦錬磨のふたつの機動部隊に挟撃され、散々に打ちのめされるアメリカ艦隊は、やがて進撃してきた戦艦部隊によって包囲され、最後の止（とど）めを刺されるであろうという、まあ、何度も言いますがまことに壮大な作戦構想なんですよ。要するに、参加艦艇二百隻以上の大兵力が十個のグループに分かれ、太平洋の北から中央にかけて展開し、Nデーに合わせて決められた作戦スケジュールどおりに進撃するという。

保阪　ところが、さきほどおっしゃったようにニミッツは出方を読んでいた。

半藤　そう、レストン情報参謀があざやかに日本海軍の意図を見抜いた。

半藤　日本の潜水艦戦隊が警戒配備につく以前に、敵機動部隊はその海域を通過して、六月三日にはミッドウェー北東の待機地点に到達しています。日本艦隊は先を越されて逆に待ち伏せを食うことになるのです。これは敗戦から十四年も経った昭和三十四年のことですが、黒島亀人は、こう言っているんです。「ミッドウェー作戦は少しも間違ってなかった。機動部隊指揮官の南雲が、あらゆる機会を捉えてアメリカ空母部隊を攻撃するようにという自分の下した命令を正しく実行していたら、この海戦は日本海軍が勝利を収めたことだろう」と。

ミッドウェー海戦というのは、黒島亀人にいわせれば勝ち戦のはずだったんですよ。ちゃんと作戦通りにやれば勝ち戦になるところを、みすみす負けたと。要するに第一航空艦隊司令長官南雲忠一中将と参謀長草鹿龍之介少将と航空甲参謀だった源田実中佐、この連中の采配がなっていなかったから負けたんだ、ということになるのですが、さあ、どうなのでしょうか。では、草鹿がなにを喋ったのか見ていきましょう。

真珠湾で致命的な大打撃を受けたアメリカには本格的進攻を企てるような気配はなく、

当分は戦力を培養して捲土重来をもくろんでいる様子なので私はこれからは愈々持久戦だとみた。それでこの際機動部隊の飛行機搭乗員の交代を行い、歴戦者は陸上に揚げて教官にし他日に備えて搭乗員の大量養成に当たらせ、編制も戦訓に基づいて大改革を行い、陣容を一新し、二、三ヶ月の整備訓練を施してその間艦隊旗艦兵器等の手入、乗員の休養を行って気分を新たにし、潑剌として次の作戦に乗り出させて貰いたかったのである。

ところが六月早々ミッドウェー作戦を始めるとのことだ。このことは機動部隊が内地に帰る前に既に決定されていたようである。連合艦隊司令部としては陣容を樹て直すなんてそんな呑気なことを言っておる時機ではない。第一段作戦の余勢に乗じて戦果を拡大し、速やかに戦勢を決定しなければならんと云う見解なのであろうが、これは机の上で仕事をする人の考えで実践者の心理を理解しないものである。しかし一旦連合艦隊で決定された以上はやらなければならない。だが機動部隊の立場から作戦の仕振りに就いてはなお意見があった。

この作戦の目的はミッドウェーの攻略にある。機動部隊は攻略部隊に協力して敵の飛行基地を叩け。同時に敵の機動部隊が出て来たら先ずこれを片付けろと云うのである。これでは二兎を追いながら上陸作戦に釘付けされ易い。機動部隊が基地を叩いたのち勝手に（予め期日を定めず）上陸せよと云うのだと気は楽であるが今度の場合はまことに窮屈である。窮屈に縛っておきながら横から敵機動部隊が出たらうまくやれと云うのだからやらされる方は迷惑な話だ。

草鹿さん、島も取れ、機動部隊をやっつけろなど、二兎を追うようなものだとミッドウェー作戦を批判していました。

保阪　「やらされる方」とは、かなり率直な物言いをしている。では、「やらせた方」は誰だということになりますね。大本営海軍部ということなのか、あるいは連合艦隊司令部なのか。

半藤　「机の上で仕事をする人の考え」と言っておりますから、大本営海軍部のことだと思います。命令は軍令部総長から発せられますしね。しかし連合艦隊司令部もこれに同調することになる。というのも山本五十六は、長期戦というような国家を滅亡に導くような悠長な戦略はとりたくない。短期決戦に徹していち早く戦争を切り上げる方途を探りたいわけですからね。アメリカが立ち直る出鼻を叩くためには、真珠湾で討ち漏らした敵空母群を誘い出し、これに決戦をしかける必要があった。そこで直径六マイルにすぎない孤島ミッドウェーの攻略が計画されたのです。

保阪　ミッドウェー作戦に関して、草鹿は山本についてはほとんど言及していません。

半藤　でも一言だけ、「敵機動部隊に対する作戦指揮は連合艦隊長官が自らやるべきだと思った」とさり気なく言っているんです。南雲忠一に任せるのでなく山本自ら作戦指揮を執るべきであった、とね。

保阪　二兎を追うかどうか、そのあたりの山本の考えはどうだったのでしょうか。

半藤　真珠湾攻撃につづく、連合艦隊司令部の第二弾作戦計画を軍令部が承認したのは四月三日のことです。連合艦隊の作戦が短期決戦にもとづいていることはすでに申し上げたとおりですが、ですから山本は、ミッドウェー島の上陸作戦など当初は考えていなかった。

軍令部と機動部隊の首脳はどうだったかというと、無理と未知数が多すぎるとしてこの作戦に反対だったことは草鹿が述べたとおりです。激論が連日のように交わされるさなかの、昭和十七年四月十八日、東京はアメリカ軍機による不意の空襲に見舞われた。

保阪　ドーリットル中佐指揮のB25の編隊による初の空襲ですね。東條英機首相が豪語していた「敵空軍の空襲は絶対許さぬ」どころの話ではありません。陸海軍、とりわけ首都防衛の責任を担っていた陸軍は震撼（しんかん）します。二十日の大本営発表は「各地の損害は極めて軽微なり」でしたが、じっさいはさにあらず。東京では六十一棟が焼失、一千二百三十七世帯が被災という損害を出し、死者・重傷者はそれぞれ八十七人、百五十一人にものぼりました。

半藤　それで、陸軍中央部は、このような事態を避けるためには、敵の機動部隊の動静を把握しておく必要があり、ひいては太平洋の哨戒線を東方に伸ばす必要がある、と考えた。「とにかく急げ」ということになったわけです。そのためには、ということで大本営陸海軍部は連合艦隊が主張するミッドウェー作戦を積極的に承認することになりました。草鹿が言っているとおり、「攻略すべし」という余計なものがつけ加えられてしまった背景には、「東京初空襲」があった。

保阪　草鹿はミッドウェー海戦失敗の原因を「一、機密の漏洩　二、作戦に慎重を欠いた　三、主力部隊（戦艦群）に対する兵術思想が旧套を脱し得なかった　四、索敵が不十分であった　五、通信戦務の不良　六、敵機動部隊発見時我が機動部隊の採った決心処置が巧緻にすぎた　七、機動部隊指揮官が余りに母艦を握りすぎた」と列挙しています。七つあげています。

半藤　どれもそのとおりですが、しかしまあ、草鹿さん、よく喋っているねえ（笑）。草鹿さんがミッドウェーについてこんなに丁寧に喋っているのは、やっぱりおなじ海軍の身内が相手だったからでしょう。貴重な証言がとれたのはまさにこの本のお陰です。草鹿さんを取材したとき、ミッドウェーについて詳しく聞こうとずいぶん食い下がったのですが、彼は言い渋っていたんですよ。

保阪　ほう、言いたがらない。

半藤　ほぼおなじ頃に、片一方ではこんな喋っていたのですねえ（笑）。けっきょく私に言ったのは、「驕慢の一語に尽きます」。この一言だけでした。「もう何もほかにいうことはありません。驕慢の一語に尽きます。われわれ日本海軍は敵を侮っていました」と。こっち（小柳資料）には「驕慢」の文字は一つも出ていませんね（笑）。

保阪　ということは、国民一般に向けて答えるべきことはない、と考えていたことになりますね。

半藤　たとえば「五、通信戦務の不良」については、重巡洋艦、利根の索敵機の話をしています。こういう専門的な話を門外漢の若い記者にしても、どうせわからないさ、と思ったのではないかという気もしますがね。そのわりには草鹿さん、戦艦大和の特攻作戦のことに関しては、ものすごく喋ったんです。

保阪　昭和二十年四月、沖縄戦の海上特攻のことですね。

半藤　旗艦大和にいた第二艦隊司令長官の伊藤整一中将のところへ口説きに行ったエピソードは、それこそ延々としゃべりました。

保阪　あの話は、お涙物語ですからねえ。

半藤　おっしゃるとおりお涙物語なんです「私は大和を出すことは反対だった」というところから始まりまして、連合艦隊参謀の神重徳大佐がこれを強く主張して、なだめたが聞かない、と。草鹿は神に押し切られるかたちで伊藤を説得に行き、「一億総特攻のさきがけとなっていただきたい」と言ったらこれに伊藤がついに納得し、頷いたという。

保阪　本当にそういう話はしたのですか。

半藤　したんですよ。けれどもミッドウェーはまったくしませんでした。

保阪　こんなに詳しく話したのは、海軍戦史のなかに、きちんと位置づけておかなければいけないという思いがあったのかもしれません。時間までキチッ、キチッ、キチッと示してものすごく細かい。おそらくメモを用意しておいて答えたのでしょうね。

それにしても、珊瑚海海戦で大きなダメージを受けたヨークタウンの改修がわずか二日間で終わったというのは、ほんとうなのでしょうか。

半藤　真珠湾で丸二日修理したけど間に合わず、技術者や職工を乗船させて、航海中に直したんですよ。ですから正しくは二日間で終わったわけではなくて、もう少しかかっています。

保阪　草鹿が敗戦の理由の第二項にあげた「作戦に慎重を欠いた」というところが、言うなれば半藤さんに語ったという「驕慢だった」というところなのでしょうか。

半藤　だと思いますね。

保阪　第四項の「索敵が不十分であった」ということもこれまでいわれてきましたが。

半藤　それには理由があって、アメリカの機動部隊は出てこないと頭から思いこんでいたんですよ。なんとなれば、レキシントンを沈め、ヨークタウンはまだ航行できずにいるはずだから、残っているのはエンタープライズとホーネット。それしかいないと信じ込んでいたのです。ですから、まさかヨークタウンを修理して出てくるなんて、と。

第八戦隊の重巡洋艦、筑摩（ちくま）の索敵機、筑摩一号機には黒田信という大尉が乗っているんです。秦郁彦さんが、黒田にインタビューしたことがあって、このことについて尋ねたら「ミッドウェーの敗北は自分のせいだ」と言ったそうです。本来索敵機は雲の下を飛ばなければいけないんです。黒田大尉は敵の機動部隊の上空を飛びながら、雲の上を飛んでしまった。黒田もまた、敵はいないものと思い込んでいたのでしょうが、その真下に敵の機動部隊がいたのですよ。このとき敵を発見できていれば、戦況が違っていたことは間違いありません。

保阪　草鹿は第五項、「通信戦務の不良」ではこんなことを言っています。

○四二八、利根機発信の最初の敵情報告は「敵らしきもの一隻見ゆ・・・・」で、位置針路速力は報じているが肝心な敵の兵種が解らない。しかも私がこれを見たのは午前五時であるからその費消時は約三十分である。分秒を争う場合三十分の費消時とは余りに長すぎる。これは暗号の作製、翻訳、艦内伝達等に不十分な点があったのであろう。

索敵機からの暗号電信を読み解くのに時間がかかりすぎだと、艦内の情報伝達の不首尾にも言及していました。参謀長である草鹿のところに報告があがるのに三十分もかかっていたとは……。

半藤　その体たらくもさることながら、「敵らしきもの一隻見ゆ」という情報をすぐ知り得た南雲司令部がこれに即応せず、なぜかモタモタしていたんです。「艦種確かめ接触せよ」と二度にわたって余計な通信のやりとりをしている。米機動部隊攻撃命令を全軍に発令したのが、午前五時五十分。一時間半にちかい遅れは航空戦闘においては致命的でした。

それにしたって「敵らしきもの」というのはないですよ。敵ですよ、それは。しかも空母を伴わないで駆逐艦とか巡洋艦がのこのこ出てくるはずはないんです。「敵らしきもの見ゆ」というときに、すぐに発動しなければいけなかった。山口多聞が、「直チニ攻撃隊発進ノ要アリト認ム」という有名な電信を打っていたのに即応しなかった。けっきょく南雲忠一が「敵らしきもの見ゆ」の報せから、発進命令を出すのに一時間半もの時間がかかっているのですが、そんなバカな、ですよ。

保阪　草鹿が第六項目にあげた「敵機動部隊発見時我が機動部隊の採った決心処置が巧緻にすぎた」については解説がないと、読者には意味がよくわからないと思います。草鹿が語ったのはつぎのような内容です。

ミッドウェー島攻略のため第一次攻撃隊が発進すると、各母艦は敵空母に対する第二次攻撃を準備した。そこへ第一次攻撃隊指揮官から「第二次攻撃の要あり」との意見具

南雲忠一

ミッドウェー海戦。空母艦橋から黒煙を上げる「ヨークタウン」

中があったので、第二次攻撃隊は再び陸上攻撃用に装備を替えた。その作業中に敵空母発見の報告に接したのである。この時は、山口司令官具申の如く拙速第一主義で戦闘機も付けられるだけで我慢し、爆弾も陸用爆弾でよし、人情は一切殺して直ちに第二次攻撃隊を発進し敵空母の撃滅に邁進すべきであった。それを再び艦船攻撃用の装備に転換を命じたのだ。空母の飛行甲板は薄弱であり、爆撃効果は多少落ちても、飛行甲板を破壊するには陸用爆弾で十分であったのである。

半藤　「第一次攻撃隊指揮官」とは友永丈一大尉です。空母「飛龍」の攻撃隊長の、第二航空戦隊司令官の山口多聞が打った「直チニ攻撃隊発進ノ要アリト認ム」という電信を南雲司令部は握り潰したんです。なんで握り潰したかというと、ここに源田実が出てくる。源田実が「戦闘機をつけない攻撃隊は餌食になるだけだから発進させるべきではない」と南雲に進言していました。私も何度も取材しましたけど、源田という人は、もう戦闘機第一主義なんです。第二次攻撃隊に戦闘機をつけるためにそれをみな艦上におろして整備したため、そうとうな時間がかかってしまった。ですから草鹿は、つけられるだけの戦闘機をつけてあのときすぐに攻撃にいかせるべきだったと、それを言っているんです。事実そうですよ。しかし、航空に素人の南雲には決断できなかった。

ところでミッドウェー作戦における指揮官に関して私は、飛行機の素人だった南雲が機動部隊の司令官になったから、参謀長は空の専門家を、というので草鹿龍之介が選ばれたのだろうと、当初は思っていたんです。ところが草鹿は飛行機ではなくて飛行船の専門家だった（笑）。取材をした海軍の軍人の何人かが、「草鹿が空の専門家？　違うよ、あれは飛行船だよ」なんて教えてくれました。バカにしたような口調でしたねえ。「だから源田実にかき回されたんだ。あれは南雲艦隊じゃなくて源田艦隊だった」と。海軍の人は、悪口を言うときはけっこう悪口を言いますからね。

保阪　ではみんなが、あの人は立派だったというのは誰ですか。

半藤　ミッドウェー海戦で、空母飛龍と運命をともにして戦死した山口多聞のことはみんながほめますね。ほかでもない草鹿龍之介が山口のことを「三拍子も四拍子もそろった名提督」と評しています。大西瀧治郎はその死を「一時に大艦数隻失う以上の損失」と惜しんだというのですからね。

保阪　実際に山口はアメリカ側の資料でもほめられています。

半藤　山本五十六は残念ながら、軍令部にいた人や艦隊にいた人たちからは、あまりよく言われなかった。それ以上に井上成美も嫌われていた。小沢治三郎さんについても、「あれはアル中で部下のいうことを聞かない人だった」というような悪口を聞いたことがあります。

保阪　けっきょくミッドウェー海戦では、赤城、加賀、飛龍、蒼龍の空母四隻が沈没、航空機も二百八十五機を失うという大損害を出しました。このとき多くの優秀なパイロットが亡くなっていますが、これについて草鹿が言及することはありませんでした。パイロット一人を育てるのにどれくらいの時間と費用がかかるか。それを考え合わせればたいへんな損失ですから、なにか言ったっていいはずですよね。

半藤　そういう意味では草鹿の「ミッドウェー海戦失敗の原因」というのは、あまりにも常識的でした。

保阪　有名な「運命の五分間」の話は、草鹿が証言しているこのとき、すでに一般的になっていたのですよね。米軍機の急降下爆撃が五分後であったら、日本の攻撃機はぜんぶ発艦を終えていて大きな被害を出すことはなかった。逆に日本の攻撃隊が米空母群をやっつけて南雲艦隊は勝利したであろうという。

半藤　ええ。そのように語った淵田美津雄(みつお)と奥宮正武(まさたけ)の証言録がもう出版されていましたから(『機動部隊』『ミッドウェー』/いずれも昭和二十六年日本出版協同刊)、一般的に「運命の五分間」はすっかり定着していましたね。その後ごぞんじのとおり、澤地久枝さんの仕事(『滄海(うみ)よ眠れ』昭和五十九〜六十年毎日新聞社刊/『記録ミッドウェー海戦』昭和六十一年文藝春秋刊)によって、それが間違いであることが明らかになりました。第一航空艦隊の戦闘詳報の写しが見つかって、確認された事実ですがね。

保阪　どうも日露戦争以来日本では、海戦の話を面白く、かつ日本人受けするようなものに脚色する傾向がありますね。さて、ミッドウェーについては栗田もちょっとだけ話しています。

半藤　支援隊司令官で、第七戦隊を率いていた栗田健男少将は何を言っているかしら。

保阪　ほとんどなにも語っていないに等しいですね。

半藤　栗田はたっぷり弁解しなければいけないところなんです。栗田直率の第七戦隊は、重巡洋艦を四隻も率いていました。最上、熊野、三隈（みくま）、鈴谷（すずや）の四隻。ところがほとんど戦うことなく逃げ回っているんですよね。このミッドウェーが、「またも逃げたか栗田さん」の最初でした。当時、中央で軍令部第一部長だった福留繁少将は、悔しそうにその思いを語っています。かつ率直にね。

　ミッドウェー海戦の失敗したことは今でも残念でならない。失敗の原因は作戦実施に大きな油断のあったことを認めざるを得ない。大本営の作戦指導にも遺憾の点があった。大本営も連合艦隊と同様に、ミッドウェーが占領され、アリューシャンが占拠されて後、始めてアメリカ艦隊が出撃するだろう位に判断しており、まさかアメリカ艦隊が待ち構えていようとは少しも予期していなかった。ミッドウェー作戦は、日本海軍が三十年も掛かって研究訓練した邀撃作戦を、あべこべに彼にしてやられた結果となってしまった。ミッドウェー海戦の打撃が余りに大きかったので、この作戦を転機として、最早積極進出作戦は不可能となった。

保阪　おなじく軍令部第一課長大本営参謀だった富岡定俊大佐はこう言っています。

軍令部では、第二期作戦の手始めとして、一七年六月頃から米豪遮断のフィジー、サモア攻略作戦を始めるよう計画していたところ、三、四月頃連合艦隊司令部から、その代わりにミッドウェー攻略作戦をやらせてくれと申し出て来た。その狙いは、ミッドウェーを押さえておかないと日本本土が空襲を受ける虞れがある。ミッドウェーは小島ながら、占領の上はこれに航空兵力を配備して、我が東方哨戒戦を前進させたい。また、なし得れば、ミッドウェー争奪戦を契機として、ハワイから敵決戦兵力を誘出してこれを、撃滅したいと云うにあった。艦隊決戦ならば、フィジー方面でも双方の距離から言って五分五分の戦さが出来るのではないかと言うのだが、連合艦隊では、遠すぎるとて同意せず、米豪遮断の重要性を反復しても耳に入れない。とうとう軍令部が聞かなければ、山本長官は辞めると、また例の奥の手を出して来た。我々は当時「山本長官戦略を知らず」などと大いに憤慨したものである。

半藤　軍令部がミッドウェー作戦に猛反対したというのは有名な話です。富岡は、戦後十年以上経てもなお、憤懣やるかたない感じですね。

保阪　だから我われは反対したんだ、それ見たことか、と言わんばかりです。

半藤　これは余談ですが、私はミッドウェー海戦の図上演習をやったことがあるんです、いわゆる海軍大学校図上演習規則にちゃんと基づきまして、私と大和ミュージアムの館長、戸高一成が日本軍、秦郁彦と東大の関寛治がアメリカ軍。実際とおなじようにやったんです。審判が、海軍兵学校最後の卒業生だった野村實というメンバーです。野村さんは海軍大学で図上演習を経験しています。

日曜日の昼から夜の十二時まで、十二時間もかけて行いました（笑）。アメリカ軍と審判、日本軍用に部屋を三つ借りて、館内電話を使いました。トイレ行くのにも審判のところに電話をしまして、審判から伝令がきて見張りについて来たりして（笑）。戦闘中のさまざまな条件設定は、海軍大学校のやり方どおりに天候その他の不可知の条件設定を、サイコロを振って決める。出た目によって火薬庫に命中とか、空母轟沈とか、まあ、いろいろ決めごとがありますが、細かい話は端折ります。結果的には、敵の航空母艦二隻撃沈。一隻は最後までついに発見できず。味方は一隻撃沈されて一隻中破。飛行機の数は、こっちはまだ五十機ぐらい生き残りましたが向こうは全滅でした。

保阪　ということは、日本軍が勝つ可能性があったということですか。

半藤　最後、野村審判が「この戦は日本軍の、勝ちとは申せないけれども、まあ、辛勝である」と判定を下しました。つまり実際も勝つ可能性はあったんです。要するに勝つ可能性はあったのだが、油断が敗北を引き寄せたということですね。しかしこのとき私は、しみじみ味わいました。前線の指揮官というのはこんなにおっかないものかと。というのは、決断するときに兵が死ぬことを想定せざるを得ないんです。独特の怖さというものを味わいました。

保阪　なるほど。草鹿が「人情は一切殺して直ちに第二次攻撃隊を発進し敵空母の撃滅に邁進すべきであった」とは、そのことですね。

半藤　ですからやっぱり護衛の戦闘機をつけないで攻撃機を出すというのは、そうとう決断が要ることではあるのですよ。でも前線の指揮官には鬼のような決断力も必要でした。

保阪　栗田健男が、乗組員の生死に関して少ししゃべっていますね。

その後、三隈［重巡洋艦］は七日朝来敵艦上機数次の攻撃を受け沈没した。崎山［釈夫］艦長は負傷して駆逐艦に収容されたが、敗血症のためトラック入港の前日死亡した。三隈、最上［重巡洋艦］は敵機数機を撃墜したが、パラシュートで降りた搭乗員は飛行艇で収容して行ったそうだ。どこまでも人命を大切にするアメリカと思った。

日本の搭乗員は収容されずに海に沈んだ人が多かったから、栗田は彼我の違いを実感したのでしょうね。ミッドウェーで、空母飛龍と運命をともにして死んだ山口多聞と艦長の加来止男が美談に語られることになるわけですが、山口のような優秀な指揮官をみすみす失ったこともまた、日本海軍の損失でした。これは日本海軍独特の美風なのでしょうか。

半藤　もとはといえばイギリス海軍の習慣なんです。それを日本海軍は継いでいました。とはいうものの、このあとしばらくして艦と運命をともにするということはなくなっていきました。

保阪　そうでしたか。それはいつ頃からでしょうか。

半藤　ガダルカナルの戦いの頃には、もうなくなっていたのではないですか。駆逐艦夕立の艦長だった吉川潔（きよし）中佐がそれを強く主張したというのは有名な話でして、吉川はよく言っていたそうです。「艦は三年もすればつくれるが、艦長ができるまでには十年もかかる。いちいち艦と運命をともにしていたらいったい誰が戦争をすんだッ」と。「むしろ生きて新しい駆逐艦で戦うべきだろう」とね。そしてガダルカナルでもソロモン海戦でも獅子奮迅（ししふんじん）の活躍を見せています。しかしこの人も最後は駆逐艦大波と運命をともにすることになってしまいました。生存者は一人もいませんでしたがね。

保阪　主力空母をすべて失ってミッドウェーでは惨敗を喫することになりました。しかし南雲長官と草鹿参謀長はその責任をとることなく、つづくガダルカナルの戦いでも指揮をとることになります。

半藤　南雲と草鹿は二人して山本五十六のところへお願いに上がるんです。もういっぺんやらしてくれと。それを山本さんが容れてしまうんですよ。これも、そうとう日本的な措置でしたね。

保阪　米国太平洋艦隊ではあり得ませんか。

半藤　あり得ませんね。でも、どうですかね。山本さんをかばうわけではありませんが、涙ながらに大の男が二人、もういっぺんやらせて下さいと頭を下げに来たら、どうしますかね。かく言う私も断れないかもしれません（笑）。

第五章　終わりのはじまりから連合艦隊の最後

ガダルカナル島争奪戦から「転進」へ

半藤　昭和十七年（一九四二）八月となって、いよいよ半年にわたって熾烈（しれつ）をきわめるガダルカナル島（ガ島）争奪戦がはじまります。戦いのさきがけとなったのは、八月八日から九日の、第一次ソロモン海戦でした。ガ島へ上陸作戦を敢行したアメリカ軍を撃破するために行われた、三川艦隊による〝殴り込み〟はつとに有名です。さて、当の第八艦隊司令長官三川軍一はなにを語っているでしょうか。

保阪　三川が率いることになった第八艦隊は、ミッドウェー海戦後の翌月、七月になって新たに編成された艦隊だったようですね。「十四日に親補された」と三川は言っています。参謀長が大西新蔵（しんぞう）少将、先任参謀が神重徳大佐、作戦参謀に大前敏一（としかず）中佐がその任に就いています。このとき軍令部総長の永野修身が三川に言ったひと言がちょっと面白い。

東京出発に際して永野［修身］軍令部總長に挨拶すると「第八艦隊は最前線に出て戦うようになるが、無理な注文かも知れんが日本は工業力が少ないのだから、艦を毀さないようにして貰いたい」と言われた。

半藤　ミッドウェーで精鋭空母四隻を失っていますからその気持ちもわからないではないが、軍令部のトップから艦を毀さないようにせよ、などと言われてしまったら、どんな猛者でも一か八かの戦闘では二の足を踏んでしまいますよねえ。

保阪　トラック島で第四艦隊司令長官の井上成美から任務の引き継ぎを受けるときのやりとりも面白いです。アメリカがガ島に上陸してくるなど、まったく想定していなかったことがわかります。

当時大本営ではポートモレスビー作戦に熱中しており、一方ガ島では飛行場の設営に懸命であった。第四艦隊司令部でもニューギニア作戦に専念してガ島に対する関心は甚だ薄かった。井上長官はじめ敵はガ島などに来るものかと言われ、川井巖参謀などは「敵のガ島上陸を心配するのは、天の墜ちて来るのを心配するようなものだ」とうそぶいていた。

半藤　そこまで「あり得ない」と信じ込んでいたとは驚きですね。ただし、これが想定外だったことは間違いないんです。アメリカの第一海兵師団がガ島に上陸したのは昭和十七年八月七日。これはあとからわかることですが、これが米軍の、日本本土攻略の第一歩でした。つまり反撃攻勢のスタート地点を、北方アリューシャンや東ミッドウェーの方面からではなく、まず豪州を起点におく。そこから長期戦を覚悟して南から攻め上がろうとしたわけですね。ソロモン群島を飛石づたいに北進して、フィリピンを奪還し、台湾、沖縄を制圧して九州に迫る。これは大本営が想像だにしなかった戦略でした。大本営は、ガ島を大反攻戦のはじまりとは判断せず、局地的上陸戦と考えた。いっぽう山本五十六長官は比較的これを重大視しています。即刻第二、第三両艦隊をラバウルに進出させ、テニアンの基地空軍をそこに移動させていましたからね。

保阪　三川軍一は、井上成美に対する批判とも読める発言をしているんです。

井上第四艦隊長官は当時第八艦隊のガ島突入を以って乱暴だと評せられたと云うことだが、後日大前参謀がトラックに立寄った際、当夜の戦闘輸送船団攻撃中止の経緯等を説明したところ、あれでもやり過ぎだと云われたそうだ。

半藤　乱暴だ、とかやり過ぎだ、と評した井上の真意はわかりませんが、もしかしたら井上も、当初は本格反攻ではなく局地的反攻と見ていた可能性はあります。要するに、局地戦に大事な艦を失うようなリスクを冒すべきではないと。なにしろ貧乏海軍ですから、艦を沈めたらたいへんだという思いが永野修身でなくてもある。みんな艦は沈めたくはないのです。

保阪　三川が登場するページに「第一ソロモン海戦行動図」が出ているのですが、解説していただけますでしょうか。

半藤　ごく簡単に言うなら、敵陣深く突っ込んでいって右砲撃戦で次から次と撃って、とにかくそこにいる敵巡洋艦をボカボカぶっつぶし、ぐるっと回ってサーッと引き上げてしまうという戦術です。三川艦隊は八月八日の夜半、ルンガ泊地にいたアメリカ・オーストラリア連合艦隊に夜襲をかけるんです。虚をつかれた敵艦隊はろくに応戦もできず、わずか三十分の戦闘で、米重巡洋艦三、豪巡洋艦一を撃沈、米豪軽巡洋艦各一隻を大破させています。

保阪　そしてすぐ、避退したわけですね。

半藤　このとき泊地の奥には約四十隻の輸送船団がいたんですよ。敵の護衛艦隊をほとんどすべて潰したのに、なぜそのまま突っ込んでいって輸送船を叩き潰さなかったのか、なぜくるりと回って引き返したのかと、あとから批判されることになりました。

保阪　本当ですね。さほど難しいことではなかった。

半藤　ところが、日本海軍の作戦思想として、目標はつねに敵の軍艦です。輸送船など二の次という考え方があったんです。殊勲の査定基準があって、戦艦撃沈なら六十点、商船なら七点でした。これではなかなか輸送船など叩こうとは思いませんよ。

保阪　小説家の丹羽文雄が八月八、九日第一次ソロモン海戦に行っていますね。海軍報道班員として第八艦隊の重巡洋艦鳥海に乗って備忘録をとりながら観戦し、帰国すると「海戦」と題するレポートを書いていました。掲載されたのが「中央公論」の昭和十七年十一月号ですから、執筆はまさに観戦直後。まだ戦場の記憶も興奮も冷めやらぬ時期に執筆している。この作品は艦内にあって、じっさいに海戦に入っていくプロセス、実際の戦闘、そして戦闘のあとの空虚感、さらには医務室で治療を待つ戦傷者たちの姿まで丹念に描いています。中公文庫（『海戦』）に入ったときに私が解説を書いたので、この作品はとりわけ印象深いです。

半藤　いざ開戦となって、丹羽文雄ら報道班員は指令塔のなかにいるのですが、『海戦』には、ものすごく威勢のいい参謀が登場します。これが神重徳大佐なんです。神参謀は戦艦を主力とする殴り込み戦法が得意でしてね。三川軍一さんはすべて自分の手柄のように喋っていますが、実際にさまざまな作戦命令を進言していたのは神参謀でした。

保阪　いずれにしてもガ島は餓島とも言われ、上陸した陸軍の兵士たちは筆舌に尽くし難い辛酸を舐めることになるわけです。陸軍も当初はアメリカの反攻をそうとう見くびっていました。ミッドウェー攻略に派遣されながら上陸中止になった陸軍の一木支隊によって、すぐに飛行場を奪還するつもりだったのです。その争奪攻撃が八月二十一日に行われるのですが、近代装備の米軍の前に無惨にも壊滅しています。

半藤 そこで一木支隊の残存兵力に海軍陸戦隊を加えて、艦隊援護のもとで陸揚げすることになったわけですね。海軍は、近藤信竹中将の第二艦隊と南雲忠一中将の第三艦隊とを出撃させて敵空母艦隊と一戦を交えた。これが第二次ソロモン海戦です。日米双方一隻ずつ空母を失っている。

保阪 まあ、互角の勝負だったと言えるでしょうね。

半藤 アメリカの陸軍少将だったアンダーソンが、のちにこう述べているんです。「日本が二回目の攻撃のときに、第三回戦だけの兵力を投じていたら、アメリカ軍は敗北したであろう。第二回戦で日本の奪還意図を知り、大至急増強して辛うじて防御することができた」と。じつは惜しい戦いだったんです。しかし九月になると敵の基地は増強されて大きい飛行場も新設され、航空兵力が強大化され、形勢が悪くなっていく。その間、何度も海戦が行われています。

保阪 そうした海戦は、陸兵の輸送や補給との連携で行われ、つまり陸海協同作戦だったのですよね。

半藤　そういうことです。小さい衝突まで数えあげたら百回にものぼるのですが、そのなかで、両軍の大部隊が戦い本格的な空母決戦となったのが昭和十七年十月二十六日「南太平洋海戦」でした。これが実はいちばん重要なんです。飛行場奪還を目論む陸軍の総攻撃が計画されたのが十月二十二日。海軍もこれを支援するために、まずは戦艦金剛、榛名を中核とする近藤中将率いる前進部隊を派遣した。これにつづいて空母翔鶴、瑞鶴を中核とした南雲中将の機動部隊を南下させました。迎え撃つ米側も日本が飛行場を奪還にくるのを予測しており、空母エンタープライズ、ホーネットなどで編成された機動部隊を差し向けるのですがね。戦闘の詳細は省略しますが、南雲機動部隊は空母ホーネットを撃沈させて、エンタープライズも中破させた。この南太平洋海戦は、いちおう日本の勝利なんですよ。まあ、いうなればミッドウェー海戦の仇を討つことに成功したんです。

保阪　南太平洋海戦は、南雲と草鹿の仇討ちだったんですね。面白いと思ったのは、草鹿龍之介が語った戦場に赴く直前のエピソードです。

十月二五日の夕刻、南雲「忠一」長官は私を長官休憩室に呼んで「君の考えはよく解るが、斯う再々連合艦隊から言われたら南に突っ込まざるを得ないであろう。理屈は抜きにして僕に同意してくれないか。こんなことは艦長や幕僚のいる前では話したくないからわざわざ君を呼んだ訳だ」とその苦衷を述べられた。

このセリフ、面白いですね。

半藤　なかなか面白い。要するにもういっぺんミッドウェーの二の舞を踏む可能性が高いというのが、草鹿の主張だったのでしょう。でもあまりにしつこく連合艦隊から、行け、行け、と言われるものだから、心ならずも行かざるを得ないということになったということがわかります。

保阪　そういう苦衷を述べていたわけですね。そして草鹿がこう答えています。

しかしこうなれば致し方がない。「長官がそこまで言われるなら突っ込みましょう。但し今夜半頃から必ず敵機の蝕接を受け、明早朝には東方にあると思われる敵の有力部隊から先制攻撃を受けるようになりましょう。それは覚悟でおって頂かなければなりません」「それでは突っ込んでくれ」と云うことになり……

半藤　なかばヤケクソで突っ込むことになるのですが、結果、南雲さんも草鹿さんもめでたく殊勲をあげたということになりました。じつはこのときの海戦で、真珠湾以来のエース級のパイロットがゴソッと死んでいるのです。

保阪　ああ、このときなのですか。

半藤　このとき、みんなもう死に物狂いで突っ込んだ。空母機、じつに百三十二機を失ってしまいました。航空部隊は大打撃を受けたんです。

保阪　そういうことは語っていませんね。草鹿とすればあくまで勝ち戦さという認識だったのか。いずれにせよ、南雲はこれで名誉を挽回して、佐世保鎮守府司令長官になって陸に上がりました。

半藤　昭和十七年の大みそか、御前会議での天皇の決断があって、ついにガ島放棄が決定されます。撤退は駆逐艦によって三回にわけて実施され、これを、捲土重来を意味する「け号作戦」と呼びました。昭和十八年二月一、四、七日にわたって行われたこの撤退作戦は幸運にも成功し、一万六百五十二人の将兵が収容されて帰国しています。

保阪　昭和十八年二月九日午後七時の「大本営発表」を紹介させてください。

「わが部隊は昨年八月以降、引き続き上陸せる優勢なる敵軍を同島の一角に圧迫し、激戦敢闘よく敵戦力を撃破しつつありしが、その目的を達成せるにより、二月上旬同島を撤し、他に転進せしめられたり」

「転進」の名のもとに退却の事実を公表しました。

保阪　日本の機動部隊はこのあとしばらく退いて態勢を整えなおすことになります。ですから南太平洋海戦のあと、空母戦は昭和十九年六月のマリアナ沖海戦まではないですね。いっぽうガ島争奪戦に勝利した連合軍は、アメリカ大統領ルーズベルトとイギリスの首相チャーチルのあいだで会談がもたれた。カサブランカ会談です。昭和十八年一月十四日から十六日のあいだにモロッコで開かれたこの会談で、今後は当面ドイツを撃破することを優先し、対日戦は制限された範囲内の戦闘におさめようという方針が決まります。具体的には輸送船、補給船など海上交通の破壊によって、前線の日本軍を兵糧（ひょうろう）攻めにする作戦でした。

半藤　この苦境をどう打開すべきか、第三段作戦はどうあるべきか、大本営陸海軍部の合同作戦会議が開かれたのがカサブランカ会談に遅れること二カ月、三月十五日のことなんです。すったもんだのあげく、ようやく決定したのが三月二十五日。ガ島のみならず、ソロモン、東部ニューギニアをあきらめて、戦線を西部ニューギニアまで下げるというものでした。

これは山本五十六の参謀だった渡辺安次（やすじ）元中佐から聞いた話なのですが、じつは山本連

ラバウル基地で戦死した搭乗員の棺に拝礼する山本五十六

ガダルカナル島に上陸する米海兵隊

合艦隊司令長官は、大本営の戦線縮小案よりさらに思い切った案をもっていたというのです。連合艦隊の決戦兵力である、なけなしの飛行機部隊を空母から陸上におろし、ソロモン、東部ニューギニア方面に集中している米豪の船団や航空兵力に、ラバウル飛行場から痛撃を与える。そのあいだに、伸びきった第一線兵力を後方のサイパン、テニアン、グアムなどマリアナ諸島のラインまで下げる。そしてもう一度全力をあげて反撃決戦にでるというものでした。簡単に言うなら、日本軍の根本的な立て直しのために行う時間稼ぎの航空攻撃ですね。これが「い」号作戦と名づけられた。

保阪　それは絶対国防圏に結びつくような考え方ですね。

半藤　そうです、その考え方ですね。とにかく補給が続かなくてどうにもならないと。だから近くに引き寄せて決戦を挑もうという。この「い」号作戦、のべ六百八十五機による大規模な空爆をガ島、ポートモレスビーなどに行いました。その結果、連合艦隊は大きな戦果をあげたと思っていたのですが、実際は、日本側の見積もりをはるかに下回るものでしかなかった。

渡辺安次は、こうも言っていました。「サイパン、テニアン、グアムから一挙に反攻に転じるためには、ソロモン諸島に展開している第一線基地を、敵中に捨て石にして残して、見殺しにせざるを得ない。多くの部下に死んでくれというに等しい作戦であった」とね。つまり、四月十八日、山本長官がブーゲンビル島へ向かった前線視察は、激励でも慰労でもなく永の別れを告げにいくためのものだったのではないかというわけです。捨て石にする部下たちへのお詫びです。ところが敵は、山本の行動日程を伝える電報を傍受していた。

保阪　アメリカ空軍の戦闘機に待ち伏せされ、山本長官搭乗機は機銃攻撃を受けて命を落とすこととなりましたね。開戦前に、「半年や一年は暴れてみせます」という言葉を口にした山本さんでしたからこの死について……。

半藤　ええ、自ら死に赴いたと解釈する人がいるんですよね、山本は死にに行ったと。そのほうがカッコいいのかもしれませんが、私は、それはないと思います。そんなに弱い人じゃないような気がしますがね。というのは、山本さん、「黒島参謀を別の人間にかえて作戦を立て直したい。誰がいいかね」ということを第三艦隊司令長官の小沢治三郎中将あたりに聞いているんです。

保阪　なるほど。そこまで考えていたということは、やっぱり山本長官は、もういっぺん立て直して自らの指揮のもと攻勢をかけようと考えていた、という見立てでよさそうですね。

半藤　そうです。しかし命を失うこととなってしまって、山本さんのあとに登場したのが古賀峯一大将なんですよ。古賀さんは、もとは米内、山本、井上とも親しい対米英協調派。アメリカをよく知っていて、対米戦はしちゃいかんというグループでした。ところが昭和十九年三月、連合艦隊トップに就任してから一年を経ずして飛行機事故で死んでしまう。

これが有名な「海軍乙事件」なんですがね。これについてはあとで詳しく話しましょう。ま、いずれにせよ、古賀が死んであとにはもう誰も、しかるべき人間がいないんです。

〝玉砕〟と海上輸送作戦の不備

保阪　昭和十八年に入ると陸軍の玉砕戦が始まっています。ガ島争奪戦に勝利したアメリカは、余勢をかって五月にアリューシャン列島方面でも反撃を開始。もとはアメリカの一部だったアッツ島とキスカ島の奪還作戦です。

この、北太平洋での唯一の艦隊決戦は双方重巡洋艦一隻ずつ損害を出しただけで、ついに雌雄(しゆう)を決することはありませんでしたが、アッツ島の守備隊は深刻な物資不足に悩まされた。アメリカ軍が島に上陸すると、守備隊は十七日間の激闘の末に二千三百五十一人が戦死しました。生き残った日本軍はわずか二十八名です。戦時下の日本人が大本営発表で「玉砕」という言葉を聞いたのは、このときが初めてでした。

半藤　いっぽうキスカ島は、木村昌福(まさとみ)少将が救出作戦を成功させて七月二十九日に守備隊五千百八十七人を生還させせました。

保阪　十一月にはタラワ、マキン両島の守備隊が玉砕します。手元の資料では、昭和十八年に入ってからの新造船量は、月に五万トン足らず。敵の海上交通破壊戦による喪失量が新造船量を上回り、日本の船舶は日に日に減少するばかりでした。

この頃の海上護衛について、海上護衛司令長官となっていた元海相の野村直邦大将が「昭和十八年九月三十日開戦以来始めての御前会議が開かれ、海上輸送刷新強化のための海上護衛司令部の創設を見るに至った訳で、甚だ手遅れであった」と語っています。以下、なにをやっても被害が増すばかりで打つ手はなかったという話が縷々続くのですが、野村談話の結語だけ紹介しておきます。

日本の決戦主義は明治時代からの日本海軍の伝統で戦前においても海上戦闘のことは多大の関心を以って事細かに研究したが輸送作戦に至っては殆ど無関心であったと云ってもよい。海上輸送ということは資源の乏しい日本としては戦争遂行上最も大切なファクターである。戦前からもっともっと輸送作戦の研究施策をなしおくべきであった。

「海上輸送」という戦争遂行上最も大切なファクターに、日本海軍はなぜか無関心であったと言っています。

半藤　信じ難い話ですがほんとうなんです。海上輸送が壊滅して、どうしようもなくなってしまった。これ以降政府の施策は、もうなり振りかまわずといった具合でして、昭和十八年一月には敵性音楽禁止の通達を内務省情報局が出して、英米その他敵性国家に関係する楽曲一千曲をえらんで演奏やレコード販売のすべてを禁止しました。昭和十八年十月に東條内閣は、それまで徴兵猶予とされていた高等教育を受けている学生のうち、文科系および理科系であっても農学系の学生については徴兵猶予措置を撤廃。彼ら若者たちが陸続と戦地に送り込まれていくわけです。

保阪　十月二十一日に秋雨の冷たく降りそそぐ明治神宮外苑競技場で「出陣学徒壮行会」が催されましたね。行進する出征学生。それを見送る下級生や女学生たちで埋め尽くされたスタンドを映したニュースフィルムが残っています。この壮行会は文部省主催でした。

半藤　そして昭和十九年になると、年明け早々、陸海軍の抗争が始まるんです。大本営は航空戦力強化のために戦闘機五万数千機の大増産目標を掲げたのですが、陸軍と海軍が機体の素材であるアルミニウムの配分をめぐって激しく対立し、じつに一カ月もその討議のために時間を空費している。

保阪　海軍はもうあてにならないと、陸軍のほうも船や飛行機をつくりはじめているのです。妙な形になってきますね。この本に登場した将官たちは、この頃の出来事や心中、戦略について話してもよさそうなものを、野村直邦以外、ほとんど出てきませんでしたね。

海軍乙事件

半藤　さきほどちょっと触れた昭和十九年三月の、「海軍乙事件」について見ていきましょう。概要を簡単に説明します。昭和十九年二月に連合艦隊の一大拠点だったトラック島が空襲で丸焼けになって壊滅し、連合艦隊はその後パラオへ移るのですが、そこもまた三月に空襲でやられます。司令部の首脳は飛行艇二機に乗り込んで、ミンダナオ島のダバオへ移動を図りました。三月三十一日です。その途中、低気圧にぶつかって連合艦隊司令長官古賀峯一らの乗った一番機が行方不明になってしまう。じつは一番機は墜落しており、古賀以下乗員七人全員が殉職していました。いっぽう福留繁参謀長らを乗せた二番機はセブ島に不時着し、フィリピンのゲリラ部隊の捕虜になってしまった。拘束されたときに、抵抗も自決もせず、機密書類の破棄もしなかったことが、のちに問題となります。福留らはその後、現地にいた陸軍部隊に救出されるのですが。

保阪　この事件の当事者、福留繁がしゃべった内容は、二項にわたっており、それぞれ「私の遭難」「奇跡的に救出さる」と題されて掲載されています。

半藤　吉村昭さんの『戦史の証言者たち』（文春文庫）のなかに、福留たちを助けた「大西精一（せいいち）大隊長」という人の証言が出てきます。大西は当時陸軍中佐で、新編成の独立歩兵第百七十三大隊の大隊長。捕えられた海軍将兵たちの救出にあたって、こと細かにしゃべっています。ところがこの福留の証言には、助け出してくれた大西さんの「お」の字も出てこなければ、救いにいった人の名前も違っている。福留証言の該当部分を見てみましょう。

その報告によれば部隊長後藤陸軍中佐は我々のことは全然知らず、全く恒例の匪賊討伐であったので、我々のいることを聞き大いに驚き、何を措いても救い出さなければならぬとてクーシンの申し出でを承諾したとのことであった。そこで、折り返し岡村中尉が再度使して、我々を授受すべき時刻、地点等の協定がなり、一一日午後二時頃定めの場所において約二個小隊を率いて来着した伊藤中隊長によって引きとられたのである。中隊長から「閣下御無事で何よりでした。中隊長伊藤がお迎えに参りました」と言われたときは、一同にとって一生中最大の感激であった。

と、こうしゃべっているのですがね。「後藤」も「クーシン」も、両方とも吉村昭さんがまとめた証言にでてくる名前と違うんですよ。これはいったいどういうことなのかと。福留の記憶違いなのでしょうか。それともわざと隠したのか。じつに不思議な話です。福留らが保護されて、赴いた集落にいたアメリカ軍将校の軍人の名を福留は「クーシン中佐」と言っているのですが、調べるとその人の名は「クッシング中佐」でした。しかしちょっとした発音表記の違いですから、まあ、これは許せる。

保阪　けれども迎えに来てくれた陸軍軍人は、文字通り命の恩人ですから、名前を間違えて記憶するとはちょっと考えにくいです。「一同にとって一生中最大の感激であった」というくらいなのですからね。

半藤　アメリカ軍のほうだけは合っているんだ。これは天下の不思議なんです。

保阪　やっぱり不名誉と思っているのでしょうね。まさか後世の作家が調べて書くとは思わずに、ごまかしたのでしょうか。もっていた機密文書についてもまったく触れてないですものね。責任逃れか、あるいは責任の自覚はあったから事実を隠蔽しようとしたのか。

半藤　福留はもっていた鞄(かばん)を川に投げ込んだものの、ゲリラによってすぐに回収されていました。そのため、なかに入っていた暗号書と、連合艦隊の計画していたその後の戦略戦術が全部敵に渡ってしまった。福留自身、よほど不名誉に思ったのではないですか。ならばこそ、なかったことにしたかったのかもしれません。福留はつぎのような、なんだかどうでもいいことをしゃべっているんです。

かくて部隊本部に運ばれ、部隊長後藤中佐に感激の謝辞を述べ、暫く休憩の後担架に運ばれて山を下ることになった。途中夕食の大休止があり、兵隊さん達が心から我々を労ってくれ、飯盒の砂糖を持ち寄り、鶏と葱を持って来てサツマ汁を作ってくれたが、そのうまかったこと、この世にこんなおいしい料理があるものかと思ったほどであった。

こんなことをしゃべるよりもっと大事なことをしゃべってくれよと言いたくなる（笑）。

保阪　本当ですね。小柳の立場で、もっと突っ込めなかったのでしょうか。

半藤　駄目だったのでしょうね。小柳さんは喉から出かけたけど、ついに質問を口にすることはできなかった。それが仲間うちの弱さでしょうね。戦後に福留が、ＧＨＱで戦史編纂の仕事をしていた大井篤のところに来て、「君らは機密書類が盗まれたと言っているようだが迷惑している。そんな事実はまったくないッ」と抗議しているんです。大井さんは「盗まれたのは事実です」と追いかえしたと言っていましたよ。いずれにしても、福留は最後まで軍の機密を奪われたことを認めようとはしませんでした。どうも福留という人の証言は万事が万事アテになりませんね。記憶違いや誤魔化しが多くて。

保阪　けっきょく『小柳資料』でも、「海軍乙事件」については事実に迫る新たな証言はありませんでした。本人は語りたくなかったと思いますが、若干なりともこの一件に触れたのは、救出に際して陸軍にお世話になりましたから、黙して語らずというわけにいかなかったのでしょう。「海軍乙事件」から三カ月後、南太平洋海戦以来の空母決戦、マリアナ沖海戦がはじまりました。

半藤　アメリカ軍は盗んだ機密書類で、日本軍の手の内を読んでいた。

マリアナ沖海戦と小沢治三郎

保阪　昭和十九年六月十九、二十日のことです。絶対国防権であるマリアナ諸島に来襲するアメリカ軍を撃退するため、小沢治三郎中将の率いる九隻の空母を中心とする機動部隊が出撃するんですね。この海戦は「あ号作戦」と名づけられました。

半藤　サイパンやグアムをとられたら、日本本土は新型の爆撃機B29の航続距離におさまる攻撃圏内となります。そこで大本営は起死回生の勝利を狙うのですが……。

保阪　航空戦力の劣勢は、もう火を見るより明らかでした。

半藤　そこで小沢治三郎が秘策を編み出します。航続距離の長い日本軍機の特性を生かし、敵機動部隊の攻撃圏外から先制攻撃をしかけるアウトレンジ戦法です。これで数の不利を補おうとしました。

保阪　これについて小柳が語っています。かれは空母千歳にのっていました。

この海戦は、太平洋戦争中、決戦的性格の最大の海戦と言ってよい。日本としては、この海戦をおいて頽勢(たいせい)挽回のチャンスはなかった。我々は非常な意気込みで戦場に馳せつけたのであった。しかして事志に反し再び大敗北に終り、日米海軍のバランスは完全に破れて、爾後我が連合艦隊は海戦決戦兵力たるの資格を喪失し、作戦は次第に特攻化して、戦果の望みなき無理な戦を強行しなければならない破目に追い込まれた。

絶対国防権の一角を奪われて機動部隊も壊滅し、いよいよ進退極まってしまった。その失敗の原因については「その最も主なるものは何と言っても練度の相違であろう」と言及しました。おおぜいの優秀なパイロットを失い、日本側に残っていたのは経験も技量もないにわかパイロットばかりだったんですね。

半藤　パイロットの技量がともなわないアウトレンジ戦法では、残念ながら功を奏するわけがなかった。小柳もこう言っています。

　機動艦隊では、天山艦攻や彗星艦爆など斬新機の性能を過信して、アウトレンジという離れ業を採用した。劣勢軍が特殊戦法を考え出すことは当然だが、問題は練度がこれをこなし得るかどうかにある。練度が伴わなければ却って業負けがして、それから破綻を生じ易い。航空戦においては先制はもちろん必要だが、何としても皮を切らせて骨を断つの覚悟が根本である。特に技量の低いものは一歩踏み込んでその欠陥を補わなければならない。

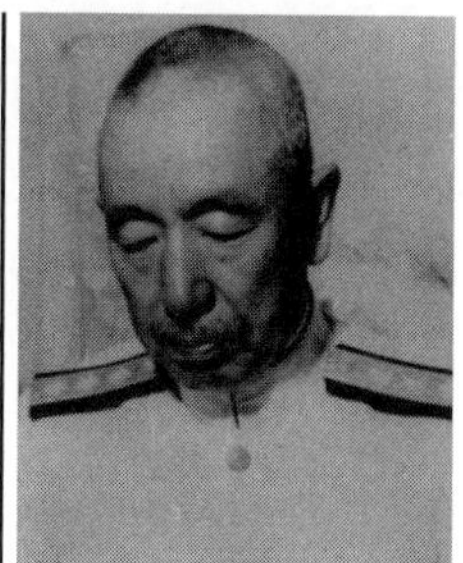

古賀峯一

豊田副武

小沢治三郎

大西瀧治郎

と、こう言うのですが、どだい無理ですよ、なにしろ新人パイロットばかりなのですから。かれらは敵機の攻撃をかわす術も知らなかった。レーダーとVT信管という最新技術をつかったアメリカの迎撃でつぎつぎに撃墜されて、そのさまはアメリカ軍から「マリアナの七面鳥撃ち」と揶揄されるほどの惨劇だったのですからね。

小沢治三郎について、アメリカの著名な歴史家モリソン博士は「日本海軍のもっとも有能な提督の一人であった。科学的で、進取の気象に富み、海上の作戦に関して、船乗りとして天賦の才能を有していた」と評しています。この小沢指揮官をもってしても、ときすでに遅し、でした。

保阪　半藤さんがお会いになったときの印象はいかがでしたか。

半藤　楽しそうに話してくれました。東京世田谷の静かな住宅地に住んでおられましたがね。「ラジオで英語の勉強しているんだ」と言っておられたのをおぼえています。「自分は英語がもっと上手だと思っていたが、ぜんぜん聞き取れなくてねえ」などと言って微笑んで。私はいろいろ誘導してみたのですが、戦争の話はダメでした。「戦争のことは話すはおろか、聞くも読むも嫌だ。ほんとうに多くの優秀な人を死なせてしまった。申し訳ないと思っている」と言っておられたことは、いまでも忘れられないです。

保阪　そうでしたか。「申し訳ない」などと率直に詫びの言葉などを口にした将官は、あまり多くないと思います。さて戦況はというと、サイパン島がとられて本土空襲がもう目前になりました。もう日本の勝利は絶無という最悪の状況に向かいます。

レイテ沖海戦　栗田艦隊〝謎の反転〟の真相

半藤　その小沢が機動部隊の第三艦隊を率いて戦った昭和十九年十月のレイテ沖海戦。ひとまず簡単にこの戦いについて説明しておきましょう。サイパン島を陥落させたあとアメリカ軍はフィリピン奪還のために侵攻を開始します。十万のマッカーサー軍がレイテ島への上陸作戦を敢行。これを阻止撃滅しようと連合艦隊が全力をあげて戦うことになります。二十二日の艦隊出撃から戦場完全離脱まで、六日間にわたって戦われた史上最後の艦隊決戦です。広大な戦場で両軍あわせて艦艇百九十八、飛行機二千が死闘を繰り広げました。

保阪　全力をあげて戦うといっても、圧倒的戦力をほこるアメリカ軍を相手に、まともに戦って勝てる見込みはもとよりありません。そういう状態になっています。

半藤　軍令部と連合艦隊司令部は、奇襲戦法をあみだします。水上艦隊の残りすべてを投入して、敵の上陸部隊を乗せた輸送船団を撃破しようと考えた。超大型戦艦の大和と武蔵を中心とする第二艦隊、司令長官が問題の栗田健男中将ですが、これをもってレイテ沖のアメリカ輸送船団へ殴り込みをかける。その際、邪魔なのはハルゼイ大将指揮する大機動部隊なんです。

　そこで、すでに航空部隊が壊滅して無力化していた小沢治三郎率いる空母部隊を出撃させて、これを囮にしたてて敵機動部隊をレイテ島の上陸地点から遠ざけるように誘導する作戦を考えた。そして敵の航空戦力が不在のスキをついて、大和や武蔵といった戦艦部隊を中心にして敵の上陸地点を攻撃する。戦艦の巨砲で敵輸送船団や陸揚げされた物資や兵員を殲滅してしまおうというものでした。

保阪　それがいわゆる「捷一号作戦」ですね。

半藤　私は、このとき参謀として小沢のそばにいた大前敏一元大佐から話を聞いたことがあるんです。この囮作戦をめぐっては、とにかく毎日、日吉と電話で大喧嘩だったと。日吉というのは連合艦隊司令部のことです。昭和十九年九月、戦局の悪化にともない、司令部は瀬戸内の旗艦を離れて日吉の慶応大学構内の地下防空壕に移っていました。議論の果てに、小沢はこういったそうです。「それなら第二艦隊の指揮はほかの者に任すことなく、連合艦隊司令長官が自ら出ていってレイテ湾に殴り込め。そのくらいのことをしないで、無力なわれわれを囮に使うというような破天荒な作戦が成功するなどと、そんなうまい話があるかッ」と。

保阪　連合艦隊司令長官は豊田副武大将でしたね。けっきょく連合艦隊司令部はこれに耳をかすことなく、豊田が地下司令部から出てくることはありませんでした。

半藤　レイテ沖海戦では後方も後方、内地の穴の中から指揮を執ったことが、海軍の「指揮官先頭の伝統に反する」と批判されることになるのですが、それはともかく、小沢は出撃前に、わずかに残っていた機動部隊の将兵らを前にして、「なにがあっても敵の機動部隊を北へ引っ張り上げる。栗田艦隊が必ずやレイテ湾に突っ込んで輸送船団をぶっ潰してくれる。この作戦はわれわれが犠牲になることではじめて成功する」と、訓示しているのです。囮という作戦の目的を明確に示した。小沢は艦隊の全滅を覚悟したと思います。じっさい海上にあって米軍の索敵機が上空を旋回したときは、みんなして「バンザイ！」と叫んだそうですよ。アメリカの大機動部隊がまんまと囮に引っかかった。さあ、引っぱり上げろということで、小沢艦隊は全力でルソン島沖を離れて敵を北方に引き寄せます。

そこで問題の栗田艦隊です。ここでレイテ湾に殴り込みをかけるはずが、なぜか一八〇度の反転をしてしまう。砲撃開始直前に突入をやめて戦場を去ってしまったのです。

保阪　このことを小沢艦隊は知るよしもなかったわけですよね。

半藤　これを知らず、つまり作戦の失敗を知らずに死闘を続けていました。小沢艦隊のすべての空母、瑞鶴、瑞鳳（ずいほう）、千歳、千代田は相次いで沈没。小沢は座乗していた瑞鶴と運命をともにしようとしましたが、参謀たちにとめられ抱きかかえられるように軽巡洋艦大淀に移っています。小沢たちの自己犠牲はなんら実を結ぶことがなかった。

保阪　では、当の栗田健男が何を語っているのかを見てみましょう。

レイテ沖海戦のことは、小柳参謀長の著書「栗田艦隊」に詳しく載っているから省略することにしよう。

どうです？　レイテについては開口一番がこれですよ。小柳富次は第二艦隊参謀長として「捷号作戦」に参加しているのですがね。ならば、と思って小柳富次の頁をめくってみると、「その詳細は拙著『栗田艦隊』に譲り、趣を変えてモリソン著『レイテ』に関し私見を述べることにしよう」とありまして、両者とも「自ら詳しく語ることはしない」と言って開き直っているんです。これには驚きかつ呆れてしまいました。そんなわけで栗田は核心を突くような大事なことはなにも語っていないのですが、十分に戦い得なかった言い訳については、若干はしゃべっていました。

敵の制空権下では水上部隊の戦闘は成立たないと思った。遊撃部隊は連続三日間敵機動部隊の航空攻撃に曝されたが、我が対空射撃により米機のあまり墜ちたのを見ない。これに反して、マリアナ沖海戦や台湾沖航空戦それ以後では随分日本の飛行機は打ち落とされているが、これはアメリカの対空射撃指揮兵器の優越にもよるだろうが、我が飛行機の攻撃法がもっと合理的に出来ておればあれまでのことはないのではないか。暴虎馮河の嫌はなかったが研究の要あるものと思う。比島の基地航空部隊は始めから大してあてにはしていなかったがあれほどとは思わなかった。前触れほど飛べる飛行機がなかったのであろうし、また練度ががた落ちだったのであろう。

栗田は、敵の制空権下での水上部隊は、戦闘が成り立たないと思っていた、と。また、パイロットの技量の低さにも言及しています。

半藤　戦う前から栗田と小柳は、敵の飛行機が山ほどいるところに裸の艦隊が出ていく作戦など、どだい無茶だと思っている。栗田たちは最初からヘッピリ腰なんですよ。しかしほかに方法がない以上、無茶を承知で連合艦隊司令部はやれというわけですね。

保阪　そうした司令部への不満については隠し立てしなかった。

半藤　いわんや、司令部は輸送船を叩きつぶせという。栗田ら第二艦隊にとってみれば、大和、武蔵という超弩級の戦艦で戦場に赴いて、輸送船なんかと心中したくないという思いがある。それが本音なんですよ。小沢にしても本音を言えば、栗田健男を信用していないんです。なにしろミッドウェーで逃げた。マリアナ沖でも逃げて、栗田の艦隊は一時行方不明になってしまうのですからね。ほんとうに栗田が突っ込むならいいが、という不信と不安があったはずなのです。

保阪　なるほど、軍令部に「豊田副武連合艦隊司令長官が、自ら殴り込め」と迫った小沢の心中には、そういう危惧があったのかもしれませんね。

半藤　では、ヘッピリ腰の栗田、小柳にだれが説得に行ったかというと、例の神重徳なんです。第一次ソロモン海戦の、あの方式でガーンと殴り込めと、二人を説得しに行くのですが栗田も小柳も猛反対。敵の飛行機がワンサカいるところへ水上部隊が突っ込んでいったって成功するわけがない、ダメだと。いや、小沢艦隊を囮にするから大丈夫だと、一生懸命尻を叩いてこちらもようやく承知させた。ところがその神が一緒に乗っていくかと思ったら行かなかった（笑）。なんだか情けない話なんです。

保阪　どうやらレイテ沖海戦の敗北は、栗田第二艦隊だけの問題ではなさそうですね。〝謎の反転〟に問題が集約されて、一部の事実だけで栗田は汚名を浴びているというところがありそうです。そういう意味でも栗田はちゃんと語るべきでした。

半藤　ただね、よくないのは栗田と小柳は嘘をついたわけですよ。小柳の『栗田艦隊』という本を読むと出てくるのですが、小沢の旗艦、瑞鶴から「目下、敵艦載機の攻撃を受けている」という電報が六本打電されている。そのうち四本が大和に届いているんです。つまり囮作戦が成功しているという情報です。ところがなぜか『栗田艦隊』では、通信機機が故障していたために、一通も届いていなかったとある。これ、大嘘のでっち上げでした。いちばんやってはいけないことですよ。

保阪　この本で栗田が小柳に語ったなかにも、その言い訳とおなじような話が、「もっとも肝心な電話が長時間戦闘のためすっかり調子が狂って通信連絡がとても悪く、戦闘指導に大いに困惑した」と、さりげなく出てきます。

半藤　そのいっぽうで小柳さん、モリソンの本（『レイテ』）について、つぎのようにかなり偉そうに批判しているんです。

　本書を通読して感ずることは、これは科学的な戦史ではなく、アメリカ海軍の手柄話武勇伝を多分に盛り込んだストーリーという感が深い。旗色の悪いことは極めてアッサリと書いてあるが、うまく行ったことは事大小となく一下士官の些事(さじ)に至るまで、デカデカとほめ称えている。

　これは、何でも世界一でなければ承知のできないお国自慢の国民性の然らしめるところか、そのように書かなければ国民にうけないためか。公正批判の科学的戦史の類とは受け取れない。

　どの口が言うか、とつい言いたくなってしまいますね。小柳と栗田は「旗色の悪いこと」は「極めてアッサリ」どころかまるで語らず、でした。

保阪　半藤さんの言葉を借りれば〝大嘘のでっち上げ〟をまじえた小柳の『栗田艦隊』が、「公正批判の科学的戦史の類」とは、お世辞にも言えません。

半藤　日本海軍というのはへんな伝統があって、第一艦隊は水上決戦するための艦隊で、かつ第一艦隊長官が連合艦隊司令長官なんです。栗田の第二艦隊というのはいわば突撃のための艦隊でした。そのために第二艦隊の旗艦は巡洋艦じゃなきゃいけないという決まりがあった。レイテ沖海戦では、第二艦隊として大和と武蔵が一緒に行くのに、司令長官の栗田は決まりどおりに巡洋艦の愛宕に乗って行くんです。ところがその愛宕が待ち伏せを食っていちばんはじめに沈められてしまう。それで栗田長官も小柳参謀長も海に投げ出されて息も絶え絶えで駆逐艦に助けてもらい、それではじめて大和に乗り移るんです。はじめから大和に乗っていればいいじゃないかと思うのですが（笑）。これだけ奇想の殴り込み戦法で臨みながら、そういうへんな伝統にはこだわったという、笑えない笑い話がありました。

保阪　いずれにしても栗田と小柳には、複雑な心情を整理して、語るべきことを語ってほしかったですね。この点が残念なんです。事実を嘘で糊塗してほしくなかったです。半藤さんは、栗田には会っておられますね。

半藤　私が栗田健男に会った場所は、元海軍記者で戦史研究家の伊藤正徳さんのお宅でした。伊藤さんと栗田さんは水戸中学の同級生なんですよ。おなじく水戸中学の同級生で、有名な「最後の早慶戦」実現に尽力した飛田穂洲さんと、それから慶應の小泉信三さんもいました。そこに私も呼ばれていったんです。伊藤さんの大森の自宅でてんぷらを御馳走

マリアナ沖海戦で米艦載機の猛攻を受ける日本海軍艦艇

シブヤン海で攻撃を受ける栗田艦隊の戦艦「武蔵」

になりました。そのとき、小泉さんが栗田さんに、「やっぱり歴史というのはちゃんと残したほうがいい。レイテのことはお話しになっておいたほうがいいんじゃないですか」と言ったんです。栗田さんは唇をクッと結んだままでした。そして一言だけ言ったんです。「あのときは疲れていましたからね」。それだけでした、レイテのことは。

保阪　小柳富次はどうでしたか。

半藤　小柳さんが語りたがったのはガ島砲撃なんです。金剛、榛名、二つの戦艦で乗り込んで、三式弾を撃ち込んでガ島を火の海にしたと。それは得意中の得意でしゃべりましたよ。ところが「その話はよくわかりました、レイテのほうを」と頼んでもダメなんだ。こちらについては黙っていました。

保阪　非常にわかりやすい人というか、成功体験は話すわけですね。軍人はみな、たいがい話をそっちへ引っ張っていきます。

半藤　レイテ沖海戦の指揮官では、第二遊撃部隊を率いた志摩清英中将が小柳にしゃべっていましたね。志摩によれば、第二遊撃部隊はせっぱつまってから突撃部隊に編入されたようです。志摩艦隊というのはまことに気の毒なんですよ。終始レイテ湾の外にいてウロウロしていただけなんです。最後になって、栗田長官からの「レイテ湾突入を止め北方の敵にむかう」との命を受けて戦場を離れています。

保阪　栗田艦隊がレイテ湾突入をやめて反転したことについて、志摩は栗田を弁護していますね。

戦後大いに批判の的となり、これを非とするものが多いが私は同意できない。……苟くも艦隊指揮官が、敵の輸送船団と有力なる敵艦隊との二目標を前にしたとき、そのどれを攻撃目標とすべきやは自ら明らかで、攻撃の重点を敵艦隊に首向すべきは、帝国海軍本来の兵術思想である。いわんや敵揚陸開始後一週間を経た今日、レイテ湾内輸送船団の価値について、作戦当初から疑念を抱くにおいてをや。私は栗田長官の当時における咄嗟の情況判断に同意するものである。

やっぱり栗田艦隊だけでなく、志摩艦隊も殴り込み作戦には当初から懐疑的だったことがわかります。

半藤　栗田は、南西方面艦隊から「敵空母部隊発見」との通報が入ったので湾突入をやめて反転した、と主張したのですが、戦後になってからよくよく調べてみると、南西方面艦隊は、そんな報せはまったく送っていなかった。電報を送った記録も残っていない。反転理由として挙げた肝心要の通報が虚報だったことがのちに判明するんです。ですからこの、志摩の弁護もまことに空しく響きます。

追いつめられた東條と嶋田

半藤　さて、このあたりで視点を東京での政変に移します。

あらためて言っておきますが、昭和十八年末から日本軍は中部太平洋の島々を次つぎに失っていきました。十一月にはブーゲンビル島、ギルバート諸島のマキン、タラワ両島が玉砕。十二月になるとマーシャル諸島にもアメリカ軍の攻撃が始まり玉砕が続きました。次はどこを攻めて来るのかが焦眉（しょうび）の問題でした。陸海軍部中央は、日本海軍の最大の基地、トラック島であろうと予測します。そして予想に違（たが）わず、アメリカ軍は二月十七日から大機動部隊を擁して攻撃を開始。二日間にわたる爆撃でトラック島は基地機能をすっかり破壊されてしまいました。その被害たるや手許の資料によれば、航空機二百七十機、艦艇九隻、輸送船四十二隻が撃沈ないしは大破。食糧二千トン、燃料一万七千トンが焼失しています。これによって六百人以上の兵士が死傷し、トラック島に近づいていた第五十二師団の輸送船団も攻撃を受けて兵士一千二百人が戦死しています。

保阪　十八日夜になってトラック島の守備隊壊滅の報告が、東條英機にもたらされています。東條は被害の大きさに頭を抱え込んだ。そして陸相と参謀総長を兼ねることを決意するんです。東條は首相と陸相を兼ねる国務の最高責任者ですが、かねてより統帥に口をはさめないこと、そして充分な情報を得られないことに苛立っていたのです。建軍以来、軍政と軍令の両方の長を兼ねた軍人はいません。山県有朋（ありとも）や桂太郎でさえも試みたことのない権力の掌握でした。東條は自らが統帥も握ることを決めると、海軍も同様に、海相嶋田繁太郎の手に統帥を兼ねさせるよう、すぐさま側近たちに根回しを指示しています。

半藤　この異例の措置は、統帥権の独立からいって、大日本帝国憲法に抵触しかねないと、たちまち各方面から悪評を浴びましたね。

保阪　すでに首相兼陸相の東條は、昭和十七年に外相（九月一日〜十七日）、昭和十八年には軍需大臣のみならず文部大臣（四月二十日〜二十三日）、商工相（十月八日〜十一月一日）も兼任したりしていましたからね。これほどの権力の集中は空前絶後でした。秩父宮はなんども質問状をだしているほどです。

半藤　軍令との兼任について東條は、トラック島守備隊壊滅を知った翌日には、すぐさま嶋田海相にその意向を伝えていました。嶋田の証言はこうです。

昭和十九年二月一九日に東條総理から「内閣強化のため三大臣を更迭したい。それから杉山参謀総長に罷めて貰って自分が兼ねたい」との話があった。その理由とするところは、戦局愈々熾烈を極めて来た今日、統帥と軍務を一層緊密にして陸海軍の提携を強化し、歯に物を着せないで腹蔵なく話合い、親密に援助し合うことの必要を痛感する。

要するに、作戦を一層実施し易いようにするのが目的だ、御承知願い度いとのことであった。

一九年度の陸海軍飛行機の配分を決めるのに二ヶ月も揉み合った。これは兵力量だ、両統帥部の問題だと云うので陸海軍の省部が入り乱れて競い合い、大臣総長で漸くこれを取り纏めた。このような調子では、これから先物動計画などで物の取り合いが思いやられる。肝心要の戦がそっちのけになる。何とかせねばならぬと私も兼々考えていた。東條も恐らく同様だったであろう。

保阪 嶋田は東條の提案に従った経緯を、このように語っておりますが、じつは問題は陸海軍の競い合いだけではなかったのです。さきほど申し上げたとおり陸軍中央でも、参謀本部が重要な情報を秘匿して陸軍省を爪弾(つまはじ)きにし、統帥の全容を知らされていないことを東條は問題視していました。いわば海軍のほうはバランスをとるための付けたし。嶋田からそれを聞いた永野修身も「海軍はいいが陸軍が心配だ」と心配したことがわかります。その部分の嶋田の証言に戻ります。

殊に永野総長は大臣をやっていたこともあるので十分に御察しがあり、海軍ではこのままでもよいのだ。当時トラックは敵の機動部隊の大空襲を受けて大損害を蒙り、敵の潜水艦は到るところに跳梁して物資は入って来ない。戦況は日々に逼迫して来る、海軍でも軍令と軍政との緊密化を痛感していたことは陸軍と同様であったので、この際陸軍と同じ恰好にすることが、都合がよいと考えた。私は元来軍令畑育ちでよくその内情を知っているので、作戦には出来るだけ嘴を入れない建前にしていた。要するに、現下の急迫せる事態においてはどこまでも作戦中心で、軍務はこれに即応してピッタリ合わせて行かなければならない。それには、打てば響くように一ツになることが必要だ。二ツではバラバラで駄目だ。大臣一人で二役もまた止むを得ない。非常事態に対しては非常措置もよかろうと思った。

一方この際人事を新たにすることも考えた。永野元帥は身体も丈夫でない。狭心症の持病がある上に胸が悪く、築地海軍病院に通って超短波を掛けていた。それで、永野元帥には武勲赫々たるうちに元帥府に入って貰って、海軍の収拾を要するような場合（一日も早く講和に持ってゆかねばならず、そのような場合部内の大混乱を予想される）には、伏見宮（元）元帥を援けて（殿下にも身体に異常あり）大いに働いて貰わねばならない。それが為には永野元帥に傷付けぬことが大切だ。

一方作戦に関し、連合艦隊の軍令部総長に対する不信の声も聞こえて来た。さて更迭するとして、後任者をあれこれと物色してみると替わりばえのある人もなく、思案に暮れていた。自分さえ悪い者になればよいので、いっそのこと自分が出ようかと思った。

そこで永野元帥に相談して見た。元帥は夜遅くわざわざ私宅迄訪ねて来られ、「海軍の人事に関しては何等異論はない。しかし陸軍がこれをやるとなると政治が統帥権に干与する怖れがあり、多年の良習慣をこわして統帥権の独立を害する怖れがある」とのことであった。

東條は嶋田には信頼を寄せていましたが、じつは永野に対してはそうではなかったんです。「永野とは合わない」と側近には漏らしたりしている。永野から、統帥権を侵す危険性があることを指摘された嶋田はよほど不安になったのでしょう。そのあとすぐ前軍令部総長伏見宮にお伺いを立てているんです。

半藤　嶋田には、もしかしたら「無謀かな」という逡巡があったのではないかな。

保阪　僕もそう思います。そういう感じがしました。そのあたりを窺わせる事情を嶋田が語っています。これまた貴重な証言です。

翌二十日熱海の伏見宮御別邸に御伺いして、今までの経過、永野元帥の話など申し上げて御意見を伺った。殿下は「永野の云うことには一理がある。しかし、それは人によることである。島田［ママ］なれば軍令部におって軍令部令の改正にも参加しており、統帥権の独立と云うことは十分承知しているから良いと思う。勿論人によっては考えものだし、戦争後にやってはいけない。この非常の難局に際しては却って良かろう、洵に結構と思う」と仰せられ、自分は堅く決意して、最後の努力をしようと思った。帰途永野元帥邸に立ち寄り、殿下の御意向を話したところ、それならと即座に同意された。翌二一日に親補式があり、私は軍令部総長に東條は参謀総長に兼補された。

伏見宮は「洵に結構」と諸手を上げて賛成している。伏見宮は嶋田の後ろ盾でもありますが、やはり隠然たる力をもっていたのですね。伏見宮の後押しを得て、嶋田は兼任することになりました。いざ兼任となると、東條は「人格を二分する」と宣言しています。

半藤　東條は特に律儀な人ですから、部下が報告に来ると、「ちょっと待て。それは参謀総長のほうの仕事だ。参謀総長室へ行く」と言って参謀総長室へ上がっていって、参謀総長肩章をつけ、それから「さあ、聞こう」とやったという。話が軍政領域におよぶと「それは陸軍大臣のほうだ」と言って参謀総長肩章を外して、また下へおりていったという有名なエピソードがあります。嶋田も真似してそれをやったそうです。猿芝居ですな。まことにバカバカしい（笑）。ひと月もしないうちにいよいよ批判が高まった。さすがに笑いものになって、「東條幕府」とか「東條天皇」などと陰口が叩かれるようになっています。前線の司令官や師団長にはとりわけ評判が悪かった。

保阪　ちょうどそんな最中の出来事です。昭和十九年二月二十三日の毎日新聞に掲載された記事が、東條を激怒させるという事件がおきました。今回の対談の冒頭でも紹介した挿話ですが繰り返します。記事いわく「勝利か滅亡か、戦局はここまで来た」「竹槍では間に合わぬ　飛行機だ、海洋航空機だ」「今こそわれらは戦勢の実相を直視しなければならない。戦争は果たして勝っているか……」。

半藤　この報復措置として毎日新聞には発禁命令が、編集幹部は辞職、そして記事を書いた新名丈夫記者には召集令状が発せられたことも紹介しましたね。

保阪　そんな事件も起きてさまざまな東條批判が澎湃（ほうはい）として沸き上がった。国民のあいだでも東條の評判が悪くなるんです。戦況の悪化と航空機増産に伴う労働強化と、日常物資の欠乏。それに憲兵が国民のなかに入り込んで、威嚇と恫喝を繰り返していることが拍車をかけました。ついに熱海にいる伏見宮の耳に入ったのでしょう。今度は嶋田が伏見宮に呼ばれています。

> 昭和一九年三月一九日に伏見宮殿下より「大臣総長二役じゃ大変だ。米内を大臣補佐にしたらどうか」との仰せがあって、米内大将に顧問になって呉れませんかと懇請したところ、その同意を得て、月一回日曜日に官邸で午食を共にしながら懇談した。

このひと言によって、ひとまず大臣補佐をおくのですが、三月後の六月に情況が急展開。

嶋田のもとを岡田啓介元首相が訪ねて来て、軍令部総長を罷めるよう言ってきたというのです。

岡田啓介はすでに退役していましたが、長男の岡田貞外茂中佐が軍令部にいたこともあって戦況の厳しさをよくよく承知していました。そのほかの情報源は、参謀本部にいた義理の甥、瀬島龍三と、企画院勤務の娘婿、迫水久常ですね。

半藤　瀬島は新宿十二社の岡田の家にしょっちゅう出入りしたようです。瀬島自身はこのときの役割についてまったく語っていませんが、陸軍の情報を岡田に提供していたことはまず間違いありません。ですから岡田の東條内閣倒閣運動に、間接的に関わったと言えないこともない。

保阪　そこはなかなかむずかしいところですね。瀬島は絶対国防圏を守るための捷号作戦を自らつくっておきながら、その一方で岡田大将の邸に入り浸って東條内閣を倒すべし、というようなサジェスチョンを与え、あまつさえ情報を与えていたと。たしかに陸軍のなかではそう言って瀬島をこっぴどく批判する人がいます。一方で、そうではないという見方もある。十二社の岡田の家には、東條の差し金で憲兵が張りついていますから、瀬島の訪問はたやすくわかる。ですから瀬島は陸軍側の密偵として岡田の動きを探りに行っていた、という人もいるんです。

半藤　たしかにその説もある。そっちのほうが正しいかもしれない。どうもね、瀬島は毀誉褒貶が激しくて、そのあたりはよくわかりません。嶋田の証言にまたもどります。

六月頃から岡田大将が倒閣運動に乗り出したようだ。六月一六日に岡田大将が来訪して「海軍大臣は専任にして、総長は誰か外の人にしてはどうか、米内や末次などもおる」とのことであった。六月二三日には、あ号作戦が発動になったが失敗に終わった。

あ号作戦とはマリアナ沖海戦のことですが、これについては先に詳しく述べましたね。アメリカ軍がサイパン島に激しい空襲をかけて上陸間近となったとき、天皇がものすごく心配して東條を呼ぶのです。御下問を受けた東條は、どんな上陸部隊も撃破できるというマニュアルが陸軍にはあって、それが敵上陸前に完整したと答えている。サイパン島では負けませんと豪語したんです。

保阪　その防衛態勢のことを省部の幕僚たちは「東條ライン」と呼んでいました。「東條がそこまで大丈夫だというなら」という意味の「東條ライン」です。しかし現実は、セメント不足のためタコ壺を掘っただけ。大砲も砲弾も数は限られていました。「東條ライン」とはつまり、撃破などまったくおぼつかないような代物だったんです。ごぞんじのとおり、サイパン島は多くの民間人を巻き込んで玉砕。絶対国防圏の重要な一角を奪われて、機動部隊も壊滅してしまいました。

岡田啓介の東條内閣倒閣運動

半藤　「六月頃から岡田大将が倒閣運動に乗り出したようだ」と嶋田も言っているとおり、ここから岡田が精力的に動き出しました。岡田は、嶋田も名を挙げた米内光政、末次信正という二人の海軍大将だけでなく、伏見宮、高松宮、木戸幸一とも会うようになっています。軍令と軍政は切り離すべきであり、評判の悪い嶋田を更迭しなくてはならないと彼らに説いている。つまり倒閣です。

　木戸は二年半前に、若槻や岡田の反対を押し切って首相に東條を推薦しているだけに微妙な立場でした。しかし、もはや嶋田を庇う必要なしと見た木戸は、東條の秘書の赤松貞雄を呼んで「嶋田を更迭すべし」と伝えさせています。ところが東條は木戸の求めを一蹴しています。嶋田にもこれを拒否するように命じているのです。この頃嶋田が東條を訪れて苦衷を訴えているのですが、そのたびに東條は「陛下のご信任がある以上はやめる必要はない」と激励していました。

保阪　東條が木戸をわずらわしく思い、その存在を秘書官にぐちるようになったのは、この頃からでした。木戸もまた、西園寺公望（きんもち）の秘書だった原田熊雄（くまお）に東條への嫌悪を漏らすようになっている。天皇の相談役である内大臣の木戸が反東條にまわれば東條内閣の支持基盤は完全に失われることになります。

半藤　六月二三日に、伏見宮が嶋田をわざわざ訪ねて来たときのことを嶋田が次のように語っていますが、伏見宮のこの行動は、おそらく岡田の依頼を受けてのことだと思います。

　六月二三日伏見宮殿下が総長官舎に御越しになり、密かに私を呼んで「戦局は大変難しくなった。大臣か総長か一方にしたらどうか。島田［ママ］は軍令部育ちだから大臣を外の人にやらせたらどうか。しかし今の内閣にヒビの入るようになってはいけない」と仰せられるので、私は適当の人があればそう致したい。しかし、私が海軍大臣を罷めれば東條内閣は持ちますまい」とお答えしたところ「そうか、それなら今日の話は取り消し、水に流せ」と仰せらて、御帰りに軍令部に立ち寄られ、高松宮殿下に御会いになって何事か御話になり、東京におるといろいろうるさいとこぼされて、翌日熱海にお帰りになった。

　六月二七日は陸相秘書赤松大佐が「岡田大将が何か倒閣運動をしているようだから注意なさい」と二度も私宅へ注進に来た。

保阪　天皇の弟、高松宮とも伏見宮は会っているのですね。これも岡田の動きと平仄（ひょうそく）が合う。御殿場で療養中だった秩父宮が、兼任は憲法違反の疑いあり、と東條あての質問状をなんども送っていましたから、高松宮経由で秩父宮の意向なども伏見宮に伝わった可能性があります。東條は彼らの動きを察知して、嶋田に秘書を差し向けて注意を促していたのですね。このことは今回初めて知りました。

東條内閣倒閣運動がいったん行き詰まると、岡田と気脈をつうじていた海軍の反東條グループの失望は大きく、東條暗殺の噂があちこちで囁かれるようになる。近衛が作家の山本有三にほのめかしたのもこの頃のことです。

半藤　その内幕を描いた山本有三の『濁流――雑談　近衛文麿』（毎日新聞社）という本があります。昭和四十八年（一九七三）四月から毎日新聞の一面に掲載された連載をまとめたものです。戦争中に近衛文麿から聞いた話を、記者に語る談話スタイルで書いているのですが、聞き書きではなく自身で書いたことが巻末の解説からわかる。当時、その内容にびっくりしたことをおぼえています。

保阪　僕も驚きました。山本は『真実一路』や『女の一生』で有名な小説家ですから、これも創作ではないかと思われたのでしょうか、山本がここで証(あか)したことが史実として扱われることはこれまでほとんどありませんでしたね。

半藤　ほとんど誰も使わないんです。しかし近衛からの直話がベースですから、山本さん、情報はかなり正確につかんでいますよ。なかでも東條暗殺を打ち明けられた日の筆致は迫真の力がある。郷里の栃木市に疎開していた山本のもとに近衛から電報が来て、東京荻窪の自宅に山本は呼び出される。これが昭和十九年七月三日。近衛の情報網も岡田に負けずたいへんなものでしたから、サイパンが米軍に占拠されたことはもちろん、欧州でドイツが窮状極まっていることも近衛はよく知っているんです。そして近衛は山本に、日本はここで一大転換をしなくてはならないと言う。東條内閣打倒のみならず暗殺も辞せず、と。つぎのやりとりは面白いので紹介しておきます。

「それじゃあ、大化の改新をやろうってわけですか。」

「そう。そうなんだ。」

近衛は、からだを乗りだすようにしてね、すぐ、こう続けました。

「そして、高松さまをいただいて、大転換をおこなうつもりなんです。」

「すると、鎌足（かまたり）だけじゃあなくて、中大兄（なかの・おおえ）の皇子もいらっしゃる。すっかり、陣容が整ったってわけですね。」

保阪　さすが五摂家筆頭で藤原鎌足の子孫になる近衛は、東條英機を蘇我入鹿に見立てていたわけですね（笑）。しかしチラとでも外に漏れたらそれこそ大ごとです。山本有三がここまで近衛に深くコミットしていたというのは驚きでした。

半藤　サイパンの陥落が明らかになると、高木惣吉と謀ってふたたび岡田が動きました。

嶋田更迭運動の再開です。六月二十一日から二十二日にかけて、高木は高松宮、鈴木貫太郎、米内光政を説いて歩きます。岡田も鈴木、高松宮、伏見宮と意見をかわし、二十五日には木戸をたずねて嶋田更迭を説きました。岡田らの動きを察知した東條は、岡田本人を呼びつけて警告を与えているんです。六月二十七日朝、赤松が岡田を訪ねています。「東條に会って陳謝し、今後は自重して策動と思われるような行動を慎むと明言してほしい」というものでした。この日の午後、岡田は東條を訪れています。岡田は回想録で「果たし合いにのぞむような気持ちだった」と書いています。

岡田は遠回しに謝った。しかし海相交代を要求することを忘れませんでした。東條は「いま政変があっては国家のためによろしくない」と拒否し、のみならず「おつつしみにならないとお困りになるような結果を招きますよ」と言っている。まさに脅しでした。岡田はおなじく回想録で「このとき暴力的な脅威を感じた」と言っています。暗殺されるかもしれないと思ったのです。東條秘書の赤松が、「岡田に注意しろ」と言いに二度も嶋田を訪れたのは、まさにこの日のことだったのです。逆説的に、東條はどれほど焦っていたかを伝えるエピソードですね。

保阪　この時点ではもう東條の劣勢は明らかで、挽回不可能になりつつある。内大臣木戸幸一が東條を見放したからです。嶋田は、当時の情況説明を含めて、つぎのように語りました。

遂にマリアナ諸島を見殺しにすることになり、日本本土も直接敵空襲の脅威に曝され、人心の不安焦燥が増して来て、東條内閣に対する批判がいろいろ出て来るようになった。岡田大将が影で何をやっていたかは知らない、早く東條内閣を倒して終戦に持って行こう、島田［ママ］を倒せば内閣は潰れるものと思ったのであろう。

七月二三日［実際は十三日］には、木戸内大臣から東條総理に対して「この際内閣強化のため、海軍大臣を罷めて重臣を内閣に入れてはどうか」と申し入れがあった旨東條から話があった。岡田大将郷里出身の若い将校が松平［康昌］内大臣秘書官長（後の式部長官―福井の殿様）にいろいろ海軍大臣不信のことを注進し、それが内大臣の耳に入ったのではあるまいか。また、その夜東條総理からこの事は御上の御耳にも入れたらしいとの知らせがあった。これに対して私は「内閣補強になるなら私の辞職も結構だ」と答えた。

翌日、以上の次第を次官に話し、一五日には永野元帥に来て貰って「後任大臣は前任大臣が推薦する慣例であるが、自分は非難を受けて罷めるのであるから推薦はしない。後任の推薦は元帥にお願いしたい」と依頼し、軍事参議官に対してこれを説明し、熱海に行って伏見宮殿下にこの事情を報告し御許しを得た。

その際殿下から「後任は誰がよいと思うか」と再三仰せられるので米内はどうかと思

われますとお答えした。永野元帥は、後任に野村直邦大将（呉鎮長官）を推薦し、伏見宮殿下の御諒解を得て内定したので、野村大将は一六日上京、私は辞表を提出した。一七日新海軍大臣野村大将親補式の際、陛下より「軍令部総長は引き続き島田にやって貰うように」と御言葉があったそうだ。

一七日海軍大臣交代、一八日朝、閣議の最中海軍大臣辞任の挨拶に行くと内閣は総辞職に決めたとのことであった。米内その他の入閣を得られず、内閣補強工作が失敗に終わったためである。

半藤　嶋田は「『内閣補強になるなら私の辞職も結構だ』と答えた」なんて、カッコいいことを言っています。陛下から「軍令部総長は引き続き島田に」との言葉があったなども言っているのですが、当の野村直邦の証言中にはこのような話はありません。野村が嶋田から電報で呼び出されて東京に来たのが十六日。野村が東條から、米内に入閣要請をして欲しいと頼まれて、米内邸に赴いたのがその翌日十七日です。東條は国務大臣の岸信介を退陣させて米内を入閣させ、電撃的に内閣改造を行うつもりだったんです。

保阪　野村直邦は七月十七日の米内の様子についてこう言っています。

米内大将は大先輩であるので私は米内邸に赴き、阿部、米内両大将に無任所大臣に出て貰いたき旨懇請すると、米内大将は「私はどうしても東條が嫌いだ。一緒になったらすぐ衝突するより外ない。君はドイツから帰ってすぐに呉に赴任したから東京の空気が解らないのだ。寧ろ末次と私を現役にして、末次は総長の相談相手、私は大臣の相談相手にして、海軍自体の決戦態勢を強化したらどうか」と……

ところがおなじ十七日の朝、岸信介は東條に対して辞職を拒否した。造反でした。いずれにしても昭和十九年の六月、七月、海軍は嶋田を引きずり下ろそうと必死だったということです。

実は、嶋田も内心辞めたがっていたんですね。

半藤　総スカンで、最後の頃は誰も口をきかなかったそうですものね。

保阪　第一章でも話題にのぼった井上成美の証言ですが、軍需局長に天皇に見せるための資料の提出を求めると「嶋田大臣のときはいつもメーキングした資料をつくっておりました」と答えたという証言がありましたね。こんなことを日常的にやっていたら、さすがにみんな、嶋田を問題視しただろうと思います。これは昭和十九年六、七月頃のことですが、軍令部第三部第五課で対米情報の分析の任務にあたっていた実松譲大佐が軍令部総長だった嶋田のもとに報告に行くと、「こんな報告を持ってくるな」と嶋田から書類を投げつけられたそうです。追いつめられた嶋田はそうとう不安定な精神状態になっていたのではないかとも思えます。

半藤　せっかく選ばれた野村直邦も、東條内閣崩壊によって海相の在任はたった一週間でした。米内は東條内閣に入閣するつもりなんかハナからないんです。野村は懇願しましたが、のらりくらりと逃げられてしまった。野村はなんだか情けない役まわりとなってしまいました。小柳も野村がなぜ海相を引き受けたのか疑問だったので、あえてこれを聞いたのでしょう。談話の内容に関して小柳が「あの時海軍大臣を引受けられるということは当時の戦局の大勢からして、また後から考えても実に容易ならぬ決心を要したことであろうと思われるが、貴下はこの点自信を以て引受けられしものなりや」と聞いています。野村が答えていわく、

> その時は前にも述べたる通り已む無き当時の事情、只一途に海軍のためといわれる永野元帥其の他の言葉に強く動かされた。……されば斯る場合、欧亜の戦局を通しての実際的連絡と知識経験を有するものが海軍大臣として右会議の一員に加わることは極めて有意義であると思い、この点から云うと自分以外に他に人を求め得ないと迄考えた。ただしこれは自分のとんでもない自惚（うぬぼ）れであったかもしれない。その他のことは殊に咄嗟の場合多く考える余裕はなかった。

欧州勤務の長い野村は、実はやる気満々だったんですね。しかし中央に渦巻く権力をめぐる暗闘の、遠く蚊帳(かや)の外からやってきた人ですから、なにがなにやらわからなかったというのが正直なところではないですか。

近しき者の東條評価

半藤　こうして東條対岡田の戦いは、ついに岡田に勝負があったわけですが、岡田をはじめ重臣たちも当初は怖かったと思いますよ。みんな憲兵に監視されていましたしね。

保阪　おっしゃるとおり、東條に何をされるかわからないと、ほんとうに怖かったと思います。東條は自分に楯ついた者には、本人あるいはその子弟を、召集という名の懲罰を行って激戦地へと送り込んでいました。いきおい殺(や)るか殺られるかというような緊張関係となる。東條暗殺計画が陸海いずれでも考えられたのは、たしかにゆえあることだったわけです。

半藤　高木惣吉さんが私に語ったところによれば、東條を乗せて走っている自動車の横に自動車をくっつけて、ぶつけて止めさせ、そこへ青酸ガス弾を投げ込むという計画を立てたと言っていました。実行犯は飛行機で逃がすつもりだった、と。まさに実行日に、東條内閣が倒れたために未遂に終わったそうです。そんな東條について嶋田繁太郎がこのように語っています。

東條は、誠心誠意まことに真面目な人で、克く陸軍部内を握った。木戸内大臣の東條首班を推薦したのもそこにあると思う。裁判その他最後まで彼の態度は立派であった。巣鴨におるときよく私に打ち明けた。「私は戦陣訓に示したように、『生きて醜虜の辱めを受けるな』を信条とし、逮捕の際自殺を図ったが、今から考えてみると生き残ってよかった。生き残ったからこそこれまで裁判で十分に日本のために戦うことが出来た。御上も御安泰になった。また立派な死所も与えられる。君の方が先見の明があったよ」とつくづく述懐するのであった。

いかがですか、これ。

保阪　じつは僕、これを読んだ時にエッと思ったんです。「誠心誠意まことに真面目な人で、克く陸軍部内を握った」という言い方ですが、あたかもこれが客観的な評価であるようなニュアンスです。東條にべったりだったと思われたくなかったという心理が働いての巧妙な言い方ですね。

半藤　それはあったでしょうね。

保阪　歴史的に自分を位置づけるとすれば、東條と一体化して残してほしくないという思いもあった。それで突き放すような言い方をしているのだと思いました。東條については嶋田以外に岡敬純も語っていますね。

東条が陸軍大臣のときはこんな訳の解らぬ男はないと思った。支那からの撤兵問題では徹底的に頑張った。しかし、個人としては非常によい人であったと思う。然し、総理になると連絡会議などに見る態度はすっかり変わって見直した。支那から撤兵をしてもよいと言い出したが時すでに遅かった。各国は警戒して戦争必至と見た。

東条は誠心誠意の人と思う。そして意志鞏固、非常な努力家で自分で仕事をする人と思う。几帳面で丹念にノートをし、チャント書類を整理している。我々にはとてもよかったが陸軍の人々には厳しかったと聞いている。私は巣鴨で長らく東条と二人で同室で暮らしたが、個人としても立派な人であったと思っている。裁判に対する態度もまことに立派であった。

半藤　「個人としては非常によい人」で、なおかつ「誠心誠意の人」。岡敬純も嶋田とおなじ言葉を使って、その点を褒めているんですね。「こんな訳の解らぬ男はないと思った」のは昭和十六年、対米交渉が打ち続くなか、決して中国撤兵を呑もうとしなかったときのことです。しかし個人としては、というただし付きで誠心誠意なところだけは認めている。

保阪　僕も、東條という人は真面目で実直、与えられた仕事をよくやる男、というのが基本的な認識です。しかし『小柳資料』を読んで、海軍の人間は本質的に東條がどれほど怖いか、東條が陸軍のなかでどんな酷い人事をやったか、そういうことについてあまり詳しくは知らないのではないかと思いました。ある領域についてはお互いに干渉しないという暗黙の了解があったのかもしれません。

半藤　「几帳面で丹念にノートをし、チャント書類を整理している」というのは有名でした。たいへんなメモ魔だった。海軍の将官たちは、おっしゃるとおり東條のことをあまり知らなかったかもしれません。ただ東條側近の憲兵のことは、みなが心底恐れたのです。

つづいて、世にも罪深い特攻作戦について語って参りましょう。生みの親は、巷間、大西瀧治郎だと言われていますが、彼のことを仲間たちがどう評しているか、これは気になるところです。ひとまず特攻作戦がどういう流れで実施されるようになったのか、経緯をおさえておくことにします。

マリアナ沖海戦が始まる四カ月ほど前の昭和十九年二月に、黒島亀人が、これからの戦は思い切った新兵器を導入しないと勝てないと、「特攻」用の兵器開発を発案します。徐々に海軍の頭が決死の特攻的な方向に向いていく。これがのちに回天とか震洋といった人間魚雷となるのですが、この段階ではあくまでも兵器でした。

保阪　侍従武官だった城英一郎大佐が、体当たり攻撃を目的とする特殊攻撃隊を考案して、軍需省の航空兵器総局にいた大西瀧治郎中将に提案していますね。これが昭和十八年六月末頃のことです。大西から「まだその時期でない」と退けられていますが。いずれにせよ、ここまできたら人間爆弾で戦わざるを得ないという意見は、各所から出てきていた。石川信吾がこう言っています。

マリアナ沖海戦が済んでからだったと思うが、かつて私が第二三航空戦隊司令官当時の岡村基春（もとはる）司令がやって来て、特攻攻撃の必要を力説した。そこで、私は「飛行機の特攻攻撃はこれがほんとに最後と云う時ならよい。さもなければ、必ずこれから軍紀が乱れてくる。俺は反対だが二階の大西（航空兵器総局次長）に聞いてみよ」と言った。当時は大西中将も私の意見に同調していた。

半藤　ですから「海軍は命令ではなくて、澎湃たる下からの要望によって、特攻に踏み切った」ということになるのですが、はたして本当にそうなのか。

昭和十九年六月、サイパン島を奪われてマリアナ諸島がいよいよダメということになり、天皇が何とか奪還できないかと下問します。大本営の結論は奪還不可能ということになったのですが、天皇は元帥会議を開くといって、伏見宮と閑院宮、永野修身と杉山元の四人の元帥を呼び、特別元帥会議を行いました。閑院宮は病気で欠席するのですがね。そこで天皇が、なんとかサイパンを奪還しないと国の命運が尽きてしまう、というような発言をするのですが、陸海軍総長の説明を聞き、やっぱり無理だということになった。ついにマリアナ諸島放棄を天皇も納得します。その後、天皇が退室して残った三人が話をしているときに、伏見宮が、「ここまできたら、もう特別な攻撃方法によってやるよりしようがない」ということを言うのです。伏見宮という、現役の海軍大将による判断が間違いなくそこにはありました。それが六月二十五日です。その発言後、ほかの二人の元帥ももっともだと承知してしまう。それで軍令部も参謀本部も、かねてより検討していた「特攻攻撃」が認可されたと了解するわけです。

保阪　その瞬間に特攻が国策になったわけですね。昭和十九年十月の捷一号作戦で、大西瀧治郎がフィリピンのマニラに赴任したとき、マニラにいたのが福留繁でした。福留はこのとき第二航空艦隊司令長官。大西の第一航空艦隊は台湾沖航空戦でかなりやられて戦闘機が三十数機になってしまっていました。それでとうとう大西は特攻を指示する。福留がこのときのことを詳しく語っています。

大西と私は防空壕の中でベッドを並べて寝起きしていた。二三日夜大西は「特攻以外に航空攻撃の方法は立たない。第一航空艦隊は特攻一点張りでゆく第二航空隊もやれ」とさかんに口説いた。これに対して、私は「特攻はうまくゆくかも知れない。しかし、特攻で戦局を左右するような戦果は到底望めないと思う。私は部下の練度からみて、編隊集団攻撃の外自信がない。第二航空艦隊はこれで行く」と答えた。……二五日レイテ沖海戦の当日は、今日こそはと全力攻撃を企図したが、敵を発見し得ないのでまたも不成功に終わった。

この日第一航空艦隊では、関行男大尉の指揮する敷島特攻隊が、敵特空母に対し初の特攻攻撃に成功した。後日アメリカ側の発表によると、この特攻第一日は全く敵の意表に出たもので、六機の体当たり命中があり特空母一隻を撃沈している。同夜、大西は「それみたことか、特攻に限る」とまた執拗に口説き、とうとう第二航空艦隊も爾後特攻攻撃に転換することに踏み切った。

大西はずいぶんあっけらかんと、そしてイケイケで特攻を推し進めたようなニュアンスですね。

半藤　最初の特攻で華々しい戦果をあげてしまった。これ以降一、二艦隊が合体となって、福留は合体した部隊の司令官になるのですが、実質は大西が指揮していました。特攻を指揮するには福留は弱いとされて、昭和二十年一月からは第一南遣艦隊に異動となっています。そのため彼はけっきょく戦後も生き残ることになります。

保阪　昭和十九年十二月に軍令部第一部長になった富岡定俊が、敗戦直前の様子にからめて大西について語っています。大西は昭和二十年の五月に、小沢治三郎に代わって軍令部次長になっていました。

大西次長は実践家で玉砕式、私は合理主義で、作戦指導上の意見が合わず、六月頃私は任に堪えず辞任を申し出たこともある。戦争指導は、これまで軍令部の戦争指導班（班長末沢大佐）で受け持っていたが、和平のことも考慮しなければならない時期になったので、軍務局長［保科善四郎］が総合部長となり、その下に移して、軍令部は作戦一式とすることにされた。戦局はグングン悪化して、本土に対する空襲の被害は日々に激増し、遂に八月六日、八日［実際は九日］の広島長崎に対する原爆の投下となり、九日ソ連が参戦して日本の進退は茲に窮まった。かくて、八月九日の最高戦争指導会議は、条件付でポツダム宣言を受諾するに一致し、翌十日午前会議［ママ］は開かれ、陸相［阿南惟幾］、参謀総長［梅津美治郎］、軍令部総長［豊田副武］は反対の旨上奏したが、陛下から外相［東郷茂徳］の受諾意見に同意の旨聖断が下った。ところが、一二日両総長は相携えて拝謁、再び反対の旨上奏した。

一三日夜大西次長は、米内大臣及び永野元帥の説得方を高松宮殿下に依頼し、作戦部員は手分けして永野元帥、及川［古志郎］、近藤［信竹］、野村（直邦）各大将を訪問して尽力を懇請したが、効果は無かった。

かくて、一四日の御前会議となり、ポツダム宣言受諾の旨最後の聖断は下った。大西次長は一六日官邸において自決した。八月十日頃のことだったと思う。私と大西次長は豊田総長室で激論した。私は「本土決戦で敵の第一波だけは何とかして撃退できるが、第二波に対しては目算が立たない」と言明したところ、大西次長は「君の計算は悲観に過ぎる」として、飽くまで精神論を固辞（ママ）する。大西次長は今まで陣頭に立って、飛行機の特攻攻撃を強調して来た関係もあり、今突如として無条件降伏と云うことでは、まことに苦しい立場にあったと思う。甚だ浮かばない顔をしておられた。

大西次長は、あくまで降伏反対玉砕論で「天皇と雖も時に暗愚の場合がなきにあらず」とまで極論された。その翌日であったか、大西次長は部員を集めて、一席玉砕論を弁じた上、「俺について来るか」と念を押された。私は言下に「次長がその積もりならついて行きます。誓います」と即答した。然し情況は二、三日の内にがらりと変わって、最後の御聖断となり和平に決した。

富岡は、大西が「あくまで降伏反対玉砕論」で、聖断を下した天皇のことを「時に暗愚の場合がなきにあらず」と評したと言う。おそらく大西さんは実際そういうことを言ったのだと思うのですが、半藤さん、いかがですか。

半藤　特攻作戦については、自決した大西にその責任を皆がなすりつけた印象があって、少々気の毒にも思えます。富岡の発言で私が気になるのは、天皇についての件も本当かなと思えますが、それよりも戦艦大和の沖縄特攻について「私の知らない間に……小沢［治三郎］次長のところで承知したらしい」と言っているところです。仮にも軍令部の作戦部長という立場にあったのですから、そんな責任逃れのような言い方はすべきではないです。どうも富岡さんは自分を正当化しすぎる傾向が強い。

保阪　富岡定俊は長生きしたためか弁解が多過ぎる。その著書、『開戦と終戦』とかを読むと腹が立ってきますよ。このときの経緯を軍令部作戦部長だった中沢佑少将は、短くサラッと語っているんです。

大西第二航空艦隊長官は、レイテ沖海戦において始めて飛行機の特攻戦法を実施した。その前に一度大西中将が軍令部に来て、伊藤［整一］次長と私の前で「戦況かくなる上は、飛行機の特攻以外に方法はないと思う、中央の承認を得たい」と申出されたことがある。これに対して「中央としては特攻をやれとは言われない。しかし、当事者がやると言うならば涙をふるって認める」と返事した。

こうとでも言っておかないと軍令部の立つ瀬がないというような感じと言いますか、中沢もまた、逃げているような印象を受けました。

半藤　明らかに自分たちの責任逃れ。責任は大西にあり、という典型的なもの言いだと思います。大西瀧治郎だけが最後まで徹底抗戦特攻派にされてしまっているので、かなり注意して見なければいけないところです。

保阪　これはどうなのでしょうか。富岡定俊が、「人命の尊重」と題された項で、こんなことを言っているんです。

　アメリカ人は非常に人命を大切にする。……そこへ行くと日本人は潔癖すぎて、艦を沈めたら理由の如何を問わず、艦長は引責自決しなければならないように思われていた。これは日本軍人の伝統的美点であるが、まことに勿体ないことである。私は、かつて具体的に勘定したことがあるが私を少将にまで育て上げるに、日本海軍は実に時価三億円を要している。精神問題を別にしても、いざ戦さとなったら最も有効に人を使うようにしなければなるまい。

要するに艦と運命をともにするなんてまったく意味がない、と。一人の少将を育てるのに三億円。「時価」とあるので戦後の取材当時の金額で、ということでしょうけれど、本当にそんなにかかるものなんですか。

半藤　現在のサラリーマンでも、平均生涯賃金は三億に届かないでしょう。たしかに兵学校はタダ、食うものも着るものも全部支給、少尉以上は月給が出る。それで船に乗っているると手当てがボンボン支給される。しかし、そうは言っても三億円はなんぼなんでも多すぎるような気がします。

保阪　誇大に見積もって、自分たち将官は無駄に死んではいかん逸材だったのだと言いたかったのかもしれないですね。

半藤　生き残ったことへの後ろめたさをふっ切るような言い訳が、他者にも自分にも必要だったのかもしれません。

沖縄戦と大和特攻

半藤　昭和二十年三月十日未明の東京大空襲を皮切りに、B29の大群の日本本土焼尽夜間攻撃が始まります。三月十日夜の無差別攻撃だけで、東京市民の死者は八万九千人。私は猛爆撃の下を逃げに逃げて、辛うじて九死に一生を得ました。この作戦を発案し実行したのがアメリカ第二〇空軍司令官カーチス・ルメイ少将です。

保阪　そのルメイに、あろうことか日本政府は昭和三十九年に「勲一等旭日大綬章」という最高の勲章を贈りました。決定したのは第一次佐藤栄作内閣。推薦したのは防衛庁長官だった小泉純也（元首相小泉純一郎の父）と外務大臣椎名悦三郎です。水面下でルメイへの授勲を運動したのは、当時参議院議員だった源田実だと言われています。

半藤　これにはまったく開いた口が塞がりませんね。

保阪　アメリカの戦略爆撃調査団の報告資料を読んでいて気づいたことですが、アメリカは、日本の戦力を途中から過大評価するようになるのです。初めは舐めてかかっていたのですけど、これだけ激しい抵抗ができるということは、自分たちが摑めていない戦力をどこかに隠しているに違いないと思うようになる。傍受によって知り得たさまざまな数字も実は見せかけのもので、本当の数字は隠しているに違いないと。それが過大評価につながっていきました。日本の力を誤解するようになっていたのです。

半藤　アメリカの誤解。それを決定的にしたのが昭和二十年一月に始まった硫黄島の戦いだと思います。数日で占領するつもりだったのに予想外の激しい反撃にあって二万一千人を超える死傷者を出すにいたってしまう。太平洋戦争中屈指の大激戦を経て、「日本の力を見くびってはたいへんだ」という認識になった。これが過大評価につながったのではないでしょうか。

さて、アメリカ軍の本土上陸間近となると、海軍中央では、巨額の国費をつぎこんでつくった戦艦大和をどうするかという問題が浮上するんです。万が一賠償金代わりに取り上げられるようなことになったら海軍の面目が立たない。そこで、本土決戦に備えて陸に揚げて砲台の代わりにしたほうがいいという意見まで出てくる。そこで軍令部にいた強硬派、殴り込みの好きな神重徳が沖縄特攻に出すことを猛烈に主張した。

保阪　大和を温存して負けたとあっては海軍の恥だ、というような意見もあったようです。まったく成功の算がないのに大和の出撃が決まってしまいました。

半藤　ですから、昭和十九年十二月に第二艦隊司令長官となった伊藤整一は、大切な将兵のたくさんの命をそんな無謀な作戦で失うわけにはいかない、とこれに抵抗したんです。大和特攻について『小柳資料』では、昭和二十年八月、軍令部勤務から第五航空艦隊長官となった草鹿龍之介中将が、まことに重要な証言をしています。ポイントはふたつ。ひとつ目は、作戦決定の経緯です。機微に触れる内容を、つぎのようにしゃべっています。

するると日吉から電話が掛かって来て「大和以下の残存艦艇（大和、矢矧、駆逐艦八隻）を沖縄に斬り込ませることに決まったが参謀長の御意見はどうですか、豊田長官は決裁ずみです」とのことであった。

実は第二艦隊の使用法に就いては、私はかねがね非常に頭を悩ましていた。全軍特攻となって死闘している今日、水上部隊だけが独りノホホンとしている法はないと主張するものもあったがまぁまぁと押さえていた。何れは最後があるにしても最も意義ある死所を与えねばならぬと熟慮を重ねていた際とて、この電話を受けたときはぐっと癪に触［障］って「長官が決裁してからどうですかもあるものか」となじると「陛下も水上部隊はどうしているかと御下問になっています」と云う。「決まったものなら仕方ないじゃないか」と憤慨はしたが、更に悪いことには鹿屋から第二艦隊に行って長官に引導を渡してくれと云う。この特攻隊が途中でやられることは解り切っている。それをやれと云うのは真に辛いことである。

伊藤第二艦隊長官には既に覚悟は出来ていると思うが、これは真に止むに止まれぬ非常措置であるから、萬が一にも心に残るものがないよう喜んで出撃するよう参謀長から決意を促して貰いたいと云うのである。

草鹿は名を伏せていますが、電話をかけてきた連合艦隊司令部の人間とは、神重徳大佐です。神は渋る草鹿を説得するため、この決定に天皇の発言が影響したことを口にしている。現場の指揮官にとって、これはもう有無を言わせないひと言でした。私はこのときの連合艦隊司令長官、豊田副武に聞いたことがあるんです。豊田も、「自分も当初は渋ったんだ」と言っていました。実は、軍令部総長の及川古志郎大将が、沖縄戦の直前に上奏したときに、お上から「水上部隊はどうしているか」と問われ、「もちろん出します」と答えてしまったために、出さざるを得なくなってしまったという。このことについて、当の及川古志郎は一言も書き残していませんがね。

保阪　及川が天皇の意思を忖度してしまったということでしょう。宇垣纏は、自分はそう聞いたと書いているというのですが、確認はとれていない……。宇垣は昭和二十年二月に第五航空艦隊司令長官に就任して、沖縄戦での航空総攻撃作戦、「菊水作戦」を指揮することになりました。こうして見ると、神重徳は大和特攻の理由づけのために、この天皇の言葉を都合よく利用した可能性もあります。けれど、草鹿はこの決定についてトップの決定以前に本当に知らされていなかったのでしょうか。

半藤　大和特攻の決定が、連合艦隊の参謀長だった草鹿の、留守中に決まったことはどうも本当らしいです。私にも本人がそう語りました。

保阪　事実とすれば組織としてきわめて異常ですね。

半藤　参謀長に相談なしなんて、おっしゃるとおり異常ですよ。

保阪　草鹿は大和の最後についても、とても大事なことをしゃべっています。

伊藤［整一］長官はいつもの温顔で聞いていたが「連合艦隊司令部の意図はよく解った。ただ長官の心得として聞いておきたいことは途中損害のためこれから先は行けなくなったと云うときどうすればよいのか」と聞かれたので「そのときこそ最高指揮官たるあなたの決心一つじゃありませんか。勿論連合艦隊司令部としてもそのときには適当な処置をとります」と答え、私のミッドウェー敗戦のときの体験を話した。伊藤長官には安心の色が見えニコニコして「よく解った、気持ちも晴々した」と言ってあとは雑談に入った。

半藤さん、この証言はどう思われますか。

半藤　まさにここがふたつ目のポイントでして、注意を要するところだと思います。額面どおり受け取るわけにはいかないでしょうね。というのは戦況が極まってしまったときの判断について、伊藤整一中将が「これから先は行けなくなったと云うときどうすればよいのか」と尋ねたことになってしまっている。要するに自らの意見はないまま、草鹿に尋ねたと。これは事実とちょっとニュアンスが違うんです。伊藤さんは「そのときは俺が自分で判断したい。それでいいな」と言い、草鹿は、やむを得ないと認めたにすぎないのです。

保阪　草鹿さん、「伊藤長官は安心の色が見えニコニコして『よく解った、気持ちも晴々した』と言って」などと少々芝居がかったような言い方をしていますね。

半藤　このときに同席していた連合艦隊参謀の三上作夫(さくお)は、自分も大和に同乗させてくれと言ったら、伊藤は認めないんです。三上が私にそうハッキリ言いました。伊藤は新任の士官などを出撃前に退艦させたりしておりますから、これも、無意味な作戦に巻き込まない配慮であったかもしれません。

保阪　伊藤は教育畑が長かったから、あるいはそうかもしれませんね。大和は軽巡洋艦矢矧と駆逐艦冬月(ふゆづき)、涼月(すずつき)、朝霜(あさしも)、初霜(はつしも)、霞(かすみ)、磯風(いそかぜ)、雪風(ゆきかぜ)、浜風(はまかぜ)を引き連れて、昭和二十年四月六日に山口県の徳山沖から出撃します。僕は以前に調べたことがあるのですが、大和は当初、燃料を特攻機とおなじように片道分だけしか搭載されない予定だったのが、それでは死ねと言っているようなもので忍びないと、呉の鎮守府の燃料参謀が必死で石油をかき集めたという。その甲斐あって大和の燃料タンクはほぼ満タンになったそうです。

半藤　乗組員の死出の門出を飾るのに、腹いっぱいにさせなくてはならないと、糧食もたくさん積んだそうですよ。

保阪　しかし沖縄には遠く及ばず、九州坊ノ岬(ぼうのみさき)沖で、何百機という米艦上機の攻撃によって、まず浜風が轟沈(ごうちん)。そのほかの艦も航行不能になる。海上に残っていたのは、傾きはじめた大和と駆逐艦四隻でした。

半藤　この時点で、伊藤が「作戦中止命令」を出します。「有為な人材を殺すことはない」と総員退艦を命じました。そして自分は長官室に入って内側から鍵をかけ、大和と運命をともにすることになる。

保阪　もしこのとき「作戦中止命令」が出されていなければ、残りの艦は大和から海に投げ出された乗員救助をする間もなく、沖縄に向かわなければならなかったわけですね。そうなれば、副電測士として大和に乗船していた吉田満少尉も助からなかったことでしょう。大和の乗組員だけでなく残りの艦もほとんどの乗組員が戦死していたはずです。

半藤　「作戦中止命令」を受けて駆逐艦の四隻が海上の生き残りをどんどん拾い上げて、

佐世保に帰ってきたんです。呉の大和ミュージアムに問い合わせて確認しまして、今日はメモをもって来たのですが、大和の乗組員は三千三百三十二人、そのうち戦死者が三千五十六人。したがって生存者は二百七十六人にすぎません。その他、沈没した矢矧などの乗組員が三千八百九十人で、戦死者が九百八十一人でした。

保阪　大和の戦死者は全特攻隊戦死者数より多かった。いずれにしても伊藤の「作戦中止命令」のおかげで三千人以上が助かった計算になります。あの吉田満の『戦艦大和ノ最期』も生まれていなかった。大和がいよいよダメだとなったときに、最終判断する権限は自らにありと伊藤長官があらかじめ念を押していたことが、これを可能にしました。それはまことに重要な一手でした。

それにしても、戦艦大和の建造にかかった金額は、単艦金額で二億八千百五十三万六千円、現代の価格にしてじつに二千八百六十一億八千二十二万三千円だそうです。これだけのカネをかけて造って、あんな最期はないだろうという感じはしますけどね。

半藤　それはもうおっしゃるとおりで、あの巨砲も、レイテ沖海戦でアメリカの護送空母群と偶然に遭遇して百発撃ったといわれていますが、けっきょく一発も当たらなかった。レイテ沖で大和の砲撃をじっさいに見たアメリカ人軍人の話を聞いたことがあります。その人はクリフトン・スプレイグ提督。レイテ沖海戦では護送空母部隊の司令官でした。取材したのはアメリカのサンディエゴでした。

スプレイグさん、「ミスター・ハンドウ、これはすごい見物だった」と言うじゃありませんか。着弾の色が違うのですって。長門は赤、大和は青といった具合で、まるでテクニカラーの映画を見ているようだったと言っていました。砲弾は、列車が頭の上を通るみたいにブワワーッ、ドーンと轟音がして落ちたと。このときアメリカの空母は商船を改造した護送空母ですから装甲がほとんどない。もし命中していたら空母はみんなイチコロだったであろう、とも言っていましたね。しかし大和の砲撃は一発も当たらなかった。かろうじて米空母に当たったのは、巡洋艦の二〇センチ砲弾だけだったそうです。

保阪　いずれにしても、草鹿龍之介のお涙ちょうだい風の語り草では、どうもこれ、壮大な……。

半藤　『平家物語』になってしまいます。

保阪　滅びるつもりなら三千人も乗せていくことはなかったではないか、とつい言いたくもなってしまう。

半藤　アメリカ側は大和が出撃したことはすぐ知るわけですね、潜水艦が見つけましたから。司令長官のマーク・ミッチャー中将が全軍突撃を命じると、護衛戦艦部隊の司令長官が、「せめて最後の合戦ぐらい戦艦同士で撃ち合いたい。頼むからやらせてくれ」と申し出たそうです。アメリカにもそういう大艦巨砲主義者がいたんだね（笑）。アイオワやミズーリといった戦艦部隊が九州坊ノ岬沖に向かうのですが、飛行機部隊が待ちきれずに攻撃してしまったので、間に合わなかった。しかし撃ち合いたかったでしょうね。

保阪　そうなったら大和の最期としては、もう少しおさまりがよかったようにも思います。

半藤　もしかしたら「敵戦艦二隻撃沈！」なんていうこともあったかもわかりませんな。

保阪　リングに上がって殴り合うようなものですからね、できればそういう終わり方をしてほしかったと思った海軍関係者は多かったと思います。

半藤　これはずいぶん前のことです。編集者時代に新宿の飲み屋で吉田満さんと二人で飲んだことがありまして。しばらくすると、端のほうにいたサラリーマン風の若い男二人がいい調子になって歌い出したんです。「貴様と俺と～は～、同期の桜～」とね。「よりによって、まずい歌を歌いだしてくれたな」と、苦々しくしく思いながら聞くともなしに聞いていると、吉田満さんがキッと立ち上がった。「その歌をそういう浮ついた調子で歌ってもらっちゃ困る。私が手本を示す」と言って「貴ッ様と～」と歌い出したんです。これが腹の底にしみるような声でね。吉田さん、大和出撃の前の晩に歌ったのとおなじ調子で歌ってみせたのです。

保阪　その若い男たちはどうしましたか。

半藤　二人ともシュンとしちゃいました。最期の大和には、大酒を飲んで乗り込んだ者もいたようです。駆逐艦雪風の艦長だった寺内正道(まさみち)は、二日酔いで頭が痛くて参ったよ、などと言っていましたからね。

神風特別攻撃隊。敷島隊の関行男大尉ら

沈みゆく戦艦「大和」

終章　提督たちの実像

対米強硬派の頂点　伏見宮博恭王

保阪　最後はアトランダムに人物月旦を拾い上げていきましょう。
ひととおり人物評をながめて見ると、岡敬純と石川信吾を例外として、内務省や外務省、あるいは政治家についての論評がほとんどないことに気づきます。このことはつまり彼らの交友関係の狭さを示しているようにも思うのですが、いかがでしょうか。
半藤　近衛さんでさえほとんど出てこない。海軍中央の将官たちの人間関係というのは本当に狭かったのです。
保阪　天皇自身のことについてもあまり言及していませんね。将官といえども天皇に会っている人は限られている、という事情もあるのかもしれませんが。それにしても、たとえば自分たちが決めて実施した政策の責任は、最終的には天皇の名において行った、というような発言はまったくありません。逆に、天皇の裁可は内閣の政策決定にもとづいて行われるのであるから、どんな過ちも天皇の責任ではない、というような擁護もない。

半藤　少なくとも、大元帥陛下についてなにか言ってもよさそうなものなのですが、たしかに不自然なほど出てきませんね。天皇にまつわる、数少ない挿話や論評についてはのちほど丁寧に見ることにいたしましょう。天皇が出てこない代わりに、かなり頻繁に出てくるのが伏見宮でした。

保阪　天皇の大権を付与されている軍令部総長伏見宮は、かなりわがままで、そして移り気な人という印象があります。

半藤　伏見宮の話はほうぼう出てくるのですが、やっぱり嶋田繁太郎が大いに語っておりました。「情況まことに止むを得ざるようだ。あの御聡明な伏見宮殿下でさえ、既に諦めておられるように拝する」とは、戦争が始まる直前の話です。

　この発言などイカサマにもほどがある。伏見宮はさかんに「ヤレ、ヤレ！」と煽り立てていたのですからね。

保阪　昭和の海軍を無謀な戦争へと押しやった勢力の頂点に位置したのが伏見宮であることは間違いありません。

半藤　それから伏見宮の人物像について、嶋田はもう、褒めちぎっています。

殿下は終始至誠を以って一貫され、少しでも曲がったことは呵責なく直され、正しいことは虚心坦懐気持ちよく受け入れられた。明鏡止水と云う言葉ほど殿下の御気持にピッタリするものはないとつくづく拝していた。殿下のおっしゃることに、少しもおかしいと思ったことはない、仰せられることに少しも私の感情が入らない。正しくないことがあれば、長年御信任遊ばした人でも、容赦なく許されない。時には、拝謁を願い出ても許されない。殿下の御性格は、極めて明敏で、頭が冴え、意志強固、積極進取的でキビキビしておられた。そんな風であるから、陛下の御信任がとても篤く、陛下は心から御信用になり、何か思いあまることがあると、殿下に御洩らしになって、御相談遊ばされたようである。

これを読むと、ため息が出ますよ。これだけの褒め言葉、ふつう並べられるもんじゃありません。人間は可愛がられるとこんなふうになってしまうものかねえ（笑）。それから長谷川清大将が伏見宮に言及しています。長谷川は開明的で人望の篤い人でした。

伏見宮殿下は陛下の御親任も篤くまことに御立派な方と思う。そして九年間も軍令部総長の要職に精励あそばされた。しかし今日から考えてみると、殿下の軍令部総長の御在職はプラスの点も多かったがマイナスの点も少なくなかった。殿下を利用して色々の策動も行われたようである。

さすが長谷川清。敵対する英米強硬派とも粘り強く話し合いをしてきた人だけのことはある。伏見宮を「御立派な方」と持ち上げつつ、それでも伏見宮がもたらしたマイナス面の本質をビシッと指摘しました。これがまあ批評としては精一杯のところでしょうね。

保阪　海軍の将官たちは、天皇のみならず伏見宮の批判もあからさまにできないという雰囲気があったのでしょうか。私は、伏見宮の名が出るたびにチェックしていたのですが、全体的にはっきり言わない。みんなこの調子でした。高木惣吉は伏見宮をどう思っていたのでしょうね。くどいようですが、高木惣吉が登場しないというのは、不思議でしょうがないです。

半藤　残念ですね。それにロンドン会議締結のときに、苦労した山梨勝之進や堀悌吉たちにもっときちんと論じてもらいたかったのですがね。それもない。あとは開戦時に軍令部第一部長だった福留繁中将が、開戦時の伏見宮の発言を聞いています。

伏見宮博恭王殿下は、開戦に先だち私が宮邸に伺候して作戦計画を御説明申し上げたとき「この戦争をやっては、日本は明治維新からやり直さねばならぬことになる。しかし、今日となっては戦争を回避する道がない。まことに致し方のないことである」と仰せられた。

伏見宮もシブシブ了解した、というようなニュアンスなのですが、はてさて、どうでしょうか。というのは、私が取材した範囲で知り得た伏見宮のありようと違う。たとえば昭和十六年十月半ばに近衛内閣が崩壊したあと、海軍大臣として嶋田繁太郎を選びますね。それまで嶋田繁太郎はどちらかというと不戦論者だったのですが、熱海の伏見宮邸に行って帰ってきたら、とたんに大好戦論者になっていたというのは前に申し上げたとおり。ですから私の理解としては、「もうやるしかない」と、嶋田は強く伏見宮から説得されたとみています。むしろ大いにハッパをかけられて、嶋田はそれならばということで、がぜんやる気になった。それが真相だと思っています。

保阪　そう理解すべきでしょうね。

半藤　ところが海軍の提督たちの伏見宮様評を見ていると、一部を除けば、聡明でしかも慎重で、とまあ、当たり障り（さわ）のない褒め言葉ばかりが目につきます。海軍人事の総元締で、それがいかに海軍の組織運営の害になったか、だれもそのことに言及するものがいないなんて。

保阪　その人物像については、戦後になってから口裏を合わせた可能性が、ゼロではないですね。

米内光政と井上成美の関係

保阪　眞崎勝次は独特な人で、なんでもかんでも共産主義のせいにしてしまう傾向があるのですが、開戦時の海相だった及川古志郎については明確に批判しています。第三次近衛内閣崩壊前夜の出来事に言及しました。

岡田大将は及川をよく知らぬとのことで、小林〔躋造〕大将が選ばれて及川海相を尋ね「近衛公が今やめてはそのあとは必ず戦争内閣が出来、日本は抜き差しならぬことになるから、君は閣議で海軍は日米戦争は出来ぬことを明瞭に説明せよ」と忠告したが、及川海相は陸軍とは喧嘩は出来ぬとか、自分の性格上そんなことは言えぬとか言って遁げた。

重大閣議の前日近衛は及川海相を呼び、明日の閣議で海軍の態度を明確に述べて貰いたいと頼んだそうだが、愈々閣議の席上東條の主戦論に対し近衛が及川海軍大臣の意見を聞くと、「首相に一任する」と逃げた。大体己が責任を知らず小利口に立ち回るのが海軍首脳連の空気ではあったが、国家の安危を担う閣僚が自己あるを知って国あるを忘れたこの態度は全く沙汰の限りである。陸軍の横暴を制し得るのは海軍だけではなかったか。

半藤　小林大将とは、二・二六事件後の粛清人事の余波を受けて予備役になっていた小林躋造のことです。小林躋造は開戦直前に何とか対米戦争を避けたいと軍令部総長永野修身を追い落として山本五十六を海軍中央に呼び戻そうとして動くのですが、これは実らず。しかし、なおもギリギリまで頑張って、及川海相を説得して避戦へと導こうとしていたのですね。

保阪　このことはあまり知られていませんね。では米内光政はどう評されているか。井上成美は、やっぱりべた褒めに褒めています。

米内さんに仕えたのは、誰でも自分が一番信頼されているように思い込む。これがまさに将たるものの人徳と云うべきものであろう。米内さんは清廉潔白で貧乏しておられたが貧乏くさいところが少しもなかった。人にすかれる所以である。

私が横鎮参謀長のとき、米内さん（長官）は「私は政治は嫌いだ」と始終言っておられた。ある日米内さんは「寺島が昨夜来て、次の大臣はあなただと言ったよ」と言った。そこで「あなたはなる積もりですか」と反問すると「いやだ」と言ったと言われるので「あなたは今度連合艦隊に出なければなりません。議会で議員共からくだらない質問でいじめつけられるよりは、連合艦隊長官になって、陸奥の艦橋で三軍を叱咤しなさい。あとできっと連合艦隊長官になってよかったと言われますよ。議会における大臣などはみておれません」と言うと「やらないよ」と結ばれたが、永野大臣や総長殿下のお声がかりで逃げられなくなって、遂に大臣に就任されたがまことにお気の毒であった。

半藤　昭和十二年（一九三七）二月のことですね。井上は、政治嫌いの米内には、連合艦隊司令長官が適任だと本人にも言っていましたが、海相にならざるを得なくなったことに同情している。この米内海相の下で、山本五十六次官と井上成美軍務局長というトリオが生まれることになったわけです。

保阪　井上成美が米内さんについてはちょっと面白いエピソードを語っています。ひとつ目は米内の考え方、価値観を明確に示す話です。

　横鎮参謀長のとき、一二月の定期異動でクビになる予定の某大佐が「葉隠」に関する所見を書いて印刷の上麾下に配布して下さいと依頼して来た。私はこれを読んで「所轄長限りとして利用するならよいと思います」と意見を付して長官の閲覧に供したところ、長官は熟読の上「葉隠は自殺奨励だよ。危険だからいけない」と言って返された。

井上が横鎮参謀長のときですから昭和十年暮れから昭和十二年十月までのあいだの出来事です。「葉隠」のなかの「武士道と云うは死ぬ事と見付けたり」という文言はつとに有名ですが、のちにこの一節が特攻や玉砕時に利用されることになったのを思えば、米内のこの断乎たる態度は見事だと思います。いっぽう二つ目の、つぎのエピソードは井上の言うとおりで、意味がよくわからないんです。

米内さんの言われることとは、含蓄があると云うのか謎と云うのか、その意味をとり得ないことがある。私が海軍次官のとき「元寇」と云う長唄を毛筆で見事に美濃紙に書いたものを渡され「これは大変よい」と一こと言われただけであった。今にその御本意が解らない。

こちらは井上が海軍次官のときのエピソードですから、昭和十九年八月から二十年八月にかけて。おそらく敗戦間際の出来事ではないかと思われます。「四百余州を挙る　十万余騎の敵　国難ここに見る　弘安四年夏の頃……」というおなじ題名の軍歌が有名ですが、長唄のほうは、皇紀二千六百年祝典を記念して北原白秋が作詞した歌です。戦局の劣勢が極まっておるときに「元寇」はないだろうという気もいたしますが（笑）。

半藤　いや、さすがの米内も神風が吹くのを祈ったのか（笑）。いずれにしても米内さんという人は、ちょっとつかみどころのない不思議な人だったのでしょうね。

保阪　しかし、そばにいたら「この人に仕えたい」と思わせる人ではあったと思います。実松譲さんなどもすごく褒めていました。

半藤　永野修身、米内光政、そして嶋田繁太郎の副官をつとめた元中佐の吉田俊雄（としお）さんも「米内さんは本当に立派だった」と言っておられた。会社の社長にするなら米内さんがいいと。

保阪　いちいち細かいことは言わなそうですね。

半藤　井上はこんなふうに米内を高く評価しましたが、最後は喧嘩別れのような恰好になって、米内が昭和二十三年に亡くなったときにも葬式には姿を現さなかったんです。

保阪　その仲たがいは、敗戦直前の昭和二十年五月に、米内が井上を海軍大将に昇進させたことが理由でしたね。大将昇進の内示が出たときに、井上は猛抗議をしました。井上の主張はこういうことでした。こんな時期に万一自分が大将に任じられるようなことがあったら、世間も海軍内部の人間も、「戦敗れて大将あり」「戦局不振に大将のご褒美」と言うだろう、と。自分としては大将になる気持ちにはとうていなれないと言って固辞しました。けれどその意思は容れられず、大将に親任させられてしまった。

半藤　実は、講和に向かう過程で自分は殺される可能性があると米内は考えたのですよ。井上を大将に昇進させておいて、いざというときは井上を海相に据えようと思っていた。

井上なら、徹底抗戦派や跳ね返りを抑えて終戦へと海軍を導いてくれるはずだ、とね。どうやら米内は、その思いを井上に伝えることをしなかったようです。米内は東北人らしい無口な人でした。

保阪　逆に井上成美という人は歯に衣着(きぬ)せずにはっきり言うからわかりやすい。そのいちばんいい例がこれです。

　末次大将なども鼻息の強い方で戦さやれやれの方だった。しかし頭が古い。日本海海戦そのままの戦の思想を出ない。

東條追い落としの局面で、末次信正は米内光政と握手をした艦隊派の大物ですが、井上成美にかかるとこのように一刀両断。井上にとっては、米内さんはなぜ末次ごときと手を結んだのかと、許せない思いがあったのかもしれません。

半藤　たしかに井上にしてみれば、許せないことなのかもしれませんよね。

保阪　井上成美は末次のみならず、だれでも遠慮会釈(えしゃく)なく批判するでしょう。及川古志郎も嶋田繁太郎も大臣の器ではなかったと言い切った。

半藤　戦後の回顧談では、及川古志郎をいちばん悪く言いますね。ここでもチラと言っています。「及川さんは人格者には相違ないが、自分の意見を持たない人である」とね。私は井上成美にも横須賀郊外の隠棲先まで会いに行きました。相模湾側の長井まで。事前に手紙を出したら「会います」という返事が来て、喜んで会いに行ったのですが、雑談だけで海軍時代の話は何も話してくれなかった。その家は高いところにあるので、海がよく見えるのですよ。井上さんはそこから毎日海を見ながら静かに死の訪れるのを待っていたのでしょうね。とにかく、会うには会ったが、何も昔の話は語らない。「キミ、海はいいねえ」なんて言ってね。それが『小柳資料』では貴重な話をバンバンしているんだな。まったく（笑）。

保阪　しかし井上さんも、どうして外部の人には多くを語らなかったのでしょうか。

半藤　どうしてでしょうね。仲間意識が強い人だとは決して思えない。だけど、海軍関係者にしか喋らなかった。やっぱり井上成美も嶋田繁太郎と同様、新聞記者やいわゆるマスコミの記者を信用しなかったのではないでしょうか。

保阪　そういえばこのなかに井上評というのが見当たりませんね。やっぱりずいぶんと嫌われていたのかもしれません。戦中から、ここで語っているように敵をおそれず批判を口にしていたのでしょうから。

半藤　井上を嫌っていた人によれば、とにかく木で鼻を括ったような具合で「お前のようなバカと話などできるか」という調子だったらしいですからね。

保阪　これはずいぶん前に横須賀のある芸者から聞いた話ですが、海軍の宴会のあと、井上成美の夜の相手をされた芸者が先輩のなかにいたそうです。彼女に井上はお金を渡して「君は寝なさい」と言ったというのです。井上は彼女には指一本触れず、布団のなかでなにやらの原書を遅くまで読んでいた、と。そんな軍人はいなかったそうですが、この話は本当でしょうか。

半藤　大いにあり得る。じっさいそうだったと思いますね。コチコチの堅物なんだそうです。社長にするなら米内さん、と吉田俊雄さんの評価は先ほどいたしましたが、専務取締役は山本五十六。では、井上さんは何ですかといったら、「あれはコチコチの主計局長。会社の経営はできない」と言った人がいます（笑）。

保阪　井上成美はどうして、ずっといいポジションにいたのですか。

半藤　やっぱり優秀だったんです。

保阪　だれの引きかといえば……。

半藤　それはもう、米内さんしかいないのではないですか。井上は実際の戦闘指導はからきしダメだったから、昭和十七年十月に陸に戻されて海軍兵学校の校長になった。それをまた米内さんが中央に引っ張り出して、十九年八月に海軍次官に据えるのですがね。つまり米内さんでなくては、あの男は使い切れないんですよ。

山本五十六と堀悌吉の友情

半藤　山本五十六に関しては、その戦略や作戦についての批判はあっても人物攻撃はほとんど見当たりませんでした。山本五十六の人物評は井上成美の評に尽きていると思います。井上はずいぶんたくさんの挿話を紹介していますが、そのなかからいくつか。

> 山本さんは話が豊富でかくしだてをせず、ごまかしがない。ハラハラするほどズバリズバリと核心に触れたことを言われるので、記者連中は次官室に来るのを楽しみにしていた。

これは米内海相、山本五十六次官、井上成美が軍務局長時代の話です。つぎもそう。

> 米内さんが大臣のとき、私に「山本はネ、怖ろしいと云うことを知らない男だよ。深い崖の上の細道などを歩くときには、大抵の人ならば余りよい気持ちはしないが、山本と云う男は、のそっとその崖縁（がけっぷち）へ行って、平気で谷底を覗（のぞ）くような男だよ」と言われた。

つぎもおなじ時期の話です。

昭和一三年五月頃だったと思う。支那事変当初の渡洋爆撃隊の指揮官が内地に帰還し、大臣室で任務の報告があり、若い飛行機搭乗員奮戦の状況を具さに報告ありまことに感激深い場面であったが、報告終わって山本次官は次官室に退かれ、後に続いて私も次官室に退がったところ、次官は涙を瀧のように流され拳でこれを払っておられた。

そこへ、報告を終わり航空隊指揮官が入って来て、これをみて指揮官も共に涙を流し、次官の手を握り「有り難う御座います。これを知ったら死んだ部下も定めし満足するでしょう」といった。

私はこのとき、この山本次官の涙こそは正に部下をして喜んで水火に飛込ませる将軍の涙だなァと感じた。山本さんはよく「感激性のない奴は駄目だよ」と言っておられた。

山本さんは情味豊かな人で、何れかと云えば、元来が情の人であるが、これを理性の衣でうまく包装しておられたのではないかと思う。山本さんとは接触の機会に恵まれたが、一言にしていえば、山本元帥のように欠点のない人は稀だと云うことだ。

小柳を相手には、山本五十六に関しては褒めているのみで、なにかを否定するようなことはまったく口にしませんでした。

保阪　井上成美は、山本が永野修身を嫌っていたことを証言していましたね。

山本さんは、永野さんが嫌いのようであった。人柄が合わない。山本さんはかつて「永野さんは天才でも何でもないくせに、自分では天才だと思い込んでいる」と言われたことがある。古賀さんは、あるとき「永野はお祖末だ。よく軍令部総長が勤まるもんだなァ」と洩らされたことがある。

「古賀」とは米内海相時代の軍令部次長を勤めた古賀峯一中将のことです。山本五十六の死後、連合艦隊司令長官になって昭和十九年三月の海軍乙事件で殉職したのはすでに紹介したとおりです。

半藤　井上は、たしかに小柳相手には山本を悪くは言いませんでしたが、「あの一点は黒星」と、海軍出身の作家、阿川弘之氏に話していたことをつけ加えておきます。それは昭和十五年九月頃、首相の近衛から、日米戦争になった場合の海軍の見通しはどうかと聞かれたときのことです。「それは、是非やれと言われれば、初めの半年や一年はずいぶん暴れて御覧に入れます。しかし、長期戦となっては、全く確信が持てません」と答えていました。この回答を評して井上は、「そうでなくても責任感の薄い、優柔不断の近衛公に、半年や一年ならたっぷり暴れてみせるというような曖昧な表現をすれば、素人は判断を誤るんです。……かねがね私は、山本さんに全幅の信頼を寄せていたんだが、あの一点は黒星です。山本さんのために惜しみます」

保阪 同様の批判を小柳に話していたのが眞崎勝次でした。その項は「山本連合艦隊司令長官に重大失念」と題されています。

山本五十六大将はあの年輩での人物であった。清廉であり肝もあり狭義の意味では立派な軍人であった。しかし、周囲の空気と云うものは恐ろしいもので、彼はこれに禍されこれを超越することは出来なかった。開戦当時の海軍最高指揮官として、国を救うべき大局観よりする責任遂行を忘れた。人も知る如く、彼は常に海軍は一年間は戦えるけれども、あとは自信がないと言っていた。敵のある戦争に期限をつけることは、一口に言えば戦争に負けと云うことである。しかも、世界一の横綱二人を敵に廻し一年で戦がすまぬことは明らかであり、また一年後が米英が強くなる特質を有することも過去の歴史で明らかなことである。

半藤 山本さんが近衛首相に「初めの半年や一年はずいぶん暴れて御覧に入れます」と言ったことは、海軍のなかでそうとう知られた話だったことがこれでわかります。山本さんをかばうわけではありませんが、山本さんだって、米英を敵に廻し一年で戦がすまぬことぐらい百も承知でしたよ。戦うことが仕事の連合艦隊司令長官としては、「戦えない」と直截に言うことは、やはり難しいことではありました。だから、戦うとしても短期決戦で早く講和を考えろと言外に言っているのですよ。

保阪　山本のいちばんの親友だった堀悌吉が機微に触れるようなことは、なぜかほとんど語っていません。

半藤　親友の山本についてはあえて言うこともないということだったのでしょうか。最後の別れについてもつぎのようにあっさりしたものでした。

昭和一六年一二月二日山本は上京して、その時に会ったのが最後であった。山本は一八年四月一八日に戦死したが、私は人事局長の依頼によって一九日夫人にこれを告げに行った。さすがに朝行ったときは切り出すことが出来ず、午後二回目に行って始めて戦死の旨を告げることが出来た。山本とは極親密にしていたが、会ったとて別に親しく長話をする訳でもなく「うんそうか」と云った具合で多くは以心伝心であった。

堀悌吉と古賀峯一、そして山本五十六の関係がどういうものであったかは、戸塚道太郎がよく伝えています。

私は軍令部第三課長として古賀第二班長に仕えたが、古賀さんと山本さん堀さんの三人は無二の親友であった。この三人は互いに信頼し互いに気脈を通じて、本当に我が海軍を堅実に行きすぎのないように導こうと努めた。

昭和四年、ロンドン会議で、やかましい統帥権問題が起きたが、堀さんは軍務局員中佐時代に「統帥これまた国務なり」と云う論文を書いた。そのあとを継いだ井上成美氏が見て「実に立派な意見だが、これを見たら、堀さんの首をねらうものが出て来るだろう」と言った。

古賀さんは、私に「堀君は十年にいっぺんか二十年にいっぺんしか出ない秀才である。それを首切ることは君はどう思うか」と聞かれたので、私は「誠に惜しいことです」と即答した。このことが、小林（宗之助）人事局長の耳に入って、「戸塚君、堀さんといっぺん夕飯を喰ってくれ」と言われたので、私はこれを承諾した。すると、数日後稲垣［生起］（第一課長）がやって来て、「貴様は堀と飯を喰うそうじゃないか。これは、軍令部の統制を乱すものだ。堀を首切ることは、加藤さんから既に話がついている。貴様は堀を首切ることは惜しいと言うのだろうが、一騒動起きるし最早利目はない。どうか止めて呉れ」と言うので「では致し方ない、止めよう」と云うことになった。

加藤［寛治］一派の考えは「堀は親米派だ。彼を生かしておけばアメリカに屈服する、首切れ」と云うにあったようだ。加藤大将は、戦闘力の狭い範囲でアメリカに勝てると思っていたかも知れないが今日から見れば、眼界が狭かったと言わねばならない。私は軍令部におっても、中庸で不偏不党の積もりでいた。

井上成美大将も頭のよいので知られているが、軍務局時代、堀さんのあとを勤め「堀さんは我々とは頭の程度が違う」とほめちぎっていた。その堀さんが大佐時代から加藤一派に憎まれながら、中将の半ばまで首が持ったと云うことは、堀さんの偉さを示すものであるが、この稀代の英才をしてその全能を発揮せしめなかったことは、何と云っても海軍の大きな損失であった。

堀悌吉という人がどれほど凄い人物であったかを伝えるエピソードです。

艦隊派の領袖　加藤寛治と末次信正

半藤　これまで私は、保阪さんとの対談では、艦隊派の領袖、加藤寛治と末次信正の悪口をさんざん言ってまいりましたが、では海軍の将官たちはどう思っていたのか。それを見ておかないといけませんね。

保阪　親独派だった岡敬純中将が、嶋田海相更迭のときの経緯にからめて加藤寛治と末次信正について論評しています。

米内さんは、これからの作戦の立て直しは末次でなければ駄目だと、大いに軍令部総長に推薦されたが、私は「あの人は大いに野心がある。特権の人を使うので危ないからよしなさい」と反対した。ロンドン軍縮会議の頃、私は軍備の参謀で、末次軍令部次長の腰巾着(こしぎんちゃく)であった。あのゴタゴタの際で、部長も次長も共に少なからず荻窪の自宅に通って、病床に横臥(おうが)の次長の枕元で連絡をとった。その時そう思った。

岡敬純は、昭和五年のロンドン軍縮会議のときに、末次のもっとも近くにあってサポートをしていたんです。そのとき岡は、末次には「野心」があること、また「特権の人を使うので危ない」ということを実感したといいます。そしてこれを米内に告げて、末次を軍令部総長に起用することに反対していたという秘話です。岡は「特権の人」と言ってぼかしているので、具体的にだれを指すのか定かではありませんが、宮様のなかの誰かでしょうか。話の続きはこうです。

加藤(寛治)さんは団十郎のような芝居役者で大したことはないが、末次さんは如何なる難問に当たっても態度を変えず、決断力に富み、やり抜く人だと見て学ぶところ多く、爾来非常に尊敬するようになった。ところが、現役を退くと共に内務大臣に出られたのを見て、この人も相当な野心家だなァと思うようになった。

加藤のことを岡敬純は、からきしバカにしていますね。そのいっぽうで末次評価は、まことに微妙なニュアンスなんです。「尊敬するようになった」と言いながらも、その野心家ぶりには少々呆れている、というべきか。

半藤　岡敬純も一筋縄ではいかない人ですからね。私は、末次のことは、とことん嫌な野郎だと思っているのですが、吉田善吾がこんなことを言っています。

末次は、ロンドン会議中にも二、三の失言があって問題を起した。末次には思いついたことをパッと言う癖がある。かつて彼が砲術学校の砲戦術教官をしていたとき、砲戦術の講義録に筑波、鞍馬(くらま)級の両舷装備の砲装を非難攻撃し、当局の愚昧(ぐまい)と痛罵した。筑波、鞍馬は、伊集院［五郎］元帥が軍令部長時代に計画されたものである。この講義録が、伊集院元帥の眼に止まって問題となり、末次は懲罰的に予備艦の常盤砲術長に左遷されたことがある。

末次は直情径行で、伊集院五郎という日露戦争後の連合艦隊司令長官という大物に対しても、楯突いているんですよ。

保阪　相手かまわずズケズケやる。結局、そういうところが人によって評価が分かれるのでしょうね。

半藤　頼もしいと思うような下僚もいたでしょうからね。

保阪　第一次近衛内閣では内務大臣を経験していますから、海軍以外の領域にも人脈を広げていたということもあったでしょう。しかし、昭和十九年十二月二十九日、病を得て急死しました。

半藤　岡敬純がバカにした加藤寛治について、清水光美が喋っています。

昭和一一年一二月人事局長に代って、総長殿下に伺候した際、「私は人事のことに就いていていろいろ言った。しかし、私は片耳であった。今まで言ったことは全部取消す、白紙にせよ」と仰せられた。殿下は加藤大将を信頼しておられた御様子であったが、いつ頃か不信の時機があったようだ。それからは寄せ付けられない。加藤大将もそれ以来悄然（しょうぜん）としていた。それで定年満限で辞めた。

保阪　なにがあったのでしょうか。伏見宮の怒りを買ってから、加藤はシュンとなってしまう。

半藤　おなじ年の二月に起きた二・二六事件では、加藤は事件発生後すぐに伏見宮邸に駆けつけて、親しい眞崎甚三郎と二人で伏見宮に事件の詳細を説明しているのです。そのあと三人は参内し、伏見宮が単独で昭和天皇に謁見している。事件についてのご報告という名目ですが、伏見宮が眞崎から聞いた話よりも、むしろ天皇のほうが詳しいんです。さらに伏見宮は、すぐに強力内閣をつくることと、また、戒厳令は公布しないほうがいいという意見を天皇に進言しています。これらは眞崎から吹き込まれたことでした。このことで伏見宮は、天皇からたいへんな不興を買ってしまった。伏見宮が加藤を見限ったのは、おそらくこの一件のあとだったのではないでしょうか。

保阪　なるほど、その可能性はきわめて高いですね。つづいて高橋三吉大将の加藤評を見てみましょう。横須賀鎮守府、海軍大学校、軍令部と、加藤の部下として付き従ってきただけあって、「同［加藤寛治］大将こそ全く私心なく、一に国事を憂いつつありし人である」と、やはり褒め上げています。

半藤　しかし、加藤寛治という人はどう考えても海軍をダメにした将官ですよ。すでに何回もふれましたが、ロンドン海軍軍縮会議では対米七割を主張して首相の浜口雄幸と対立。帷幄上奏権を使って統帥権干犯問題を引き起こしています。

保阪　対米姿勢はあくまで強硬。反対意見に耳を貸そうともしなかった。意固地でした。

半藤　でも、それがたぶん、高橋らから見れば国のためを思っていたからという評価になるのでしょう。高橋三吉も本当に海軍をダメにした連中の一人だなと思いましたよ。その高橋三吉が、言うに事欠いて米内と嶋田繁太郎は自決すべきであったと述べている。

私は終戦後米内に会って彼に自決を薦めた。「オレは北支事変の始まる前に支那との衝突は日支大戦争になり、惹いては世界戦争になるから海軍大臣はイエス、ノーをハッキリして陸軍にブレーキを掛けなくてはいかんと君に忠告した。しかし、それが出来なくて遂には世界戦争となり敗戦となった。君は海軍大臣の責任を果たし得なかった責をとって自決すべきである」。米内は確答をしなかった。

晩年になって、私と米内の仲が悪くなったように云う人があるがそうではない。同じクラスで仲がよいので何でも遠慮なく云っただけだ。

たしかに米内とは親しかったようですが、高橋三吉は昭和七年二月に伏見宮が参謀総長になったときの参謀次長です。

保阪　昭和八年三月に、軍令部条例と省部互渉規定の改定案を提出したのがこの人でしたね。これは要するに、前にも詳しく語ってきたとおり海軍省がもっていた人事権や予算編成の権限を、戦時には軍令部に渡すというものでした。当然ながら海軍省と軍令部が激しく対立した。課長級協議では南雲忠一第二課長と井上成美軍務局第一課長の壮絶な口論となって、南雲が井上を脅したのは有名な話です。

半藤　高橋自身は、対米戦争はやっちゃいかん、という立場でしたが、昭和十四年に予備役となっていたため開戦前夜に政策決定に関与できる立場にはなかった。ですから「海軍大臣の責任を果たし得なかった責をとって自決せよ」と言われても、米内さんとしては「オレの苦労も知らないで」というような心持ちだったのではないですか。

嶋田繁太郎と永野修身の責任

保阪　高橋三吉は米内だけでなく、嶋田繁太郎にも自決を勧めていたようです。

島田は姿勢を正して「私は自決はしません。何れ国際裁判に廻されるであろう。私は日本が戦争を始めなければならなかった訳を裁判で十分に申開きたい。これが陛下の御心に副う所以でもあろうと思う。私は絞首刑になっても甘んじてこれを受ける」。これを聞いて「君の考えは我々よりは遥かに深いものがある。敬服の至りだ。その信念を以てやって貰いたい」と申述べて引き退った。

嶋田が裁判前に、こんなもっともらしいことを言っていたとは驚きました。それを真に受けた高橋三吉、敬服して引き下がっているんですよ。どうですか。

半藤　これは嶋田の自己保身の出まかせです。というのも、「私は日本が戦争を始めなければならなかった訳を裁判で十分に申開きたい」と言っていますが、三章で見てきたとおり、開戦経緯についてこの人は何も知らないんです。まともな引き継ぎさえなかったのですからね。

保阪　では嶋田自身はどうかというと東京裁判について小柳にこんなことを述べています。

東京裁判において、私始め海軍からは一名も死刑を出さなかった。これは、海軍が悪くなかったことが認識された結果と思う。裁判中私は天皇のため、また海軍のため最善を尽くして弁明に努めたが、一身上のことに関して弁解をしたことはない。東京裁判がすんだとき私の責務は一応終わりを告げたので、その時自決のことも考えたが、若し自決でもすればすぐに諸外国から「それみろ、日本海軍は悪かったからだ」と後ろ指を指される結果となるので思い止った。次は出所の時だ。これも一ツの自決のチャンスである。然しよく考えてみると、なるほど自決をしてこの世にお別れすることは個人として潔いことかも知れぬ。しかし、渺(びょう)たる島田［ママ］が自決したとて、世に何に程のプラスになるか、まだまだ私の地位上から迷惑をかけた戦死者刑死者その遺家族戦犯服務者等に対する残されたる沢山の仕事がある。微力と雖も、残年を捧げてこれ等の人達に尽くすことが日本建設の一助ともなり、より大なる使命ではないかと感ずるに至った。一時は出家しようかと思ったこともあるが、下根の私には到底物になれそうもないのでこれも思い止った。私の今日は全く生死を超越して命に案じています。

自決しなかった言い訳をあでもない、こうでもないと弁じているんです。東京裁判で終身刑の判決を言い渡されると、「これで生きていられる」と言って笑ったと、A級戦犯として絞首刑に処された陸軍の武藤章中将が日記に書き残しています。その嶋田が、こんな言い訳をシラッと口にしてしまえるとは……。

半藤　嶋田は九十二歳まで生きて天寿を全うしました。

つづいて永野修身。開戦時の軍令部総長ですが、永野についても何人かが論じています。中沢佑が、まだ大佐だった連合艦隊参謀時代、連合艦隊司令長官時代の永野修身について、思い出話を紹介していました。

永野長官は海上の経験はあまり豊富ではなかったが、いろいろ独創的な考案を示唆され、啓蒙されるところ少なくなかった。長官はよく「幕僚の起案した令達が気に入らない場合に、どこがいけないと指摘するだけではいけない。必ずその対策を示さなければならない。これが長官たるものの責任だ」と言っておられた。味わうべき一言と思う。

中沢は感心していますが、こんな当たり前のことは誰でも言えますよ。私が聞いた範囲では、長官時代の永野は、「幕僚らがよく勉強しているので、自分が口出しするようなことはない」などと言っていたそうです。

保阪 中沢佑は永野修身に引き立てられた口なのだと思います。

半藤 それからもう一人、小柳富次が永野について語っています。永野が海軍兵学校の校長だった時代の話ですから昭和四年か五年の頃のことです。

永野校長は独創的な人で、学術教育にアメリカで流行していたダルトンプランを実施すると宣言し、「自啓自発、古今東西第一等の人物を作るのだ」と訓示された。そして、自学自修に適する如く、一切の教科書の改訂を命ぜられた。教官の大部は反対であったが、校長はこれを強行した。さてやってみると、語学や数学、物理化学の如き普通学は、比較的実施容易であるが、兵学となると早速壁にぶつかった。生徒が卒業後初級将校として職務遂行に支障なからしめるため、兵学に関する限り相当程度の画一教育は是非必要で、自然ダルトンプランの実施も、校長の期待するようには行かなかった。……教育と言うものは、永き歴史と伝統によって逐次成長して来たもので、これが改革は特に慎重を要し、個人的思いつきによって、簡単に手を下すべきものでないと思った。

と、まあ、けっきょくうまくいかず、校長が代替わりすると、永野が導入したプランはすぐ取り止めになっています。小柳も、教育というものは「個人的思いつきによって、簡単に手を下すべきものでない」と手厳しい。まあ、永野本人は教育者という立場が大いに気に入っていたようですがね。つぎのひと言は、小柳が聞いた永野の述懐です。

永野校長は、「兵学校の校長は、大将になるよりも嬉しい。いつまでもこのままおりたかった」と……。

これは永野の本心でしょうね。対米戦争回避に向けて、命がけで海軍を御することができるような器では、どだいなかったのです。

保阪　それに関連して、長谷川清は永野をこう評しています。

私は台湾総督在職中、内地に帰って、昭和一六年九月六日の御前会議の前日、永野軍令部総長が日米関係を瀕死の重病人に譬え「手術をすれば非常な危険はあるが助かる望みはないでもありません。このままにしておけば段々衰弱してしまう虞れがあります」と陛下に申し上げた話を聞いて驚いた。国と個人とは違う。国は助かる望みが十分でなければ戦をやってはならない。

永野大将はアメリカ大使館武官もやっており、アメリカに就いては十分な理解と認識を持っている筈だのに、どうして対米戦争をするようになったのか解らない。

これはまことに重要な指摘です。統帥のトップにある人間が、国の興廃を分かつ重要な岐路に立って、こんなあやふやなたとえ話でお茶を濁していたという事実。このことは問題視せざるを得ません。

半藤　永野は少佐時代に二年間駐在武官としてハーバード大学に留学していますし、大佐時代も足かけ二年アメリカに駐在している。国際会議の経験も豊富で、大正十一年（一九二二）のワシントン会議には随員として、昭和十年の第二次ロンドン海軍軍縮会議には全権として出席しています。長谷川が言うとおり、アメリカの底力はよく知る立場にありながら、勝ち目のない戦争をはじめて国民に塗炭の苦しみを与えることになりました。その責任はあまりにも大きいです。

鈴木貫太郎と昭和天皇の絆

半藤　さて最後に、戦争を終結に導いた鈴木貫太郎と昭和天皇を語って、人物月旦ならびに本書の掉尾といたしましょう。

中央政府をめぐる情況の経緯としては、昭和十九年七月十八日に「東條幕府」とまで呼ばれた内閣が総辞職。東條のあとを受けて首相となったのは小磯国昭陸軍大将でした。これまで見て来たとおり絶対国防圏が破られて玉砕がつづき、昭和二十年三月十日の東京大空襲、おなじく三月の硫黄島玉砕、翌四月に沖縄本島にアメリカ軍が上陸を果たすと、四月五日に小磯内閣が総辞職しました。

次期首班をだれにするか。その日の夕刻から重臣会議が開かれた。そして重臣たちの総意として鈴木貫太郎枢密院議長に組閣の大命が降下した。鈴木はこのとき七十七歳でした。鈴木は昭和四年から十一年末まで侍従長として天皇の近くにあり、天皇は鈴木を父親代わりのように信頼していたといわれています。

保阪　鈴木貫太郎については、鈴木内閣の国務大臣をつとめた左近司政三の話につきますね。鈴木は、左近司が戦艦長門の艦長の任にあったときの連合艦隊司令長官。二人は昔からごく親しい仲でした。ですから左近司は、組閣時から戦争終結にいたる鈴木の本心を、だれよりもよく知る立場にあった。組閣時から左近司には、その真意をはっきりと伝えられていたことがわかります。

鈴木さんは、組閣の当初からこの内閣で戦争に結末を付けたい。それには志を同じうする人を集めねばならない。勢い軍人内閣になるであろう。眞に相談になる軍人仲間を推薦して呉れと岡田［啓介］さんに相談したらしい。それで、米内海相のアシスタントにする積りで、海軍の荒城二郎、八角三郎と私が候補者に上ったようだ。当時私は貴族院議員をしていた。私は、鈴木さんから呼ばれて丸山町の自宅を訪れた。「御互いに相談して講和を促進したいのだ。無任所大臣になってくれ」とのことであった。

半藤　それのみならず鈴木は左近司に、天皇からどのような言葉をもって頼まれたのか、さらに天皇の母である貞明皇后からどう言われたのかについても話していたのです。とりわけ後者は貴重な証言のように思えます。

　鈴木総理は大命を拝するに際して、天皇陛下から（侍従を経て）「この難局を収拾し得るものは鈴木の外にはない。ご苦労だが引き受けて呉れ」との御諚があったよしに承る。また、これは後日郷里関宿で直接鈴木さんから聴いた話だが、貞明皇后に御会いした際「陛下は、陸軍や海軍からいろいろ無理なことを逼られて悩み抜いておられる。私は陛下が痛々しくて致方がない。私は親を迎えたように頼りにしている。どうか親心を以て天皇陛下を御助け下さい」と淡々と御話があって、鈴木さんは痛く感激し、これでは、身を以て御護りせねばならぬと決心したと述懐された。

伏見宮博恭王

加藤寛治

永野修身

鈴木貫太郎

ここには巷間囁かれるような貞明皇后が昭和天皇を疎んじていたとか、敗色濃厚となった情勢の責任を天皇に求めたために確執が生まれていた、などとする雰囲気はまったく窺えませんね。

保阪　この話にふれて私自身は感傷的な気持ちになりました。鈴木貫太郎夫人のたかさんが、昭和天皇の幼年期の教育掛だったことなどを考えると、天皇は鈴木夫妻にはとくべつの感情を持っていたと思う。貞明皇后はそんなことも知っていたから、親のような気持ちで助けてくれないかと心底から頼んだと思うんです。

半藤　貞明皇后がいみじくも「陛下は、陸軍や海軍からいろいろ無理なことを逼られて悩み抜いておられる」と言ったとおり、陸海軍はいずれも徹底抗戦を叫び、本土決戦へと舵をとっています。じつはその勢いに抗うのは並大抵のことではなかった。左近司が語ったつぎのエピソードを読めば、その趨勢がどういうものであったかがわかります。

段々本土の空襲がはげしくなると、陸軍はさかんに大本営を信州松代の防空壕に移して本土決戦をせんと呼号したが、総理［鈴木貫太郎］はあんな通信連絡の不便な所に行って戦争など出来るものではないし、戦争終結も出来ないといって同意されなかった。また軍令部参謀が屢々閣僚を集めて、本土邀撃決戦の構想などを説明した。敵の予想上陸地点は九十九里浜、駿河湾、九州南部、土佐沿岸などで、敵上陸軍に対しては温存してある数千台の飛行機を以てこれを沖合に邀撃し、愈々陸岸に近接すれば特攻兵機で必殺的の攻撃を加える。国内にはなお何十万の精鋭がおる。これが敵の上陸地点に応じて随所に機動要撃するなどと、虫のよいことを長々としゃべり立てる。鈴木総理は「馬鹿馬鹿しい、どうしてそんなことができるか」と最早最後の一撃にも期待をもたれないようになった。

このときもし総理が東條英機であったなら、本土決戦を国策として採用していたであろうことは、まず間違いありません。鈴木の、戦争終結に向かうその姿勢がぶれることはありませんでしたが、徹底抗戦派から殺されてしまってはおしまいですからねえ。外部に対しては飽くまでポーカーフェイスで通しました。それを抗戦派とみる人も多かった。なかなかの狸でした（笑）。

保阪　その様子を左近司が語っています。

鈴木さんは、最初から講和に決め込んでいたが、陸軍や新聞記者などに対しては時々強気のゼスチャーを示されるので、我々閣僚の中でも、総理は果たして和平を望んでいるのかどうか疑いを抱かせるようなこともあった。時々米内［光政］と私は、総理と膝を交えて講和の真剣な話になると、諄々（じゅんじゅん）とその本心を打ち明けられるのでその度毎に安心して帰った。

下村海南（情報局総裁）なども時々不安に思って、総理の本音を聴こうじゃないかなどと言い出して、関宿の自宅まで押しかけたこともある。しかし、総理はいつも名誉ある講和をと明言されるので、その都度安心して帰った。

鈴木に信頼を寄せる側近さえ、ときに不安になるほど徹底したポーカーフェイスだったのですね。

半藤　そうなんです。昭和二十年六月に沖縄で敗れると、いよいよ軍部は本土決戦を決心します。それを受けて鈴木内閣は「戦時緊急措置法」と「国民義勇兵法」を議会に提出しているのですよ。この法律は、いや、もう法律なんていうようなシロモノではありません。一億国民の生命財産をあげて生殺与奪の権利を政治に一任するという白紙委任状そのものでした。「秦の始皇帝の政治に似たり」と悪評さくさくで、鈴木首相は議員の質問がしつこく、うるさくなると「どうも耳が遠くてよく聞こえません。こんど耳鼻科に行って診てもらいましょう」と、とぼけてみせているのです。そりゃあ、まわりは不安にもなりますよ（笑）。

そして政府はこの法案を、強引に六月二十三日に通過させている。これによって、女子も含めて、十五歳から四十歳までの日本人はすべて必要に応じて義勇召集を受け、国民義勇戦闘隊を編成しなくてはならなくなるわけです。軍部の悪あがきは、まさに国民を道連れに玉砕に向かおうとしていました。私は十五歳でしたから、いざとなれば義勇戦闘隊の一員として……いまになれば、夢みたいな話ですがね。

保阪　そうこうしているうちに七月二十六日にポツダム宣言が発表されました。二十八日に新聞記者からどうするつもりか問われた鈴木が、「そんなものは黙殺するよ」とコメントして、それが翌日の新聞に大きく取り上げられてしまった。世界のメディアによって「日本政府はリジェクト（拒否）した」と訳され全世界に伝わって、ソ連に参戦の口実を与えてしまう。この点について批判する人はいるのですが……。

半藤　ポツダム宣言受諾をめぐる御前会議は八月九日夜から十日未明にかけて開かれました。国体護持の確認を条件に受諾すべきだという東郷茂徳外相案と、国体護持のほか自主的武装解除、占領は東京を除外するなど四条件が認められないかぎり徹底抗戦すべしという阿南惟幾陸相ら軍部が対立します。そこで鈴木首相が最終判断を天皇に求めた。天皇は外相案に賛成して受諾が決まりました。ところが、まだ戦争を終わらせることはできなかったわけですね。

日本政府が国体護持を条件にしたポツダム宣言受諾を十日、連合国側に通告すると、これに対して届いた回答には、冒頭、「天皇及び日本政府の国家統治の大権は連合軍最高司令官の下に置かれる」とあって、さらに「日本政府の形態は日本国民の自由意志により決められる」という一文があったからです。軍部は前者について「国体を否定するもの」と断乎反対。後者も共和制を導くものとして反対しました。でもここで、天皇はぶれなかった。「自分はこれで満足であるから、すぐ所要の手続きをとるがいい」と明言した。かくて聖断は下り、ついにポツダム宣言受諾が決定されました。

保阪　御前会議から玉音放送までの道のりが、これまた平坦ではないのですが、そのあたりは、半藤さんの『日本のいちばん長い日』を読んでいただくことをお奨めします（笑）。

半藤　ありがとうございます（笑）。ひとことだけ付け加えておくと、八月十五日、天皇は、辞表を差し出したフロック・コート姿の首相、鈴木貫太郎に「ご苦労をかけた。本当によくやってくれた。本当によくやってくれたね」と声をかけているんです。鈴木と天皇、まさに二人三脚でゴール・テープを切りました。

保阪　そのあと鈴木は官邸でただひとり泣いていたそうです。御子息の一（はじめ）さんの証言です。ところで、左近司も鈴木をこう評しつつ、自分の談話を締めています。

鈴木さんは、生前自ら「大勇院殿盡忠日貫居士」と戒名を作っておられたそうだが、まさにその通りの鈴木さんであった。私は、鈴木さんの知遇を受け、親しくその偉大なる人格に接し、自らを啓発したことを深く光栄とし、個人を追懐敬慕して止まないものである。

ここからは、心からの賛辞であることがしみじみと伝わってきますね。

さて、昭和天皇です。戦争中の天皇のことについてはなにも語らない、というのが、あたかも全員の了解事項でもあるような徹底ぶりでした。

半藤　司馬遼太郎さんの『坂の上の雲』みたいですね。あれにも天皇はまったく出てこないのです。

保阪　明治天皇はまったく出てきませんか。

半藤　出てきません。開戦のときに御前会議をやるのですが、その御前会議の場面が出てこない。乃木と明治天皇の関わりにもまったく触れていませんしね。

保阪　司馬さんは意図的にそうされたのでしょうか。

半藤　意図的にそうしたのではないでしょうか。エッセイのなかで、天皇を抜きに眺めると日本史はよく見える、というようなことを書いておられる。私なんかは、天皇抜きの明治などあり得ないのではないかと思いますけども、いずれにしても出てきませんよ。

保阪　さすがに侍従武官をつとめた中村俊久だけは、しっかり語っていました。これが唯一です。中村はしかも昭和十七年十月から二十年十一月まで、つまり戦中から戦後までの大事な期間にその職にあって、近くで天皇を見ていたのです。まず、自分の仕事がどういうものであったかを、わかりやすく説明しているところを引きます。

侍従武官長は蓮沼［蕃（しげる）］陸軍大将、侍従武官は陸軍からは四名海軍からは三名で、私の外城英一郎、佐藤治三郎がいた。以上を以て武官府が出来ていた。その頃、侍従長は海軍から侍従武官長は陸軍から出るのが慣例になっていた。……海軍の侍従武官は一口に云うと、陛下と海軍の連絡係と云ってよかろう。軍部から拝謁の願出があれば、武官府を経て侍従から陛下の御都合を伺いお許しを頂く。軍部から允裁（いんさい）を要する書類は武官府からお手許に差し上げる。また、侍従武官は屢々お使いとして方々に派遣される。

鈴木内閣の陸相阿南惟幾も、侍従武官として天皇の近くにあった経験をもつ人物でした。しかもそのときの侍従長が鈴木貫太郎。左近司が鈴木内閣を「軍人内閣」と評したのはさきほど触れたとおりですが、それに倣えば鈴木内閣は「天皇から信頼を寄せられた軍人の内閣」と言い換えてもいいかもしれませんね。

半藤　たしかに。八月十五日の朝、阿南は玉音放送を聴く前に責任をとって自刃（じじん）しましたが、もし陸相が阿南でなかったら……。大事件や騒乱を起こさせることなく、粛々と戦争を終わらせることができたかどうかは、難しいところだと思います。中村自身、武官府勤めをした士官たちと、天皇のあいだにあった浅からぬ交流についてはこんなエピソードを紹介しています。

かつての侍従や侍従武官のことに就いては、今日なお昔通りにお目を掛けさせられており、まことに有難い次第である。当時の縁故者は、毎年一月二日宮中においてお祝膳を頂くことになっている。陛下もわざわざお出ましになって、共に御席に就かれ、一同は陛下の万歳を三唱して御歓談申し上げる。その他年末厳寒酷暑には参内して記帳する慣わしになっている。なお、私が鎌倉に住っていることは御存知なので、葉山においでの節は必ず御機嫌伺いに参上することにしている。いつも平服のまま参上し四方山のお話が出て三、四時間もお邪魔することが珍しくない。帰りには皇后陛下より必ず温かい御下がりものを頂戴するのが例になっている。まことに有難い極みである。

では、談話を締める中村の結語を紹介します。テーマは引き続き天皇です。

下村（定）陸軍大臣［最後の陸相］は、昭和二十年一一月進駐軍最高指揮官から軍人恩給を停止されると、責を負って単独辞職をした、拝謁の際陛下は「こんどの敗戦は皇祖皇宗に対しまことに申し訳がない。また朕が信頼していた陸海軍は消滅し、沢山の将兵は戦没し、その遺族や生き残りの軍人を困窮させ、その上一般国民にまで多大の迷惑を掛けた。これを思うとまことに断腸の思いである」との意味のことを沁々と語られ、下村大将は感泣（かんきゅう）して引き退ったと聴いているが、陛下の現在の御心境もその通りであろうと拝察し、恐れ多いことである。臣下は辞職や自決でもすれば一応責任をとったように見えるが、陛下御責任の御自覚は絶対無限である。しかし、その苦衷を誰に語ることも出来ないで、じっと御胸の中に忍んでおられるその御苦衷こそ、我々国民は深く御推量申し上げなければならないと思う。

保阪　中村のこの発言はまことに象徴的なのですが、ここに登場した将官たちの発言からは、国民に対して重い責任を負うべき立場に自分たちはある、という認識のようなものがまったく見えてこない。もしかしたら、天皇をタブー視していることと、何らかの関係があるのかもしれない、そんなふうにも僕には思えるのです。半藤さんは、これを読んでいかがお感じになりましたでしょうか。

半藤　まさに「終戦の詔勅」のなかにある「戦陣ニ死シ職域ニ殉シ非命ニ斃（たお）レタル者及其ノ遺族ニ想ヲ致セハ五内（ごだい）為ニ裂ク」という言葉そのものです。天皇の苦衷は身体がばらばらに裂けるほど深いものであったのでしょう。それにくらべると、将官たちは……まこと不忠の臣ばかりでした。そして私たち国民のことなど念頭になかったのでしょうね。思えば、われら国民にとっても、このような指導者ばかりであったこと、不幸の極みというしかありません。

あとがき　サラバ「海軍善玉」論

半藤一利

石川啄木が明治四十三年（一九一〇）に詠んだ短歌がある。

友がみなわれよりえらく見ゆる日よ
花を買ひ来て
妻としたしむ

昔は中学校の教科書に載っていたように思われるが、いずれにしてもよく知られた歌であろう。いまも、花を買っている男の姿を町角で見かけたりすると、この歌がふと口をついて出てきたりする。そしてこの「友」とはいったい誰のことかと、かつて調べたりしたことのあったのを苦笑とともに思いだしている。

啄木はその一年前に「軍人になると言ひ出して／父母に／苦笑させたる昔の我かな」という歌もつくっている。これで彼には軍人になった友人がいたに違いないと狙いが定まり、それで探偵してみると、たちまちに思い当る人物が登場した。岩手県立盛岡中学校の二年上に及川古志郎、五年上に米内光政。このあとの詳細な追跡の過程は略すが、米内はともかくとして、及川と啄木は中学生時代にかなり昵懇の間柄となっている。そうか、「友」のひとりは及川古志郎、こいつに間違いないと当りをつけた。明治四十三年当時といえば、及川は日本海海戦の勇士であるし、大尉に進級して、戦艦三笠の乗組員として華々しい活躍をみせていた。さぞや羨望に値いする友であったことであろう、と、目出度く突きとめた思いでひとり悦に入ったものである。

この啄木の歌でわかるように、明治の終りの頃は軍人が日本国民全体の憧れの存在であった。とりわけ海軍軍人である。夏は白、冬は紺の軍服も格好よかったし、訓育も厳しかったからであろう、日常坐臥に陸軍と異なって粗野なところがなかった。キリッとしていた。しかも日露戦後の日本帝国は大国主義を国策として上へ上へ、欧米列強に負けないような国づくりを目指し、その根幹になるのが忠勇なる軍人なかんずく海軍軍人である、という時代が到来していたのである。そしてその海軍人気は、一気に時代を飛ばすが、昭和時代にまでもずっとつづいていた。

昭和五年（一九三〇）東京は下町生まれの私も実は、啄木ではないが、海軍軍人をそっと夢みたときもあった。勉強もロクにせず相撲や押しくら饅頭やスカートめくりばかりに精出していた悪ガキであったから、とうてい海軍兵学校は無理と元海軍一等兵曹の親父や教師にいわれていたが、ナニクソと思うだけは思っていた。それが小学校三年生のときひどい近眼と判明、遺伝ゆえに矯正も効かずと宣言され、内心ホッとしたことをよく覚えている。「残念だ、無念だ」とその後もしきりにいう私に、「ウソこけ、海兵の試験に落ちずにすんで助かったと思っているんだろ」と親父は頭から馬鹿にしていた。それでも〽四面海なる帝国を守る海軍軍人は……と、風呂につかって艦船勤務の歌を歌うのを、三月十日の東京大空襲で家が焼けるまで、私は毎晩の習わしとしていたものである。

この海軍贔屓の気持は戦後も長いことそれほど変らずにつづいた。しかも、いわゆる東京裁判の法廷で、帝国陸軍の醜状がつぎつぎに暴露され、いつか「陸軍悪玉」論が定着していった。反比例するかのように「海軍善玉」論がふくれあがっていく。大学を卆え雑誌編集者となり、伊藤正徳氏『連合艦隊の最後』や『大海軍を想う』を担当してつくっていく間、多くの海軍の元提督や元艦長や元参謀に会い取材を重ねた。そうやっているうちに、どうやら単なるファンから確たる支持者へと私の気持は変っていったようである。そこに阿川弘之氏である。この元大尉どのと相識ることとなり、その著『山本五十六』が、多くの人びとがそうであったように、私にとっても昭和史を考える上で決定的な〃ものの見方〃を与える一冊となった。海軍は、狂暴なる陸軍の政治力に引きずられて、国家を敗亡に導くとわかっている戦争に突入せざるを得なかった、と。そう、この〃定説〃にかなり長きにわたって私はエールを送りつづけることになった、といっていいであろう。

その私が、である。いや、待てよ、ちょっと違うぞ、と気づいたのはいつのことであったであろうか。はっきりこのときといえるほどの確信はなく、茫漠としたところがあるが、海軍国防政策委員会のことを思いもかけない人から示唆されたときであったに相異ない。とくにそのなかの第一委員会の存在、そして石川信吾という政治的軍人の暗躍について知るところがあったとき。いまでも憶えているが、その直後に、第一委員会の対米強硬の動きについて、良識派として知られる高木惣吉元少将に尋ねたことがあった。するといつも温顔をたやさぬ高木さんが、ちょっと気色ばんでいい放ったのである。

「タメにする人が第一委員会のことをことさらに悪くいうのです。信用しないほうがよろしい」

昭和五十年（一九七五）前後のことであったと思う。すぐにわかったが、実は高木さんご自身がこの海軍国防政策委員会の第四委員会の委員のひとりであったのである。そのことを知って、これは何かあるな、調べなければならないぞ、と確信した。ところが、結果として、海軍はどうしてどうしてガード堅固の組織であることをあらためて思い知らされたのである。

それでも苦心の探偵捜索をつづけ、しばらくたってわが調査にもとづいて、ロンドン海軍軍縮会議を主題にして「ドキュメント統帥権干犯―分裂した帝国海軍」を書き下ろした。この原稿用紙五十枚ほどのもので、私は「海軍善玉」論にサラバサラバと別れを告げた。これが載っている本は『昭和史の転回点』というタイトルで、昭和六十二年五月に出版されているから、このドキュメントは前年の暮に書いたものではなかったか。そしてその本が世に出たとき、まだご存命であったごくごく懇意の元海軍軍人の某氏から、「よくやってくれたよ、でもこれからはキミの取材は難しくなるぞ、海軍は結束が固いからな」と大いに冷やかされた。そんなことも思いだせる。

以上、ページがあるからといわれたので、私と「海軍善玉」論との長いつき合いについて書いてみた。いままた『小柳資料』の出版につられて、海軍善玉ならずの本書を出すことになったが、もはや総スカンないしは顰蹙(ひんしゅく)を買うことはないであろう。元海軍軍人の佐官以上の人たちはすべてといっていいほど幽明境を異にしている。それにしても、伊藤正徳さんの添え状をもって訪ねていった提督たちが、私には嫌々応じるか無言をもって答としていたのに、ここではまことによく語っている。咄咄(とつとつ)怪事というべきか、ほんとうに驚きである。それにまた老耄(おいぼれ)となって宝の山にぶち当ってもいまさらどうしようもない。と、愚痴(ぐち)るいっぽうで、さはさりながら人間は長生きをするものであるな、と思ったりもしている。

老耄といえば、いつ、どこで、何回にわたって計何時間、保阪さんとえんえんと語り合ったものか、みんな忘れてしまっている。いまゲラを読んでいると、ほんとうにこんなことを俺は喋ったのかいな、と思われるところもある。ただ毎日新聞社の阿部英規さんがずっと聞き役を務めてくれたことだけは、さすがによく覚えている。この本も阿部君がつくってくれた。心から感謝する。

とりとめないお喋りのまとめは、今度も石田陽子さんが見事にやってくれた。彼女とは、東大教授加藤陽子さんとの対談『昭和史裁判』（文春文庫）をふくめ、とにかく長いつき合いである。どうやら私のことなら私以上に知っているらしく、私がノロノロと舌足らずの論を張っても平仄を合わせてきちんと、堂々たるものにまとめてくれる。酒席で少々威張られることがあるが「アリガトウ」と頭を下げるばかりである。

半藤一利

二〇一三年十二月八日　七十二年目の「真珠湾」の日

半藤一利（はんどう・かずとし）1930～2021年。東京大学文学部卒業後、文藝春秋入社。「週刊文春」「文藝春秋」編集長、取締役などをへて作家に。『日本のいちばん長い日』『漱石先生ぞな、もし』（正続、新田次郎文学賞）、『ノモンハンの夏』（山本七平賞）、『昭和史』（毎日出版文化賞特別賞）など著書多数。2015年、菊池寛賞を受賞。

保阪正康（ほさか・まさやす）1939年生まれ。同志社大学文学部卒。1972年に『死なう団事件』で作家デビューして以降、個人誌「昭和史講座」を主宰し数多くの歴史の証人を取材、昭和史研究の第一人者として2004年、菊池寛賞を受賞。『昭和陸軍の研究』『あの戦争は何だったのか』シリーズ『昭和史の大河を往く』など著書多数。

二人の共著に『「昭和」を点検する』『昭和の名将と愚将』『そして、メディアは日本を戦争に導いた』『賊軍の昭和史』『ナショナリズムの正体』などがある。

対談時の半藤一利さん（右）と保阪正康さん（左）
2010年６月、中村琢磨撮影

毎日文庫

失敗の本質　日本海軍と昭和史

第1刷 2024年7月30日

第2刷 2024年8月30日

著者 半藤一利
保阪正康

発行人 山本修司

発行所 毎日新聞出版
東京都千代田区九段南1-6-17 千代田会館5階
〒102-0074
営業本部：03(6265)6941
図書編集部：03(6265)6745

ブックデザイン 鈴木成一デザイン室

印刷・製本 光邦

ISBN978-4-620-21073-5